シミュレーション光学
多様な光学系設計のために

シミュレーション光学

多様な光学系設計のために

牛山 善太・草川 徹 著

東海大学出版部

Simulation Optics for optical designers and engineers
by Z. Ushiyama and T. Kusakawa
Tokai University Press, 2003.
ISBN978-4-486-01608-3

前書き

　光学設計の対象となる分野が急速に広まりつつある．また，光学設計者に必要とされる知識も多岐にわたる．この新しい光学設計の側面を，従来の光学的な基礎と結びつけて，光学設計者，あるいはそれに近いフィールドにおける光学技術者のために提示・解説することが本書の役割である．

　本書はまた，基本的にはシミュレーションを行うための光学書でもあって，そして，シミュレーションを行うものとして光学を考える本でもある．したがって，その中では，幾何光学の範囲においても，小型コンピュータの計算能力の急激な向上が直接，その定量的な取り扱いに大きな影響を及ぼす分野に関連する今日的な内容が主になっている．それらは，例えば，大量の光線を追跡し，結像・照明のエネルギー量を考慮する照明計算の分野，また，より詳細に結像性能を評価・表現するためのレスポンス関数などの客観的評価量計算の分野，あるいはデジタル光学系を扱う分野に関連する内容等である．

　非常に限られた微細な領域で詳しく調べられていた光学的な現象を，異なったスケールの，広い領域における複合的な現象として総合的に評価，あるいはシミュレートを可能なものとすることは，常にコンピュータ・シミュレーション技術に対して望まれる事柄である．この様な場合，物理的な光学理論を，光線を仲立ちとして一繋がりのものと捉えることも，必要不可欠なことであり，本書においては，幾何光学的な光線を中心として，光学系の評価，あるいはシミュレーションに際し必要とされる技術，理論が著されている．

　本書は5つの章より成り立っている．

　第1章では光線そのものについて解説した．マクスウェルの方程式から出発し，幾何光学的光線が成立するまでの過程，幾何光学的なエネルギーの伝播について記してある．そして，次章の測光についての基礎として繋がるように考慮した．また，光学技術者に未だに光線を考える上でのインスピレーションと利便性を与えつづける，マクスウェル以前の変分原理により導かれる幾何光学についてもページを割いた．

第2章では照明系設計の基礎となる測光学について解説した．この分野を従来の光学設計の知識とオーバー・ラップさせて記述することが本書の1つの目的でもある．基礎的なシミュレーションの手法，そして従来の光学理論と照明理論の接点となる輝度不変性や正弦条件などに多くのページを割いた．

　第3章においては波面収差について解説している．波面は光線の定義そのものに関与する重要な概念であり，さらに精密な波動光学的評価の基礎となる．また，波面収差から直接，幾何光学的強度分布を得ることもでき，光線追跡によるシミュレーション時とは事なり，解析的な見地から幾何光学的強度分布を考えることができる．

　第4章においてはフーリエ解析を中心として，結像評価のための尺度について，OTF，PTF，エッジ像の再現性等を例に挙げ解説している．こうした結像系評価においても，コンピュータの計算能力を生かして様々な手法を用いることが可能である．また，近年重要度を増しているサンプリング光学についても言及した．ここでは，画素開口によるMTF劣化，写真フィルムと比較して必要とされる画素数，サンプリングによるアイソプラナティズムの破綻などについて触れている．

　第5章では照明系，あるいは結像系シミュレーションに有用な，従来の光学設計ではあまり利用を考慮されなかったモンテカルロ法，windowing，BSDFなどの概念や技術について主に解説している．

　全体を通じて内容は，ほとんど幾何光学の範疇に留まった．それは光学設計の作業の主体が，主として幾何光学的範疇で行われることに鑑み，そこで重要となる理論的背景・骨組みをはっきりと表現したかったからである．

　コンピュータ・シミュレーションが容易になり，光学系評価の質・量が大きく変わってきている事実は，光学技術者に，より広範囲にわたる対応を求める一方で，光学設計技術の幅広い分野への繋がりを促している．

　最後に，本書の礎となる連載（1996年10月～2000年12月）の機会を与えて下さった月刊写真工業の市川泰憲編集長，いろいろ忍耐強くお世話戴いた東海大学出版会および同編集部の小野朋昭氏，そしてお世話になった多くの方々にこの場を借りて厚く御礼申し上げる．

2003年2月13日　　　　　　　　　　　　　　　　　　　　　　　　　著者

目次

第1章 光線 ———————————————————————— 1
  1.1 光線の成り立ち ·· 1
     1.1.1 波動方程式 ·· 1
     1.1.2 幾何光学的近似 ·· 3
     1.1.3 光線の成り立ち ·· 5
     1.1.4 境界面における光の屈折法則 ··· 7
  1.2 ポインティング・ベクトルと強度 ··· 10
     1.2.1 ポインティング・ベクトル ··· 11
     1.2.2 ポインティング・ベクトルの示す強度 ······························ 12
     1.2.3 幾何光学的強度の法則について ······································· 15
  1.3 波面と光線の屈折 ··· 20
     1.3.1 光路長 ·· 20
     1.3.2 マリューの定理 ·· 21
     1.3.3 フェルマーの原理 ··· 24
     1.3.4 フェルマーの原理により導かれる光線の屈折 ····················· 26

第2章 測光 ———————————————————————— 29
  2.1 照明計算の基礎 ·· 29
     2.1.1 立体角 ·· 29
     2.1.2 ポインティング・ベクトルの合成 ···································· 30
     2.1.3 放射輝度, 放射束, 放射強度 ··· 33
     2.1.4 自由空間における照度計算 ··· 35
  2.2 光線追跡による幾何光学的照度分布計算手法 ····························· 37
     2.2.1 完全拡散面 ·· 38
     2.2.2 完全拡散面光源の光線による表現 ···································· 39
     2.2.3 光線追跡による照度計算 ·· 40
     2.2.4 光源における立体角の分割 ··· 43

目次

- 2.2.5 幾何光学的強度の法則と光束法照明計算 ……………………46
- 2.2.6 光線逆追跡，そして輝度を用いた照度の計算 ……………49
- 2.3 光学系の明るさ ……………………………………………………51
  - 2.3.1 結像の明るさとは ……………………………………………52
  - 2.3.2 像面照度と F ナンバー ……………………………………52
  - 2.3.3 明るさの比較 …………………………………………………55
  - 2.3.4 感光素材上における明るさ …………………………………56
- 2.4 輝度 …………………………………………………………………57
  - 2.4.1 空間の輝度 ……………………………………………………58
  - 2.4.2 光学系を透過した輝度 ………………………………………59
  - 2.4.3 光線追跡による輝度計算 ……………………………………64
- 2.5 輝度の不変性と正弦条件 …………………………………………66
  - 2.5.1 共役結像関係における輝度の不変性 ………………………67
  - 2.5.2 正弦条件 ………………………………………………………70
  - 2.5.3 開口数・NA …………………………………………………73
- 2.6 さらに正弦条件について …………………………………………73
  - 2.6.1 無限倍率における正弦条件 …………………………………74
  - 2.6.2 正弦条件を満たす光線の経路 ………………………………75
  - 2.6.3 軸外結像に対する正弦条件 …………………………………76
  - 2.6.4 軸外結像における正弦条件を満たす光線の経路 …………81
- 2.7 周辺光量比 …………………………………………………………82
  - 2.7.1 入射瞳と射出瞳 ………………………………………………82
  - 2.7.2 口径蝕 …………………………………………………………84
  - 2.7.3 周辺光量比の検討(1) …………………………………………84
  - 2.7.4 周辺光量比の検討(2) …………………………………………86
  - 2.7.5 周辺光量比の検討(3) …………………………………………89
  - 2.7.6 無限倍率における軸外正弦条件の導出 ……………………90
  - 2.7.7 周辺光量計算について ………………………………………94
  - 2.7.8 コンピュータによる周辺光量比の計算 ……………………97
- 2.8 射影関係と照度比 …………………………………………………98
  - 2.8.1 中心射影 ………………………………………………………99

		2.8.2 射影関係と歪曲収差 ……………………………………………100

      2.8.2　射影関係と歪曲収差 …………………………………………100
      2.8.3　射影関係と周辺光量比 ………………………………………101
      2.8.4　歪曲収差量を直接用いる表現 ………………………………103
      2.8.5　瞳の収差と周辺光量比 ………………………………………104
  2.9　球面収差が残存する場合の正弦条件 …………………………………107
      2.9.1　正弦法則 …………………………………………………………107
      2.9.2　球面収差残存下においての正弦条件 ………………………109

第3章　波面収差 ―――――――――――――――――――――――115
  3.1　波面収差 …………………………………………………………………115
      3.1.1　波面収差と光線収差 ……………………………………………115
      3.1.2　回転対称な光学系における波面収差の展開式 ……………119
  3.2　波面収差による幾何光学的照度分布の検討 …………………………123
      3.2.1　幾何光学的照度分布 ……………………………………………123
      3.2.2　3次の球面収差と像面移動が存在する場合の幾何光学的照度分布 ……126
      3.2.3　照度の発散について ……………………………………………127
      3.2.4　5次収差を考慮した幾何光学的照度分布 …………………129

第4章　OTFと画像評価 ――――――――――――――――――――131
  4.1　OTFについて …………………………………………………………131
      4.1.1　デルタ関数 ………………………………………………………131
      4.1.2　OTF：点像の再現性について ………………………………133
      4.1.3　スポット・ダイヤグラムによる幾何光学的OTFの計算 …137
      4.1.4　幾何光学的MTFの計算方法 …………………………………139
  4.2　MTFとPTF ……………………………………………………………141
      4.2.1　エッジ像の評価 …………………………………………………141
      4.2.2　エッジ像の強度分布 ……………………………………………143
      4.2.3　OTF計算における基準座標について ………………………147
      4.2.4　エッジ像評価における基準座標移動の影響 ………………148
      4.2.5　エッジ像とエッジ関数の配置の意味 ………………………149
  4.3　OTFによる画像の評価法 ……………………………………………151
      4.3.1　低周波数領域重視の評価法 ……………………………………152
      4.3.2　PSF，LSFとエッジ像強度分布の関係 ……………………153

		4.3.3 LSFとアキュータンス，不鋭面積 E の関係 …………………157
		4.3.4 高周波領域重視の評価法 …………………158
	4.4	デジタル画像とOTF …………………159
		4.4.1 CCDによる画像 …………………159
		4.4.2 サンプリング定理 …………………164
		4.4.3 OTFの劣化 …………………167
	4.5	銀塩フィルムとサンプリング素子の画素数 …………………169
		4.5.1 CCD素子と写真フィルムのOTFによる比較 …………………170
		4.5.2 周波数帯域制限の他の方法 …………………172
		4.5.3 CCDの大きさについて …………………175
	4.6	電子画像の再構成とエリアジング …………………176
		4.6.1 画像の再構成 …………………177
		4.6.2 CRT，プリンタそして観察者による再構成 …………………179
		4.6.3 サンプリング画像におけるアイソプラナティズム …………………181

第5章 照明系シミュレーション技術 ——————————189

5.1	照明光学系評価のためのモンテカルロ法の応用 …………………189
	5.1.1 モンテカルロ法とは …………………189
	5.1.2 モンテカルロ法の照明光学系シミュレーションへの基本的応用 …………191
	5.1.3 モンテカルロ法による光源のモデリング …………………193
	5.1.4 拡散・吸収のシミュレーション …………………196
5.2	照明計算の精度について …………………198
	5.2.1 2項分布 …………………198
	5.2.2 ポアソン分布 …………………199
	5.2.3 平均値と分散，標準偏差 …………………200
	5.2.4 照度計算精度の考え方 …………………201
5.3	照度計算における分布画像の再構成 …………………203
	5.3.1 光線追跡による照度分布計算の特質 …………………204
	5.3.2 画像の再構成との共通性 …………………206
	5.3.3 窓関数を用いる再構成，連続化 …………………207
	5.3.4 窓関数の用い方 …………………208
5.4	窓関数を用いた照度分布シミュレーション …………………212

	5.4.1 窓関数としてのガウス関数 ………………………………	212
	5.4.2 照度分布のガウス関数の合成としての近似 ……………	215
	5.4.3 中心極限定理と照度分布 ………………………………	215
	5.4.4 windowing による放射束の保存 ………………………	218
	5.4.5 照度シミュレーションへの応用 ………………………	218
5.5	照度分布計算におけるスムージングの影響 ………………………	220
	5.5.1 窓関数にガウス関数を用いることによる精度について …	221
	5.5.2 平滑化による必要光線追跡本数低減の可能性 …………	224
	5.5.3 平均化フィルタによる平滑化の影響 …………………	229
5.6	媒質の境界面における光波の分岐(1) ………………………………	230
	5.6.1 偏光の概念 ………………………………………………	231
	5.6.2 s 成分の反射・屈折 ……………………………………	233
	5.6.3 p 成分の反射・屈折 ……………………………………	235
	5.6.4 強度で表す反射率と透過率 ……………………………	236
	5.6.5 照明計算におけるフレネルの公式の考慮 ……………	238
5.7	媒質の境界面における光波の分岐(2) ………………………………	239
	5.7.1 表面の拡散反射特性・BRDF の概念 …………………	239
	5.7.2 整反射における BRDF ……………………………………	242
	5.7.3 完全拡散面 ………………………………………………	244
	5.7.4 拡散面の表現について …………………………………	245
	5.7.5 照度計算プログラムにおける利用の仕方 ……………	246

付録A　マクスウェルの方程式と波動方程式───────248

A.1 波動方程式 …………………………………………………………248

A.2 波動の速度と誘電率，透磁率の関係 ……………………………250

付録B　正弦波動における進行方向と位相速度について───────251

B.1 基本的な振動関数 …………………………………………………251

B.2 平面波と波数ベクトル ……………………………………………253

付録C　ヘルムホルツの方程式からアイコナール方程式の導出───────255

付録D　光線に関わるベクトル解析的表現───────257

D.1 grad により表現される面法線ベクトルについて ………………257

D.2 div とポインティング・ベクトルについて ……………………258

付録E 光線方程式の導出（式(1.16)から式(1.17)の導出） ―― 260
付録F フェルマーの原理と変分法 ―― 262
付録G 境界面における E と H の接線成分の連続性について ―― 264
参考文献 ―― 266
事項索引 ―― 269

第1章

光線

1.1 光線の成り立ち

　レンズやミラーなどの光学的要素の存在する光学系の性能評価をコンピュータ上で行う場合には，これらの要素において発生する収差の影響を考慮せねばならず，幾何光学的な光線追跡が必要になる．本来は電磁波としての光の現象を厳密に解析するためには，マクスウェル（Maxwell）の方程式を解かなければならない．しかし何らかの近似を行わずには，この方程式の解が求まる場合は非常に限られてしまう．そこで，光波の進行する経路，光路の決定に主眼を置く幾何光学が，マクスウェルの方程式の描く光世界のひとつの有用なモデルとして，適切な条件の下に採用されることとなる．

　無収差の光学系を考え，理想的な系を想定した場合においては，物理的・解析的に有益な検討を行える．しかし実際には光波は収差以外にも，光源の大きさ，光学系の拡散要素などによって，その進行経路について広範囲にわたる無秩序さを示すので，大域に渡る精度の高いシミュレーションを行うことが困難になる．そのため波動光学的な評価，あるいは照明光学系評価においても，幾何光学的な光線の取り扱いがそのシミュレーションの基本となる．まず，ここで波動として精密に記述された光波が，いかに幾何光学的光線として近似され得るのかを考える．

1.1.1　波動方程式

　波の伝播速度を v，時間を t とすると，3次元空間における等方性誘電体媒質中の波動の振幅 $\boldsymbol{E}(x, y, z, t)$ は次の微分方程式により表される（付録A参

照）．

$$\frac{\partial^2 \boldsymbol{E}}{\partial x^2}+\frac{\partial^2 \boldsymbol{E}}{\partial y^2}+\frac{\partial^2 \boldsymbol{E}}{\partial z^2}=\frac{1}{v^2}\cdot\frac{\partial^2 \boldsymbol{E}}{\partial t^2} \tag{1.1}$$

さて，正弦波動は一般的に，空間内の点 (x, y, z) における最大振幅を $\boldsymbol{E}_0(x, y, z)$ とし，δ は波動の初期位相角を表すとすると，

$$\boldsymbol{E}(x, y, z)=\boldsymbol{E}_0(x, y, z)\cos\left\{\frac{2\pi}{\lambda(x, y, z)}l(x, y, z)-\omega t-\delta\right\} \tag{1.2}$$

と表現できる（付録B参照）．ここでは，ある媒質中の光波進行の道筋に沿った原点から点 (x, y, z) までの実距離を $l(x, y, z)$ で表すとし，その点における媒質中の波長を $\lambda(x, y, z)$ と置くとする．この様な処置は，波動の進行経路が直線でない場合，あるいは媒質の屈折率が一様でない場合が起こり得ることを想定して行われる．

ここでもし $l(x, y, z)$ を，光波が進むのに要する時間で，光波が真空中を進む距離 $L(x, y, z)$ と表現できれば，真空中の波長 λ_0 を用いて式(1.2)はより簡単に扱うことができて，真空中の光速 c を用い，

$$\boldsymbol{E}(x, y, z, t)=\boldsymbol{E}_0(x, y, z)\cos\left\{\frac{2\pi}{\lambda_0}L(x, y, z)-\frac{2\pi}{\lambda_0}ct-\delta\right\} \tag{1.3}$$

また，真空中波数 k_0，角周波数 ω，媒質中速度 v，周波数 ν の，

$$k_0=\frac{2\pi}{\lambda_0} \qquad \omega=\frac{2\pi c}{\lambda_0}=\frac{2\pi v}{\lambda}=2\pi\nu$$

などの関係から，式(1.3)は，

$$\boldsymbol{E}(x, y, z, t)=\boldsymbol{E}_0(x, y, z)\cos\{k_0 L(x, y, z)-\omega t-\delta\} \tag{1.4}$$

となる．式(1.4)における真空換算の距離の関数 $L(x, y, z)$ はアイコナール(Eikonal) と呼ばれるが，この場合，出発点と到着点 (x, y, z) の2点を結ぶ距離であるために，点アイコナールとも呼ばれる．

ところで，$\boldsymbol{E}(x, y, z)$ は光波の振幅であり，実数であるので，本来は式(1.4)の様に三角関数で表示される．しかし，式(1.1)にも明らかなように，波動の計算には微分，積分が多用される．ちなみに，$\cos(\theta)$ を微分すると $-\sin(\theta)$ となり，その形を変えてしまい，計算が大変煩雑になる．ところが，

$$\exp(i\theta)=\cos\theta+i\sin\theta$$

の関係を利用すれば，複素数 $\exp(i\theta)$ は微分すると $i\exp(i\theta)$ となり，その形を変えない．また，乗除の計算においても同様に有利である．そこで，式

(1.4)を以下の様に表現する．
$$E(x, y, z, t) = \mathrm{Re}\{E_0(x, y, z)\exp[i\{k_0 L(x, y, z) - \omega t - \delta\}]\}$$
Re{ }は複素数の実数部を表す．通常，実数部を表現していることを暗黙の了解とし，この記号を省略し，
$$E(x, y, z, t) = E_0(x, y, z)\exp[i\{k_0 L(x, y, z) - \omega t - \delta\}]$$
$$= E_0(x, y, z)\exp(-i\delta)\exp\{ik_0 L(x, y, z)\}\exp(-i\omega t)$$
と表記する．この様な表示を複素振幅表示という．初期位相を表す $\exp(i\delta)$ は定数項となるので，
$$A(x, y, z) = E_0(x, y, z)\exp(-i\delta)$$
と置く．また，時間に依存する項を省いて，
$$u(x, y, z) = A(x, y, z)\exp\{ik_0 L(x, y, z)\} \tag{1.5}$$
と置けば，式(1.4)は空間依存項（x, y, z を含む項）と，時間依存項（t を含む項）の積の形で次の様に表現できる．
$$E(x, y, z, t) = u(x, y, z)\exp(-i\omega t) \tag{1.6}$$
この式(1.6)を上述の式(1.1)に代入し単純な計算をすると，時間に依存しない，波動の空間的な状態を表す波動方程式が導かれる．
$$\frac{\partial^2 u}{\partial x^2} + \frac{\partial^2 u}{\partial y^2} + \frac{\partial^2 u}{\partial z^2} + k^2 u = 0 \tag{1.7}$$
この形の式をヘルムホルツ（Helmholtz）の方程式と呼び，光学全般において重要とされる根本的な方程式である．ただし，屈折率 n の媒質中の波長を λ としたときの，$k = 2\pi/\lambda$ を用いて表示されていることに注意を要する．

1.1.2 幾何光学的近似

屈折率 n の媒質中では，
$$n = \frac{c}{v} \tag{1.8}$$
周波数 ν は一定なので
$$\lambda = \frac{\lambda_0}{n}$$
よって，
$$k = nk_0 \tag{1.9}$$
また，式(1.7)はベクトルの成分すべてについて成立しなければならないが，

誘電率 ε が一定であれば各成分について同じ形の式であるので，波動を 1 つのスカラー関数に代表させることができる（付録A参照）．これをスカラー波と呼ぶ．付録A中では電場，磁場を電気ベクトル，磁気ベクトルというベクトルで考えているが，本質的には，ε をスカラー定数と仮定した時点で式(1.1)および式(1.7)が成立し，スカラー成分単独で計算可能となることが直ちに導けるので，スカラー理論は，ここでは ε をスカラー定数とするところから始まっている．また，ここで偏光は，媒質の非等方性に影響を受ける場合以外はベクトルの直交成分をなすスカラー波の合成により取り扱うことができる．

u を大きさのみのスカラー関数

$$u(x, y, z) = A(x, y, z) \exp\{ik_0 L(x, y, z)\} \tag{1.10}$$

と考えて，式(1.7)は，

$$\frac{\partial^2 u}{\partial x^2} + \frac{\partial^2 u}{\partial y^2} + \frac{\partial^2 u}{\partial z^2} + k^2 u = 0 \tag{1.11}$$

となる．式(1.10)と式(1.9)を式(1.11)に代入し計算を進めていくと（付録C参照），

$$A(n^2 - |\mathrm{grad}\, L|^2) + \frac{\Delta A}{k_0^2} + \frac{i}{k_0}(A\Delta L + 2\,\mathrm{grad}\, A\, \mathrm{grad}\, L) = 0 \tag{1.12}$$

ただし $L(x, y, z) = L$ と表し，***i***, ***j***, ***k*** をそれぞれ x 軸，y 軸，z 軸方向の単位ベクトルとするとき，

$$\mathrm{grad}\, L = \frac{\partial L}{\partial x}\boldsymbol{i} + \frac{\partial L}{\partial y}\boldsymbol{j} + \frac{\partial L}{\partial z}\boldsymbol{k} \qquad \Delta L = \frac{\partial^2 L}{\partial x^2} + \frac{\partial^2 L}{\partial y^2} + \frac{\partial^2 L}{\partial z^2}$$

である．

ここで幾何光学的な近似を行う．通常の可視波長域では波長は 10^{-7} (m) 程度のオーダーなので，"波長が限りなく 0 に近い" と考える．すると $k_0 = 2\pi/\lambda_0$ なので k_0 は非常に大きな値をとると考えられる．よって式(1.12)の第 2 項，第 3 項は第 1 項に比較して無視できる．すると式(1.12)より，

$$|\mathrm{grad}\, L|^2 = n^2 \tag{1.13}$$

すなわち，

$$\left(\frac{\partial L}{\partial x}\right)^2 + \left(\frac{\partial L}{\partial y}\right)^2 + \left(\frac{\partial L}{\partial z}\right)^2 = n^2 \tag{1.14}$$

この式はアイコナール（Eikonal）方程式と呼ばれ，幾何光学的に光波の進行経路を知るために重要な式となる．

式(1.10)より，$L(x, y, z)$ が一定の値をとれば，$u(x, y, z)$ の位相が等しいことを表し，位相の等しい面を与えることは明らかである．波動光学的波面（等位相面）に対して，式(1.13)から得られる光線の直交表面として（後述），等位相面を表す面を幾何光学的波面という．その形状には急激な変化はなく，緩やかに変化する．

1.1.3 光線の成り立ち

grad L とは $L(x, y, z)$＝const. なる曲面上の点 (x, y, z) においての接平面に直交するベクトル，つまり法線ベクトルを表している（付録D参照）．すると grad L は幾何光学的波面に直交するベクトルとなる．そして，後述する式(1.90)からも明らかな様に，幾何光学的な波面法線の方向とポインティング・ベクトルの方向は一致し，エネルギーはこの方向に伝播する．この，多数の波面の法線を極微小な単位で繋げていったもの，波面法線の描く軌跡を"光線"と定義する（図1.1）．今までのところ，屈折率 n を一定には扱っていないので，座標 (x, y, z) により $n(x, y, z)$ が変化し波面が同心円的に広がらず，光線が必ずしも直線とならず，曲線を描く可能性も考えられる．

ここで grad L 方向の，光線進行方向を表す単位ベクトルを s とすれば，

$$s = \frac{\text{grad } L}{|\text{grad } L|}$$

となり，式(1.14)より，

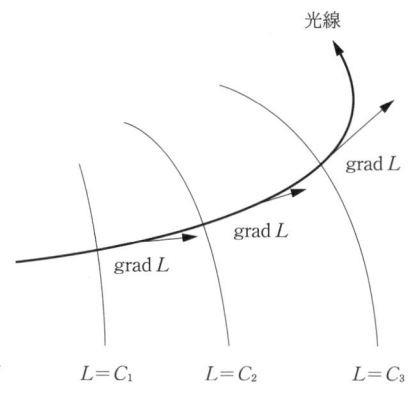

図1.1　波面の法線と光線

$$ns = \mathrm{grad}\, L \tag{1.15}$$

となる.

点 (x, y, z) の位置ベクトルを r とし,光線(曲線)に沿って波面が微小距離 ds 移動したとする(図 1.2).この場合,位置ベクトルの変化を dr とすれば,変化量が微小であれば進行経路を直線とみなせ

$$dr = s\, ds$$

と表現できる.よって,

$$s = \frac{dr}{ds}$$

となる.この式を式(1.15)に代入すると,

$$n \frac{dr}{ds} = \mathrm{grad}\, L \tag{1.16}$$

であり,式(1.16)の両辺を s で微分すると(付録 E 参照),

$$\frac{d}{ds}\left(n \frac{dr}{ds} \right) = \mathrm{grad}\, n \tag{1.17}$$

この式の右辺は座標 (x, y, z) による屈折率 $n(x, y, z)$ の変化量を表し,左辺は式(1.16)より明らかな様に,光線の経路が屈曲する量を表している.つまり,屈折率の空間分布がわかれば光線の方向を計算することができる.式(1.17)を光線方程式と呼ぶ.

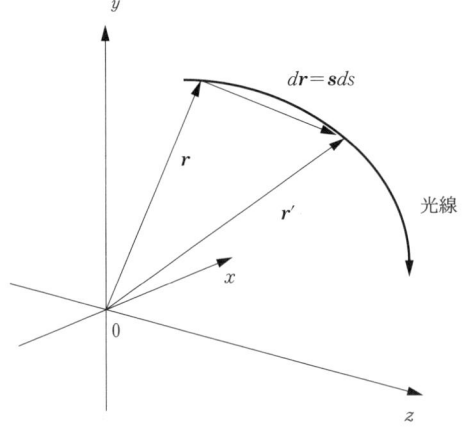

図 1.2 光線の方向を表す単位ベクトルと位置ベクトル

ここで，一般のレンズに用いられている硝材の様な，屈折率が一定の媒質を考えれば，当然，媒質中の屈折率の変化がないので grad $n=0$ となり，左辺の微分を実行すれば，

$$\frac{dn}{ds} \cdot \frac{d\mathbf{r}}{ds} + n\frac{d\mathbf{s}}{ds} = 0$$

となる．場所による屈折率の変化がないので，

$$\frac{d\mathbf{s}}{ds} = 0$$

であるから，光線の進行方向を表すベクトル $\mathbf{s}$ は一定となる．すなわち屈折率が一定の媒質内では光線は直進する．

1.1.4 境界面における光の屈折法則

ここで，異なる屈折率を持つ，2媒質の曲面状の境界面における光の屈折について考えたい．図1.3の様に，非常に薄い境界層 T を想定する．境界層中では屈折率 n や透磁率 μ 等が，急激にではあるが連続的に変化すると考える．そしてこの境界層を挟む，T に対して平行な線分 AB, $A'B'$ と垂直な線分 AA', BB' より囲まれる $ABB'A'$ なる微小面積を考える．また，$\mathbf{b}$ をこの微小面積と垂直な単位法線ベクトルとする．

このような条件下ではストークスの定理を用いることができる．ストークスの定理とはベクトル場 $\mathbf{A}$ が存在する場合，図1.4にある様に，その場における曲面 S, そしてその境界をなす閉曲線 C を考えたときに，

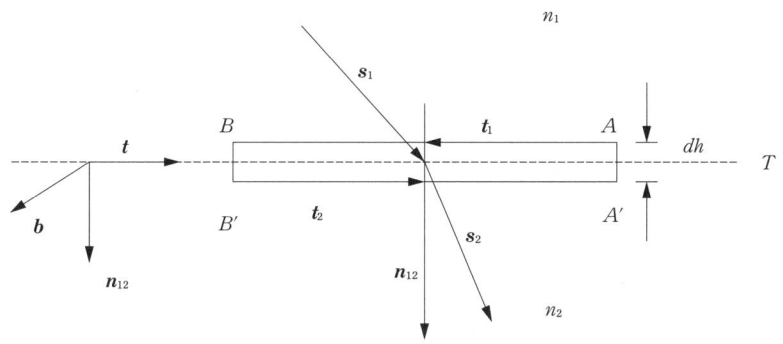

図1.3　薄い境界層

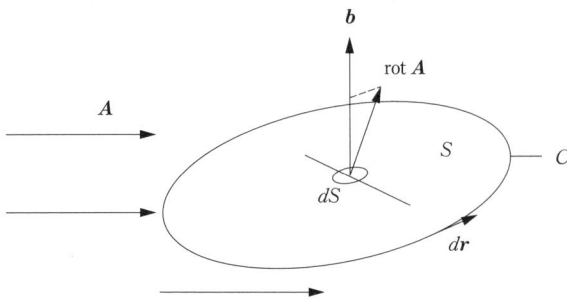

図1.4 ストークスの定理

$$\iint_S (\text{rot}\,\boldsymbol{A})_\perp dS = \oint_C \boldsymbol{A}\cdot d\boldsymbol{r} \tag{1.18}$$

が成り立つというものである．左辺の被積分関数は S 上の微小エリア dS における面法線方向の rot $\boldsymbol{A}$ ベクトルの成分であり，$d\boldsymbol{r}$ は曲線 C 上における接線方向の微小線素ベクトルである．したがって，右辺の積分はベクトル $\boldsymbol{A}$ の曲線接線方向成分の閉曲線区間での加え合わせである．

式(1.15)の両辺に rot をとって，

$$\text{rot}\,n\boldsymbol{s} = \text{rot grad}\,L = 0 \tag{1.19}$$

とし，ストークスの定理を用いると，式(1.18)より，

$$\iint_S \text{rot}\,n\boldsymbol{s}\cdot\boldsymbol{b}dS = \oint_C n\boldsymbol{s}\cdot d\boldsymbol{r} = 0 \tag{1.20}$$

こうして閉曲線 $C(ABB'A'A)$ におけるラグランジュの積分不変量と呼ばれる量が導かれる．$\boldsymbol{s}$ は光線の方向を表す単位ベクトルであり，この場合に式(1.20)は矩形に沿っての積分を表す．そこで AA' と BB' の距離 dh を限りなく 0 に近づけていくとすると，AA' および BB' からの式(1.20)への影響も 0 に近づいていくと考えられ，よって $dh\to 0$ の極限において式(1.20)は，

$$\int_{AB} n_1\boldsymbol{s}_1\cdot d\boldsymbol{r} + \int_{B'A'} n_2\boldsymbol{s}_2\cdot d\boldsymbol{r} = 0 \tag{1.21}$$

ここで，$\boldsymbol{s}_1$ および $\boldsymbol{s}_2$ はそれぞれ屈折前と屈折後の光線の方向を表す単位ベクトルである．

また，$AB=dm_1$ と $A'B'=dm_2$ の長さが十分に小さいとすれば，$dh\to 0$ によって $dm_1\to dm_2=dm$ と置いて，式(1.21)は，

$$n_1\boldsymbol{s}_1\cdot\boldsymbol{t}_1 dm + n_2\boldsymbol{s}_2\cdot\boldsymbol{t}_2 dm = 0 \tag{1.22}$$

となる．$\boldsymbol{t}_1$ と $\boldsymbol{t}_2$ をそれぞれ閉曲線に沿っての単位接線ベクトルとすると，媒質 1 から媒質 2 への境界面 T に対する単位法線ベクトル $\boldsymbol{n}_{12}$ を導入して，式 (1.22) における区間では線積分の道筋は T に常に平行であるので $\boldsymbol{t}_1$ と $\boldsymbol{t}_2$ は $\boldsymbol{b}$ と $\boldsymbol{n}_{12}$ のベクトル外積として表現でき，

$$\boldsymbol{t}_1 = -\boldsymbol{t} = -\boldsymbol{b}\times\boldsymbol{n}_{12} \qquad \boldsymbol{t}_2 = \boldsymbol{t} = \boldsymbol{b}\times\boldsymbol{n}_{12}$$

となる．これらの式と式 (1.22) より，

$$\boldsymbol{b}\cdot[\boldsymbol{n}_{12}\times(n_2\boldsymbol{s}_2 - n_1\boldsymbol{s}_1)] = 0$$

単位ベクトル $\boldsymbol{b}$ は C を形成する矩形面の法線方向を表し，その方向は任意であるので，

$$\boldsymbol{n}_{12}\times(n_2\boldsymbol{s}_2 - n_1\boldsymbol{s}_1) = 0 \tag{1.23}$$

したがって，ベクトル $\boldsymbol{N} = n_2\boldsymbol{s}_2 - n_1\boldsymbol{s}_1$ は $\boldsymbol{n}_{12}$ に平行であり（図 1.5），3 ベクトル $\boldsymbol{s}_1$, $\boldsymbol{s}_2$, $\boldsymbol{n}_{12}$ は共面である．このことは屈折後の光線は，入射光線と面の法線を含む入射面と同一面内に存在することを表す．また，図 1.5 にあるように入射光線，屈折光線の $\boldsymbol{n}_{12}$ となす角度を定めると，式 (1.23) は，

$$n_2\sin\theta_2 = n_1\sin\theta_1 \tag{1.24}$$

となり，多々用いられるスネルの法則を表す．したがって，境界面が曲面の場合には，入射光線の境界面上の到達点における法線を考え，そこで，上記スネルの屈折則を適用すれば光線の進行経路が計算できることになる．反射の場合には $n_1 = n_2$ となり，同じ屈折率界に反射光線が存在するためには，

$$\theta_2 = \pi - \theta_1 \tag{1.25}$$

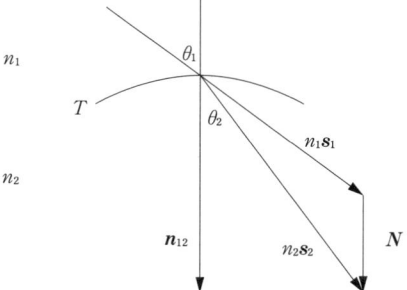

図 1.5 曲面における屈折の法則

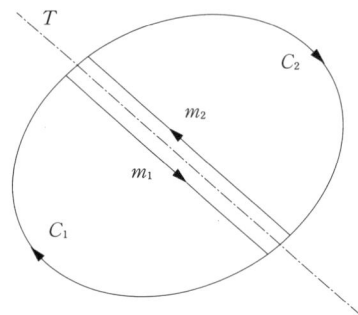

図 1.6 分割区間におけるラグランジュの積分不変量

となり反射則が成立する．また，T が上述の様に境界層ではなく，異なる媒質の不連続な境界面の場合においても以下の様にラグランジュの積分不変量を考え，同様の結果を導くことができる．

図 1.6 の様に，C が境界面 T により，C_1 と C_2 の 2 つの曲線部に分けられ，さらに境界面を近傍で取り囲む C の T を横切る部分と T に平行な線部 m_1 と m_2 より成り立つ図 1.3 と同様の矩形の閉曲線を想定する．ここでも矩形の幅 dh が無視できるとすれば，閉曲線 C_1 と m_1，および C_2 と m_2 について上述と同様にストークスの定理を適用して，

$$\int_{C_1} n_1\boldsymbol{s}_1 \cdot d\boldsymbol{r} + \int_{C_2} n_2\boldsymbol{s}_2 \cdot d\boldsymbol{r} + \int_m (n_2\boldsymbol{s}_2 - n_1\boldsymbol{s}_1) \cdot d\boldsymbol{r} = 0 \tag{1.26}$$

となる．ベクトル $\boldsymbol{N} = n_2\boldsymbol{s}_2 - n_1\boldsymbol{s}_1$ は境界面に垂直であるので，境界面 T の接線方向への成分を持たない．よって，式(1.26)左辺第 3 項は 0 になり，

$$\int_{C_1} n_1\boldsymbol{s}_1 \cdot d\boldsymbol{r} + \int_{C_2} n_2\boldsymbol{s}_2 \cdot d\boldsymbol{r} = \oint_C n\boldsymbol{s} \cdot d\boldsymbol{r} = 0 \tag{1.27}$$

が成立する．

1.2 ポインティング・ベクトルと強度

ここでは光波によって，媒質中を伝播するエネルギーについて解説する．この検討は換言すれば，マクスウェルの方程式より導かれる電磁波のエネルギー伝播の方向と大きさを示す，ポインティング・ベクトルについて考える事でもある．実際には，ポインティング・ベクトルの積分値により，意味を持つ連続

的な強度分布が得られる訳であるが，幾何光学的な近似手法によって，より簡潔に，さらに多様な，大域に及ぶ光波の進行経路に対応した強度についての検討を行う．光学系設計あるいは評価のためには大切な検討である．

1.2.1 ポインティング・ベクトル

ここで，付録Aの式(A.8)，式(A.9)から以下の関係が成り立つ．

$$E \cdot \frac{\partial D}{\partial t} + H \cdot \frac{\partial B}{\partial t} = E \cdot \text{rot}\, H - H \cdot \text{rot}\, E \tag{1.28}$$

ベクトルの公式より，

$$= \text{div}(H \times E) = -\text{div}(E \times H) \tag{1.29}$$

ここで，式(1.29)の関係を満たす $S = E \times H$ なるベクトルを導入して，

$$= -\text{div}\, S$$

また，式(1.28)の左辺第1項について考えると，付録Aの式(A.1)あるいは式(A.9)より，

$$E \cdot \frac{\partial D}{\partial t} = E \cdot \frac{\partial}{\partial t}(\varepsilon E) = \frac{1}{2} \cdot \frac{\partial}{\partial t}(\varepsilon E^2) = \frac{1}{2} \cdot \frac{\partial}{\partial t}(E \cdot D) \tag{1.30}$$

となる．第2項についても同様にして，付録Aの式(A.2)より，

$$H \cdot \frac{\partial B}{\partial t} = H \cdot \frac{\partial}{\partial t}(\mu H) = \frac{1}{2} \cdot \frac{\partial}{\partial t}(H \cdot B) \tag{1.31}$$

となる．ここで，

$$\omega_e = \frac{1}{2} E \cdot D \tag{1.32}$$

$$\omega_m = \frac{1}{2} H \cdot B \tag{1.33}$$

と置こう．電磁気学によれば，ω_e は電場のエネルギー密度，ω_m は磁場のエネルギー密度を表し，

$$\omega = \omega_e + \omega_m \tag{1.34}$$

は，電磁場の単位体積あたりに貯えられているエネルギー，つまり電磁場の全エネルギー密度を表す．よって，式(1.34)と式(1.29)，および式(1.30)と式(1.31)から，

$$\frac{\partial \omega}{\partial t} + \text{div}\, S = 0 \tag{1.35}$$

この式(1.35)より，単位時間に単位体積表面から，S として外へ向け放射

される電磁場のエネルギーは，その体積中のエネルギー密度の減少する割合に等しいことが理解できる．式(1.35)における電場と磁場に直交したベクトル$\boldsymbol{S}$をポインティング（Poynting）ベクトルと呼ぶ（付録B，B.1節および付録D，D.2節参照）．

1.2.2 ポインティング・ベクトルの示す強度

この場合には定数である，電場最大振幅ベクトル$\boldsymbol{E}_0$と磁場最大振幅ベクトル$\boldsymbol{H}_0$を用いて，以下の様に電場$\boldsymbol{E}$と磁場$\boldsymbol{H}$を平面波として表す（付録B，B.2節参照）．

$$\boldsymbol{E} = \boldsymbol{E}_0 \exp(i\varphi) \tag{1.36}$$

$$\boldsymbol{H} = \boldsymbol{H}_0 \exp(i\varphi) \tag{1.37}$$

ただし，波数ベクトル$\boldsymbol{k}=(k_x, k_y, k_z)$と，位置ベクトル$\boldsymbol{r}=(x, y, z)$を導入して，

$$\varphi = \boldsymbol{k}\cdot\boldsymbol{r} - \omega t - \delta = (k_x x + k_y y + k_z z) - \omega t - \delta \tag{1.38}$$

とする．等方性誘電体媒質中のポインティング・ベクトル強度導出の手順は以下の通りである．

（I）$\boldsymbol{E}=(E_x, E_y, E_z)$のローテーションをとると，$\boldsymbol{i}, \boldsymbol{j}, \boldsymbol{h}$をそれぞれ，$x, y, z$軸方向の単位ベクトルとして，ベクトル外積の定義

$$\boldsymbol{A} \times \boldsymbol{B} = (A_y B_z - A_z B_y)\boldsymbol{i} + (A_z B_x - A_x B_z)\boldsymbol{j} + (A_x B_y - A_y B_x)\boldsymbol{h} \tag{1.39}$$

並びに式(1.36)から，

$$\begin{aligned}
\operatorname{rot}\boldsymbol{E} = \nabla\times\boldsymbol{E} &= \left(\frac{\partial}{\partial x}, \frac{\partial}{\partial y}, \frac{\partial}{\partial z}\right)\times(E_{0x}\exp i\varphi, E_{0y}\exp i\varphi, E_{0z}\exp i\varphi) \\
&= \left\{\frac{\partial(E_{0z}\exp i\varphi)}{\partial y} - \frac{\partial(E_{0y}\exp i\varphi)}{\partial z}\right\}\boldsymbol{i} \\
&\quad + \left\{\frac{\partial(E_{0x}\exp i\varphi)}{\partial z} - \frac{\partial(E_{0z}\exp i\varphi)}{\partial x}\right\}\boldsymbol{j} \\
&\quad + \left\{\frac{\partial(E_{0y}\exp i\varphi)}{\partial x} - \frac{\partial(E_{0x}\exp i\varphi)}{\partial y}\right\}\boldsymbol{h} \\
&= (ik_y E_z - ik_z E_y)\boldsymbol{i} + (ik_z E_x - ik_x E_z)\boldsymbol{j} + (ik_x E_y - ik_y E_x)\boldsymbol{h}
\end{aligned}$$

である．よって，ここで再び式(1.39)より，

$$\operatorname{rot}\boldsymbol{E} = i(\boldsymbol{k}\times\boldsymbol{E}) \tag{1.40}$$

また，式(1.37)の片々をtで微分して式(1.38)より，

$$\frac{\partial \boldsymbol{H}}{\partial t} = \frac{\partial (\boldsymbol{H}_0 \exp(i\varphi))}{\partial t} = -i\omega \boldsymbol{H} \tag{1.41}$$

また,付録Aの式(A.4)(マクスウェルの式)から,

$$\mathrm{rot}\,\boldsymbol{E} = -\frac{\partial \boldsymbol{B}}{\partial t} \tag{1.42}$$

さらに,別のマクスウェルの式(磁場による磁化の比例関係)より,

$$\boldsymbol{B} = \mu \boldsymbol{H} \tag{1.43}$$

これら,式(1.42)と式(1.43)より,

$$\mathrm{rot}\,\boldsymbol{E} = -\mu \frac{\partial \boldsymbol{H}}{\partial t} \tag{1.44}$$

式(1.44)に式(1.40)と式(1.41)を代入すると,

$$i(\boldsymbol{k} \times \boldsymbol{E}) = i\omega\mu \boldsymbol{H} \tag{1.45}$$

となる.一般的な媒質中では常に等方的に $\mu = \mu_0$ (真空中透磁率)とし,定数として扱って構わない.

(II) 波面の進行方向(波面の法線方向)を表す単位ベクトル,

$$\frac{\boldsymbol{k}}{|\boldsymbol{k}|} = \boldsymbol{s} \tag{1.46}$$

を考えれば,付録Bの式(B.10),式(B.11)他より,

$$k_x^2 + k_y^2 + k_z^2 = |\boldsymbol{k}|^2 = \frac{\omega^2}{v^2} \tag{1.47}$$

$$\boldsymbol{k} = \frac{\omega}{v} \boldsymbol{s} \tag{1.48}$$

よって,式(1.45)は,

$$\frac{1}{v}(\boldsymbol{s} \times \boldsymbol{E}) = \mu \boldsymbol{H} \tag{1.49}$$

$$\boldsymbol{H} = \frac{1}{v\mu} \boldsymbol{s} \times \boldsymbol{E} \tag{1.50}$$

となる.

(III) また,$\boldsymbol{H}$ についても同様に考えると,付録Aの式(A.5)において,電流密度 $\boldsymbol{j}$ は一般的な誘電体媒質中においては0と置いてよく,

$$\mathrm{rot}\,\boldsymbol{H} = \frac{\partial \boldsymbol{D}}{\partial t} \tag{1.51}$$

と表せる.ここで,式(1.40)を求めるのと同様にして,

$$\mathrm{rot}\,\boldsymbol{H} = i(\boldsymbol{k} \times \boldsymbol{H}) \tag{1.52}$$

また、式(1.38)における φ を用いて、同様に電気変位 $\boldsymbol{D}$ を表現すると、

$$\boldsymbol{D} = \boldsymbol{D}_0 \exp(i\varphi) \tag{1.53}$$

となる。式(1.53)の辺々を式(1.41)と同様に t で微分して、

$$\frac{\partial \boldsymbol{D}}{\partial t} = -i\omega \boldsymbol{D} \tag{1.54}$$

とすると、式(1.51)、式(1.52)、式(1.54)より、

$$i(\boldsymbol{k} \times \boldsymbol{H}) = -i\omega \boldsymbol{D} \tag{1.55}$$

となり、電気変位 $\boldsymbol{D}$ と波面進行方向は直交する。式(1.48)より、

$$\boldsymbol{D} = -\frac{1}{v} \boldsymbol{s} \times \boldsymbol{H} \tag{1.56}$$

となる。

(IV) ここでポインティング・ベクトルの定義、そして式(1.50)より、

$$\boldsymbol{S} = \boldsymbol{E} \times \boldsymbol{H} = \boldsymbol{E} \times \left(\frac{1}{v\mu} \boldsymbol{s} \times \boldsymbol{E} \right)$$

であり、ベクトル3重積の性質から、

$$= (\boldsymbol{E} \cdot \boldsymbol{E}) \frac{1}{v\mu} \boldsymbol{s} - \left(\boldsymbol{E} \cdot \frac{1}{v\mu} \boldsymbol{s} \right) \boldsymbol{E} = \frac{1}{v\mu} \{ E^2 \boldsymbol{s} - (\boldsymbol{s} \cdot \boldsymbol{E}) \boldsymbol{E} \} \tag{1.57}$$

である。また、付録Aの式(A.1)より、

$$\boldsymbol{D} = \varepsilon \boldsymbol{E} \tag{1.58}$$

よって、式(1.51)、式(1.52)、式(1.58)、そして式(1.36)から、ここで始めて等方性媒質中であることを仮定すれば、ε は定数となるので（異方性媒質の場合には ε はテンソルになる）、

$$i(\boldsymbol{k} \times \boldsymbol{H}) = \varepsilon \frac{\partial \boldsymbol{E}}{\partial t} = -i\omega \varepsilon \boldsymbol{E} \tag{1.59}$$

となる。ここで、

$$v = \frac{1}{\sqrt{\mu\varepsilon}} \tag{1.60}$$

なる関係（付録Aの式(A.22)）と上記の式(1.48)より、

$$\boldsymbol{E} = -\sqrt{\frac{\mu}{\varepsilon}} \boldsymbol{s} \times \boldsymbol{H} \tag{1.61}$$

である。

等方な媒質中を考えれば、式(1.59)から、波面の進行方向と電場の振動方向が直交し、式(1.57)の小括弧内は0になると考えられるので、式(1.60)を考慮

して，

$$S = \sqrt{\frac{\varepsilon}{\mu}} E^2 s \tag{1.62}$$

この式(1.62)によりポインティング・ベクトルの大きさも（すなわち単位面積を通過する光の強さも）得ることができるが，実際には光の観測にはその周期と比べ十分に長い観測時間 T を必要とするので，観測され得る光の強度 I は S の時間平均の強度となり，実数部をとり，

$$E = E_0 \cos \varphi$$

として，

$$I = \langle |S| \rangle = \frac{1}{T} \int_0^T |S| dt = \frac{1}{T} \sqrt{\frac{\varepsilon}{\mu}} |E_0|^2 \int_0^T \cos^2 \varphi dt \tag{1.63}$$

のように表せる．ここで，

$$\int_0^{2\pi} \cos^2 \theta d\theta = \pi$$

であり，積分の平均値は $\pi/(2\pi) = 1/2$ になるので，式(1.63)は，

$$I = \langle |S| \rangle = \sqrt{\frac{\varepsilon}{\mu}} \cdot \frac{|E_0|^2}{2} = \frac{\varepsilon v |E_0|^2}{2} \tag{1.64}$$

となる．エネルギーの相対的な分布のみを問題とするときには空気中では定数項を省き，

$$I = |E_0|^2 \tag{1.65}$$

とすることができる．

1.2.3　幾何光学的強度の法則について

ここで波面 $L = a_1$ 上の微小面積 dS_1 を通過する光線により形成される，細いチューブを考える．そして $L = a_2$ なる波面上にこれらの光線が交わり，形成される微小面積を dS_2 とする（図1.7）．すると，I_1 および I_2 を，それぞれ

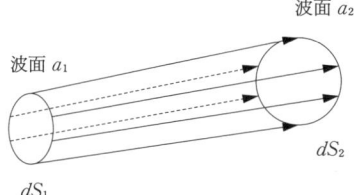

図1.7　光線により構成されるチューブ

dS_1 および dS_2 上の強度とすれば，

$$I_1 dS_1 = I_2 dS_2 \tag{1.66}$$

であり，IdS は一定に保たれるという．これは幾何光学的な強度の法則と呼ばれ，照明あるいは結像の明るさなどを考える場合に非常に重要な概念となる．以下，その正当性について検討してみよう．

ここで，空間項と時間項について分離して波動を表現すれば，E_r を式(1.7)における u と同様の複素ベクトル関数として，

$$\boldsymbol{E} = \boldsymbol{E}_r \exp(-i\omega t) \qquad \boldsymbol{H} = \boldsymbol{H}_r \exp(-i\omega t) \tag{1.67}$$

となる．本来の実数として $\boldsymbol{E}$ を表せば，

$$\boldsymbol{E} = \mathrm{Re}\{\boldsymbol{E}_r \exp(-i\omega t)\}$$

$$= \frac{1}{2}[\boldsymbol{E}_r \exp(-i\omega t) + \{\boldsymbol{E}_r \exp(-i\omega t)\}^*]$$

$$= \frac{1}{2}\{\boldsymbol{E}_r \exp(-i\omega t) + \boldsymbol{E}_r^* \exp(i\omega t)\}$$

よって，式(1.32)および付録Aの式(A.1)他より，

$$\omega_e = \frac{1}{2}\boldsymbol{E} \cdot \boldsymbol{D} = \frac{1}{2}\varepsilon \boldsymbol{E}^2$$

なので，

$$\omega_e = \frac{\varepsilon}{8}\{\boldsymbol{E}_r^2 \exp(-2i\omega t) + 2\boldsymbol{E}_r \cdot \boldsymbol{E}_r^* + \boldsymbol{E}_r^{*2} \exp(2i\omega t)\}$$

となる．ω_e の時間平均された値を考えると，周期 T より十分に長い観測時間 T' を考えて，

$$\langle \omega_e \rangle = \frac{1}{2T'} \cdot \frac{\varepsilon}{8} \int_{-T'}^{T'} \{\boldsymbol{E}_r^2 \exp(-2i\omega t) + 2\boldsymbol{E}_r \cdot \boldsymbol{E}_r^* + \boldsymbol{E}_r^{*2} \exp(2i\omega t)\} dt \tag{1.68}$$

ところが，式(1.68)において積分内第1項の時間に関係する部分について考えると $\omega = 2\pi/T$ なので，

$$\frac{1}{2T'} \int_{-T'}^{T'} \exp(-2i\omega t) dt = \frac{-1}{i 4\omega T'}\{\exp(-2i\omega T') - \exp(2i\omega T')\}$$

$$= \frac{T}{4\pi T'} \sin(2\omega T') \tag{1.69}$$

ここで，$T/T' \ll 1$ なので，積分内第1項，そして同様に考えて積分内第3項を無視できる．よって式(1.68)は，

$$\langle \omega_e \rangle = \frac{\varepsilon}{8T'} \int_{-T'}^{T'} \boldsymbol{E}_r \cdot \boldsymbol{E}_r^* \, dt = \frac{\varepsilon}{4} \boldsymbol{E}_r \cdot \boldsymbol{E}_r^* \tag{1.70}$$

となる．同様にして，

$$\langle \omega_m \rangle = \frac{\mu}{4} \boldsymbol{H}_r \cdot \boldsymbol{H}_r^* \tag{1.71}$$

となり，さらに正弦波を考えて以下の様に置く．

$$\boldsymbol{E}_r = \boldsymbol{E}_0 \exp(ik_0 L) \exp(-i\delta) \tag{1.72}$$
$$\boldsymbol{H}_r = \boldsymbol{H}_0 \exp(ik_0 L) \exp(-i\delta) \tag{1.73}$$

(初期位相項 $\exp(-i\delta)$ を，複素振幅 $\boldsymbol{E}_0$ と $\boldsymbol{H}_0$ に組み込んで考えても良い)
するとベクトルの公式,

$$\mathrm{rot}(\varphi \boldsymbol{A}) = \varphi \, \mathrm{rot}\, \boldsymbol{A} - \boldsymbol{A} \times \mathrm{grad}\, \varphi$$

と式(1.73)より，

$$\mathrm{rot}\, \boldsymbol{H}_r = [\exp(ik_0 L) \mathrm{rot}\, \boldsymbol{H}_0 - \{\boldsymbol{H}_0 \times \mathrm{grad}\, \exp(ik_0 L)\}] \exp(-i\delta)$$

となる．ここで $\mathrm{grad}\{f(\varphi)\} = f'(\varphi) \mathrm{grad}\, \varphi$ なので，

$$\mathrm{rot}\, \boldsymbol{H}_r = (\mathrm{rot}\, \boldsymbol{H}_0 + ik_0 \mathrm{grad}\, L \times \boldsymbol{H}_0) \exp(ik_0 L) \exp(-i\delta) \tag{1.74}$$

また，等方な媒質中を考えて，付録Aの式(A.12)に式(1.67)の関係を代入して微分すると，

$$\mathrm{rot}\{\boldsymbol{H}_r \exp(-i\omega t)\} = \varepsilon \frac{\partial \{\boldsymbol{E}_r \exp(-i\omega t)\}}{\partial t}$$

$$\mathrm{rot}\, \boldsymbol{H}_r = -i\omega \varepsilon \boldsymbol{E}_r \tag{1.75}$$

になる．$k_0 = \omega/c$ なので，

$$\mathrm{rot}\, \boldsymbol{H}_r = -ik_0 c \varepsilon \boldsymbol{E}_r$$

同様にして，

$$\mathrm{rot}\, \boldsymbol{E}_r = ik_0 c \mu \boldsymbol{H}_r \tag{1.76}$$

式(1.75)に式(1.72)，式(1.74)を代入すれば，

$$\mathrm{grad}\, L \times \boldsymbol{H}_0 + c\varepsilon \boldsymbol{E}_0 = -\frac{1}{ik_0} \mathrm{rot}\, \boldsymbol{H}_0 \tag{1.77}$$

$\mathrm{rot}\, \boldsymbol{E}_r$ についても式(1.74)とまったく同じ形の式が得られて，この式と式(1.73)を式(1.76)に代入して，

$$\mathrm{grad}\, L \times \boldsymbol{E}_0 - c\mu \boldsymbol{H}_0 = -\frac{1}{ik_0} \mathrm{rot}\, \boldsymbol{E}_0 \tag{1.78}$$

ここで幾何光学的近似を考えると，波長が極微であれば k_0 は非常に大きな値

となり，rot $\boldsymbol{E}_0$ と rot $\boldsymbol{H}_0$ が特別に大きな値となる場合を除き，式(1.77)と式(1.78)の右辺は 0 と置ける．よって，

$$\operatorname{grad} L \times \boldsymbol{H}_0 + c\varepsilon \boldsymbol{E}_0 = 0 \tag{1.79}$$

$$\operatorname{grad} L \times \boldsymbol{E}_0 - c\mu \boldsymbol{H}_0 = 0 \tag{1.80}$$

となる．ちなみに，式(1.80)を $\boldsymbol{H}_0$ について解き，式(1.79)に代入し計算すると，ベクトル3重積の公式などから，

$$\frac{1}{c\mu}\{\operatorname{grad} L(\operatorname{grad} L \cdot \boldsymbol{E}_0) - \boldsymbol{E}_0 |\operatorname{grad} L|^2\} + c\varepsilon \boldsymbol{E}_0 = 0 \tag{1.81}$$

となる．等方性媒質中を考えているので，式(1.61)から，波面法線ベクトルは電場に直交し，また，

$$v = \frac{1}{\sqrt{\varepsilon\mu}} \qquad n = \frac{c}{v}$$

であるから，式(1.81)は，

$$|\operatorname{grad} L|^2 = n^2$$

となり，式(1.14)のアイコナール方程式を表す．

ところで，式(1.77)と式(1.78)から上述のようにアイコナール方程式を導くことができるのであるが，複素振幅 $\boldsymbol{E}_0$ が実数の場合には，式(1.77)および式(1.78)の虚数部と実数部はそれぞれ単独に 0 になる必要があり，なんら近似を施すことなくアイコナール方程式を得ることができる．複素振幅 $\boldsymbol{E}_0$ には一般的に初期位相や偏光状態を表すために複素数が用いられるが，初期位相を 0，そして直線偏光を想定することは不自然なことではない．このとき複素振幅は実数となり得る．時間的に周期を持つ調和的（harmonic）で，等位相面上において振幅の等しい均一的（homogenious）な，無限に広がる波，つまり平面波を均質な媒質中で扱うとき，波長に関係なく光波は厳密に幾何光学の法則に従う．しかし，遮光等により回折現象が起きている場合，光波が集光・拡散状態にある場合には，位相が変化し，振幅に位相項が乗じられ複素数となる（この様な位相変化を簡単に表記できることが複素振幅表示の重要な利点の一つでもある）．この時に初めて，式(1.77)と式(1.78)の両辺の関係を考慮する意味が出てくる．

さて，さらに式(1.79)，式(1.80)より，

$$\boldsymbol{E}_0^* = -\frac{1}{c\varepsilon}\operatorname{grad} L \times \boldsymbol{H}_0^* \tag{1.82}$$

$$H_0 = \frac{1}{c\mu} \operatorname{grad} L \times E_0 \tag{1.83}$$

として，

$$\langle \omega_e \rangle = \frac{\varepsilon}{4} E_0 \cdot E_0^* = \frac{1}{4c} E_0 \cdot (H_0^* \times \operatorname{grad} L) \tag{1.84}$$

$$\langle \omega_m \rangle = \frac{\mu}{4} H_0 \cdot H_0^* = \frac{1}{4c} H_0^* \cdot (\operatorname{grad} L \times E_0) \tag{1.85}$$

と表せる．ところで，スカラー3重積の公式，

$$[A, B, C] = A \cdot (B \times C) = B \cdot (C \times A) = C \cdot (A \times B)$$

より，

$$\langle \omega_e \rangle = \langle \omega_m \rangle = \frac{1}{4c} [E_0, H_0, \operatorname{grad} L] \tag{1.86}$$

つまり幾何光学的近似のもとでは，電気エネルギー密度および磁気エネルギー密度の時間平均は等しいことがわかる．

よって，式(1.70)，式(1.72)，式(1.73)より，

$$\langle \omega_e \rangle = \langle \omega_m \rangle = \frac{1}{4} \varepsilon E_r \cdot E_r^* = \frac{1}{4} \varepsilon E_0 \cdot E_0^* \exp(ik_0 L - i\delta) \exp(-ik_0 L + i\delta)$$

$$= \frac{1}{4} \varepsilon E_0 \cdot E_0^* \tag{1.87}$$

$$\langle \omega \rangle = \frac{\varepsilon}{2} |E_0|^2 \tag{1.88}$$

となる．さらに，式(1.64)より，

$$I = \langle |S| \rangle = \frac{\varepsilon v}{2} |E_0|^2 = v \langle \omega \rangle \tag{1.89}$$

$$\langle S \rangle = v \langle \omega \rangle s \tag{1.90}$$

よって，式(1.35)の時間平均をとると，

$$\frac{\partial \langle \omega \rangle}{\partial t} = -\operatorname{div} \langle S \rangle \tag{1.91}$$

となる．式(1.91)の左辺においては，$\langle \omega \rangle$ は長時間に渡る平均値なので，その時間微分は0になり，式(1.91)は式(1.89)と式(1.90)より，

$$\operatorname{div} \langle S \rangle = \operatorname{div} (Is) = 0 \tag{1.92}$$

となる．

さて，式(1.92)を本文中の筒全体について体積積分すると，n を体積表面外向きの単位法線ベクトルとして，ガウスの定理，

$$\int_V \text{div}\, \boldsymbol{A}\, dV = \int_S \boldsymbol{A} \cdot \boldsymbol{n}\, ds$$

より，

$$\int_V \text{div}\, (\boldsymbol{Is})\, dV = \int_S \boldsymbol{Is} \cdot \boldsymbol{n}\, ds = 0 \tag{1.93}$$

すると，

dS_1 上では $\quad\quad\quad\quad \boldsymbol{s} \cdot \boldsymbol{n} = -1$

dS_2 上では $\quad\quad\quad\quad \boldsymbol{s} \cdot \boldsymbol{n} = 1$

その他の外周面上では $\quad \boldsymbol{s} \cdot \boldsymbol{n} = 0$

となるので，波面上のそれぞれの強度を考えて，

$$\int_{dS_1} -I_1 ds + \int_{dS_2} I_2 ds = 0 \quad\quad I_1 dS_1 = I_2 dS_2 \tag{1.94}$$

となる．これで幾何光学的強度の法則が導けた．

1.3 波面と光線の屈折

幾何光学的波面は，幾何光学的な光線通過経路の計算と，その光線の像面上の到達点における波動光学的な強度分布計算の仲立ちをする非常に重要な概念である．そして，光線はこの波面に直交する法線を繋いでいったものと定義され，これらの光線の集散状況を解析する，収差論的にも重要な意味を持つ．本節ではその幾何光学的波面の持つ基本的な性質と，そこから導き出される光線の進行経路に関する法則について触れる．

1.3.1 光路長

式(1.14)における L はアイコナールと呼ばれる．このアイコナール方程式を導くための出発点ともなる，正弦波動を表す基本式において，t を進行の時間，λ_0 を真空中の波長，c を真空中の光速とすれば，

$$\frac{2\pi}{\lambda_0}(ct - L) \tag{1.95}$$

が位相を表す．したがって，光源 P からの L が一定ならば，関数 $L(x, y, z)$ =const. により表される位置の集合は，多数の光波の等位相位置を表す幾何光学的波面を表す．そして L は光波が媒質中を速度 $v(\boldsymbol{r})$ で進む同じ時間で真

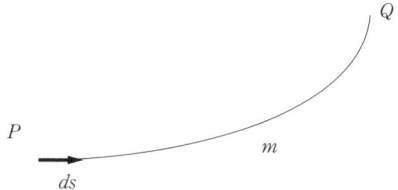

図1.8 積分路（光線の経路）

空中の光波が進む距離の関数であったので，図1.8において，dsを光波の進行方向にとった線素とし，光源PからQまでの積分路（光線の経路）をmとすると，Lは，

$$L(x, y, z) = \int_m \frac{c}{v(\boldsymbol{r})} ds$$

で表せ，式(1.8)より，

$$= \int_m n(\boldsymbol{r}) ds \tag{1.96}$$

となる．この値は光路長とも呼ばれる．

式(1.96)における$\boldsymbol{r}$は位置ベクトルであり，$n(\boldsymbol{r})$は場所により屈折率が異なることを表している．もし，屈折率nが媒質内で均一であるとすれば，光線は直進し，式(1.96)より，

$$L = mn \tag{1.97}$$

となり，PからQの距離に，屈折率nを乗じて光路長を得ることができる．

また，L=const.なポイントの集合が波面を形成するので，多数の光線についてこの光路長が任意の一定値になる座標を計算することにより，波面の形状を表現することができる．

1.3.2 マリューの定理

光線の定義から，一様な媒質中の1点から出た光線，あるいは1点に収束しようとする光線は，同心的な球面状の等位相面を形成しつつ進行していくと考えられる．この様な光線群を同心光線束と呼ぶ．別の見方をすれば，波面の伝播を考えるとき，各瞬間瞬間の波面に，常に直交する無数の光線群が伝播方向に進行しているとも考えられる．

もし，光波が屈折率の不均一な媒質を透過したり，屈折率が不連続に変化する2つの媒質の境界面において反射・屈折したりするとすれば，もはや光線群は必ずしも同心的ではなくなってしまうだろう．しかし，この様な場合においても，等位相面は存在し"共通の波面を形成していた，同心光線束に属するすべての光線に直交する曲面（波面）が存在する．"これが"マリュー（Malus）の定理"である．マクスウェルの方程式から導出された幾何光学における光線の定義から，光線は常に等位相面に直交していることになる．しかし歴史的にこれ以前に，後述のフェルマーの原理により光線の進行経路を定める幾何光学が存在し，このマリューの定理により等位相面としての波面と光線の関係が明確に示された．

① 旧波面から新波面に至る光路長がすべての光線の経路に対して等しい．
② すべての想定し得る光線が新波面に直交している．

屈折・反射後の新しい波面がこの同族光線束に対して成立するためには，この2つの条件を同時に満たさなければならない．

ここで，2つの均一な屈折率 n_1 と n_2 を持つ媒質1と2が，曲面 T で互いに接して存在しているとする（図1.9）．媒質1において $L(x, y, z) = S_1$ なる波面を考え，S_1 上の点 A から出発する光線を考える．この光線は，当然，S_1 に直交している．そして，この光線の T との交点を P，媒質2における到達

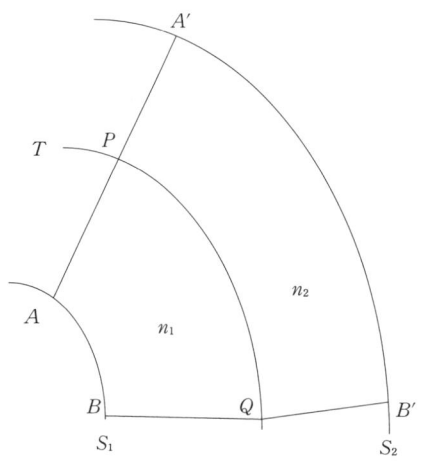

図 1.9 マリューの定理

点を A' としよう．ここで，点 A を波面 S_1 上で，S_1 との垂直を保ちつつ移動させる．このとき，点 A から出発した光線 APA' も，その光路長を変えないで A と一緒に移動すると考える．そして最終的に BQB' の位置に到達したとする．A' が B' に移動するあいだの軌跡が曲面 S_2 を描くとする．ここで光線 QB' が曲面 S_2 の至るところで S_2 に直交していることが示されれば，上記①②の条件が満たされることになる．

さて，ここで閉じた経路 $APA'B'QBA$ に 1.1.4 項で既述したストークスの定理を適用し"ラグランジュ（Lagrange）の積分不変量"を考える．

$$\oint_C n\bm{s}\cdot d\bm{r} = 0 \tag{1.98}$$

これまで通り $\bm{s}$ は光線の進行方向への単位ベクトルであり，$d\bm{r}$ は積分経路 C に沿ったベクトル線素として，式(1.98)はやはり 1.1.4 項において既述の通り，閉曲線 C が 2 つの媒質の境界面にまたがっている場合にも成立するので，上記経路 $APA'B'QBA$ に適用してみよう．すると，区間 APA' と $B'QB$ では $\bm{s}$ と $d\bm{r}$ の方向が等しいか，あるいは角度が π 異なるので，ds を微小線素長として，

$$\int_{APA'} n ds + \int_{A'B'} n\bm{s}\cdot d\bm{r} - \int_{B'QB} n ds + \int_{BA} n\bm{s}\cdot d\bm{r} = 0 \tag{1.99}$$

ここで光路長を [ ] で表すと，

$$[APA'] = [BQB']$$

となる．また，S_1 の AB 上では，光線は波面の法線であるから $\bm{s}$ と $d\bm{r}$ は直交している．したがって，式(1.99)においては第 2 項を残し他の項はすべて 0 になってしまう．よって式(1.99)は，

$$\int_{A'B'} n\bm{s}\cdot d\bm{r} = 0 \tag{1.100}$$

となり，常に $\bm{s}\cdot d\bm{r}=0$ なる関係が曲面 S_2 上で成り立つことになる．すなわち，あらゆる S_1 における同心光線束内の光線は曲面 S_2 に直交する．

マリューの定理は 1 点から射出した光線が，収差を持つレンズなどの光学系を透過したその後も波面を形成しつづけ，その波面形状は，光源からの光線追跡により，多数の同族光線の光路長を計算することにより理解できることを表している．

1.3.3 フェルマーの原理

光線の進行経路を考える上で非常に重要な意味を持つフェルマー (Fermat) の原理は，次の様に表現される．点 P を通過した光線が点 Q に達するとき，

"点 P から点 Q に到達する光は，その光路長が停留値をとるような光路を経る．"

この広義のフェルマーの原理における停留値とは，極値として極小値と極大値，また，微分係数が 0 であるが極値ではない鞍値を意味する．停留値をとるということは，実際の光路と，その近隣の微小量 ε の 1 次のオーダーのズレを持った経路との光路長差を $W(\varepsilon)$ とするとき，この $W(\varepsilon)$ が微小量 ε の 2 次以上のオーダーの量となることを意味する (図 1.10)．この様な場合，実際の光路長の変分は 0 であるともいう．

さて，光路長差 $W(\varepsilon)$ は式 (1.96) より，

$$W(\varepsilon) = \int_P^Q n\,ds' - \int_P^Q n\,ds \tag{1.101}$$

と表現できる．ここで，ds と ds' はそれぞれの経路に沿った微小長さである．さらに，この値が ε の 2 次以上の微小量であることを，

$$W(\varepsilon) = O(\varepsilon^2) \tag{1.102}$$

と表せば，式 (1.102) の辺々を ε で微分し，ε を限りなく 0 に近づけると，

$$\lim_{\varepsilon \to 0} \frac{\partial W(\varepsilon)}{\partial \varepsilon} = 0 \tag{1.103}$$

となる．つまり，実際の経路においては ε の変化に対する光路差の感度は 0，曲線 W への $\varepsilon = 0$ における接線の傾きは 0 になり，W は極値，一定値あるいは鞍値をとる (図 1.11)．

多くの場合，狭義のフェルマーの原理としては光路長は最小値をとると考えても差し支えない (正確には任意の点 P と Q を結ぶ光路が唯 1 つ存在する範囲内において最小値をとる)．ここで図 1.12 にある様に点 P から点 A を経て点 Q に達する経路を実際の光路と考えよう．この P と Q の間には光線 P，A，Q の属する同心光線束の形成する幾何光学的波面が無数に存在する．この中で隣接する 2 つの波面 S_m と S_{m+1} の間では屈折率が一定であると考えることができる．

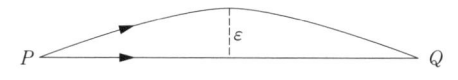

図1.10 進行経路の微小な変化

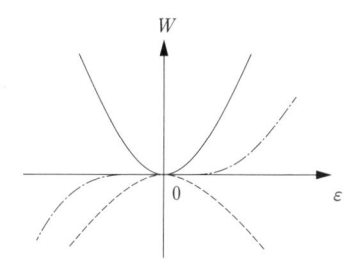

図1.11 停留点

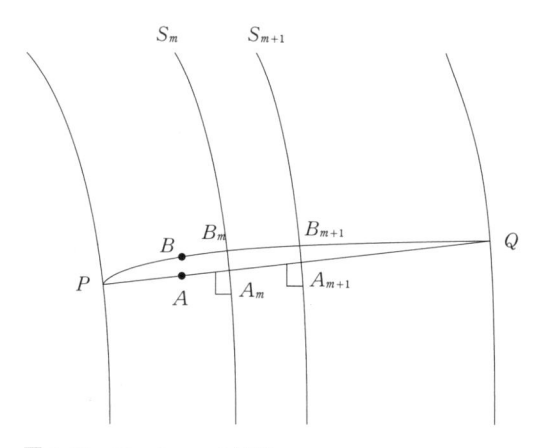

図1.12 フェルマーの原理

　また，これらの波面に挟まれる光線 P, A, Q 上の線分 $\overline{A_m A_{m+1}}$ は，どの様な媒質を光線がそれまでに通過してこようとも，マリューの定理により，必ず2つの波面に直交しているはずである．そこで，光線 P, A, Q の近傍に任意の経路 P, B, Q を想定したとすれば，この経路は実際の光路とは必ずしも考えられないので，この経路上の S_m と S_{m+1} を通過する同様な線分 $\overline{B_m B_{m+1}}$ は，これらの波面に直交しているとは限らない．よって，

$$nA_m A_{m+1} \leqq nB_m B_{m+1}$$

また，上記以外の微小な波面間隔においても同様の関係が成り立つ．したがって，それぞれの曲線に沿った P から Q までの光路長の間には，

$$\int_{PAQ} nds \leq \int_{PBQ} nds \tag{1.104}$$

なる関係が成り立ち，実際の経路に沿った光路長が最小値をとることが理解できる．そして，屈折率が一様な媒質中では光線は2点を結ぶ最短距離を持つ経路，すなわち直線経路を進むことが，フェルマーの原理からも明らかになる（変分表現を用いた，フェルマーの原理と光線方程式が等価であることの解説については付録Fを参照のこと）．

1.3.4　フェルマーの原理により導かれる光線の屈折

一様な屈折率 n_1 と n_2 を持つ2つの媒質1と2が，滑らかな境界面を挟んで存在し（この場合，平面と考える），図1.13の様に，境界面に直交する X-Y 平面内に点 A と点 B が存在するとき，この2つの点を結ぶ光線の経路について考えてみよう．これは明らかに境界面における光線の反射・屈折について考えることである．1.1節においてはマクスウェルの方程式の幾何光学的な解に，直接ストークスの定理を適用してスネルの屈折則等を導いた．しかし，ここではより古くから光学の根本的な理論として用いられている上述のフェルマーの原理によって屈折則の導出を行おう．

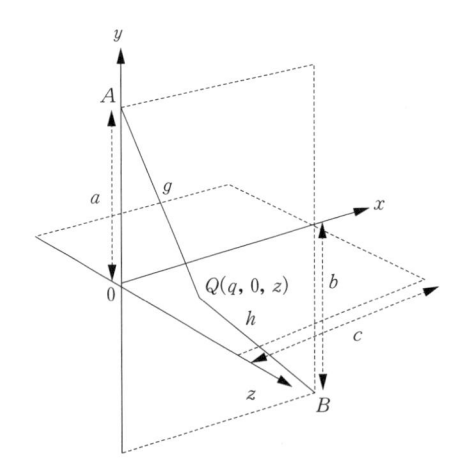

図1.13　光線の屈折（点 Q の仮定）

1.3 波面と光線の屈折 ──── 27

　媒質1と2の中では屈折率が均一なので，光線はフェルマーの原理の示すとおり，それぞれの媒質中では直進する．ここで図1.13にあるように a, b, c を定める．$A(0, a, 0)$ と $B(c, b, 0)$ の位置が決まっているとすれば，これらの値は定数となる．また，光線と境界面の交点を Q とするとき，$Q(q, 0, z)$ が境界面上，つまり X-Z 平面上に存在すると考える．この Q を境界面上で動かすことにより，A から B を結ぶ，可能な限りの経路を仮定することができる．

　ここで A から B に至る光路長 L は，簡単な幾何により以下の様に表される．

$$L = [AQ] + [QB] = n_1\sqrt{z^2+q^2+a^2} + n_2\sqrt{z^2+(c-q)^2+b^2}$$

さらに，上式を Q の位置の変化を表す成分，z と q でそれぞれ微分すれば，

$$\frac{dL}{dz} = \frac{n_1 z}{\sqrt{z^2+q^2+a^2}} + \frac{n_2 z}{\sqrt{z^2+(c-q)^2+b^2}} \tag{1.105}$$

$$\frac{dL}{dq} = \frac{n_1 q}{\sqrt{z^2+q^2+a^2}} + \frac{n_2\{-(c-q)\}}{\sqrt{z^2+(c-q)^2+b^2}} \tag{1.106}$$

となる．ゆえにフェルマーの原理より実際の経路に沿った光路長 L は停留値をとらねばならないので，AQ 間の距離を g と置き，QB 間の距離を h と置くとき，点 Q の位置の微小変化 dz と dq に対する光路長の変化 dL はゼロであるべきで，式(1.105)および式(1.106)より以下の関係が満たされなければな

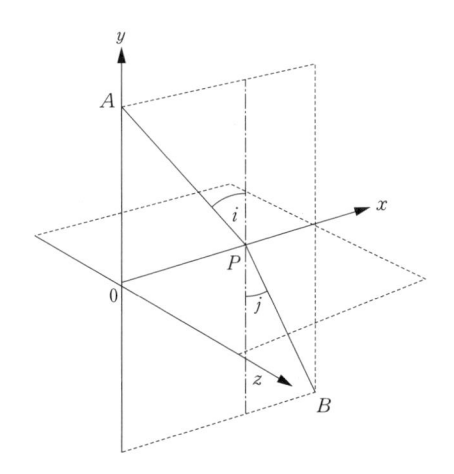

図 1.14 光線の屈折（角度 i, j の設定）

らない．

$$\frac{dL}{dz} = z\left(\frac{n_1}{g} + \frac{n_2}{h}\right) = 0 \tag{1.107}$$

$$\frac{dL}{dq} = \frac{n_1 q}{g} - \frac{n_2(c-q)}{h} = 0 \tag{1.108}$$

n_1, n_2, g, h は常に正なので，式(1.107)より，

$$z = 0$$

つまり，境界面上の点 Q は点 A と点 B を含む平面上にのみ存在を許されることになる．ここで，点 Q を境界面と X-Y 平面の交線上にとり，新しく点 $P(x, 0, 0)$ とすれば，式(1.108)は，

$$\frac{n_1 x}{g} = \frac{n_2(c-x)}{h}$$

となる．よって，角度 i と j を図1.14の様に設定して，

$$n_1 \sin i = n_2 \sin j \tag{1.109}$$

とすると，式(1.109)はスネルの屈折式に他ならない．

　第2の点 B を点 A の存在する媒質1内の X-Y 平面上に設定して，屈折の場合と同様にしてフェルマーの原理より，反射の法則

$$i = -j \tag{1.110}$$

も容易に導くことができる．

第2章

測光

2.1 照明計算の基礎

結像光学系の評価を適切に行うためには，対象が自発光体でなくとも，その仮の光源としての被写体の発光特性を把握する必要がある．照明光学系についてだけではなく，こうした広い意味での照明計算的な考え方は，光学系の多面的な評価のために重要である．本節では，その様な照明計算で必要とされる基本的な概念・表現について解説する．

2.1.1 立体角

光源から出発した波面は空間を広がっていく．したがって，光源から空間に向かって放射されるエネルギーの流れを考えるためには，3次元空間における光束の広がり角を定量化しなければならない．そこで立体角という量を用いる．

立体角 Ω は，半径 r の球を考えたとき，球表面上のある面積を S とし，こ

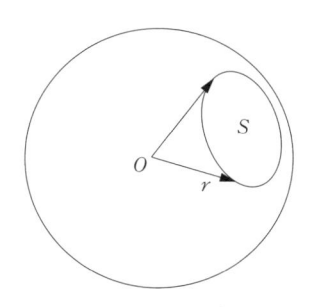

図 2.1 立体角

れを球中心からの角度の広がりの尺度として，

$$\Omega = \frac{S}{r^2} \tag{2.1}$$

と定義される（図2.1）．単位はステラジアン（steradian）である．球の半径が m 倍になるとき，面積 S の球表面上を占める割合が等しければ，S の面積は m^2 倍になる．ゆえに立体角 Ω の値は半径 r，あるいは S のスケールに左右されない．

2.1.2　ポインティング・ベクトルの合成

1.2節の通り，ポインティング・ベクトル $\boldsymbol{S}$ を考えると，

$$\boldsymbol{S} = \boldsymbol{E} \times \boldsymbol{H} \tag{2.2}$$

となる．

　一般的な等方性媒質においては，ポインティング・ベクトルは波面の法線方向を示し，光線の接線として連続することにより光線の進行経路を表す．そして，その大きさの時間平均の絶対値はポインティング・ベクトルが直交する単位面積を通過するエネルギーを表した．

　ここで，ある周波数領域における光を任意に放射する微小光源素の集合体として，広がりを持った面光源 A を考える．そしてこの光源全体によりもたらされる，A から離れた任意の点 P における強度について検討しよう．

　P 付近の電磁場は実数表示を用いて，P に影響を与え得る光源上の微小光源素の数を k とすれば，重ね合わせの原理が成り立ち，

$$\boldsymbol{E} = \sum_{n}^{k} \boldsymbol{E}_n \qquad \boldsymbol{H} = \sum_{n}^{k} \boldsymbol{H}_n \tag{2.3}$$

と表せる．よって，式(2.3)の合成より得られる電磁場から強度を考えると，1.2節で扱った様に，強度 I は $\boldsymbol{E} \times \boldsymbol{H}$ の時間平均の絶対値であるから，

$$\begin{aligned} I(P) &= |\langle \boldsymbol{E} \times \boldsymbol{H} \rangle| = \left| \left\langle \sum_n \boldsymbol{E}_n \times \sum_m \boldsymbol{H}_m \right\rangle \right| = \left| \sum_{n,m} \langle \boldsymbol{E}_n \times \boldsymbol{H}_m \rangle \right| \\ &= \left| \sum_n \langle \boldsymbol{E}_n \times \boldsymbol{H}_n \rangle + \sum_{\substack{n,m \\ (n \neq m)}} \langle \boldsymbol{E}_n \times \boldsymbol{H}_m \rangle \right| \end{aligned} \tag{2.4}$$

となる．ただし，$\langle \ \rangle$ は時間平均を表す．

　インコヒーレントな多くの一般的な光源の場合には，異なる光源素からの波動同士は位相が互いに無関係なので，式(2.4)の右辺第2項は0となる．し

たがって n 番目の光源素からのポインティング・ベクトルを S_n として式(2.2)より,

$$I(P) = \left|\sum_n \langle E_n \times H_n \rangle\right| = \left|\sum_n \langle S_n \rangle\right| \tag{2.5}$$

となる．

図2.2において，dA を微小な面光源，dS を点 P を中心とし光源の特定の一要素より発生した波面の微小部分とする．光源のすべての部分からは dS に対して張られる円錐状の光束が形成されるが，さらにこれらの光束の中心の光線（主光線）は，点 P を頂点とする立体角 $d\Omega$ の円錐を形成する．もし，dA が微小であり，この円錐の開き角が十分に小さいとすれば，これら主光線方向 S_n の，ベクトルとしてのそれぞれの方向の違いが無視できて式(2.5)は，

$$I(P) = \sum_n |\langle S_n \rangle| \tag{2.6}$$

また，式(1.63)より，

$$I(P) = \sum_n I_n \tag{2.7}$$

となる．

もし，dA 並びに $d\Omega$ が微小ではない場合には式(2.6)は成立せず，式(2.5)におけるポインティング・ベクトルの加算を先行して計算せねばならない．式(2.5)におけるベクトル加算は，それぞれのポインティング・ベクトルのなす角度が強度集計に影響を与えることを表している．本来強度は式(2.4)の示す通り，その場でそれぞれ合成された E_Σ と H_Σ の外積の時間平均，そしてその絶対値により定義されるスカラー量であり，単位時間に E_Σ と H_Σ を含む平面上の単位面積を通過するエネルギー量を表す．

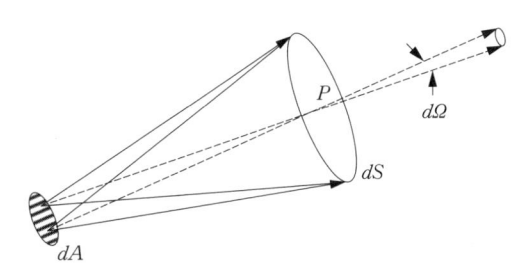

図 2.2 微小面積 dS を通過する光束

式(2.5)の場合には,それぞれのポインティング・ベクトルの合成ベクトルが法線となる様に定められる面が基準面となる．そして,式(2.5)はこの法線方向を示す基準単位ベクトルへの各要素ベクトルの射影長を加えていったものに相当する（図2.3）．よって,仮に各ベクトルのこの基準ベクトルとなす角度 φ_n がすでにわかっているとすれば, $I(P)$ を,

$$I(P)=\sum_n(|\langle S_n\rangle|\cos\varphi_n)=\sum_n(I_n\cos\varphi_n) \tag{2.8}$$

と表すことができる．

点 P における放射照度（irradiance） $E(P)$ という概念が測光学には存在し,単位時間当たり単位面積に達するエネルギー量を表している（放射照度の単位は MKSA 系で [watt/m^2] であり,放射エネルギーを表す物理量である）．この場合,基準となる面の法線方向は任意であるので,ここでは改めて面法線とそれぞれの要素ベクトルのなす角度を θ_n とすれば,その基準法線への各要素ベクトルの射影長の合成として,まったく式(2.8)と同様に,

$$E(P)=\sum_n(I_n\cos\theta_n) \tag{2.9}$$

とすることができる．基準面に対し θ_0 方向の単位面積は基準面上では $1/\cos\theta_0$ になることから,この分による照度の落ちを式(2.8)は考慮した形となる．また, $d\Omega$ が微小であって,式(2.6)が成り立つ場合においても,もし照度基準面法線が主光線と大きな角度 θ をなす様に設定されていれば, θ が一定値となり式(2.9)より,

$$E(P)=\cos\theta\sum_n I_n \tag{2.10}$$

として考える必要がある．

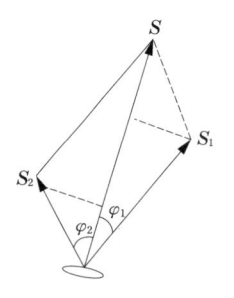

図2.3 強度のベクトル合成

2.1.3 放射輝度,放射束,放射強度

さてここで,点 P への寄与が連続的に変化しているとみなして良いくらい光源の微小要素の数が十分に大きいとすれば,上述の Σ 内の微小要素個々からの寄与は無限小に近づくが,全体からの寄与は当然有限であり,極微の連続的な寄与の総和として $I(P)$ を考えることができる.この場合に $I(P)$ は式(2.6)から,しかるべき範囲内では dA に比例し,その結果,式(2.1)よりポインティング・ベクトルの形成する立体角 $d\Omega$ に比例すると考えられるので,B を適当な比例定数とすれば,式(2.6)は Σ を用いないで,

$$I(P) = B d\Omega \tag{2.11}$$

と表現することができる.面積 ds と dA の法線ベクトル方向が等しいとみなせる範囲であれば,

$$E(P) = B d\Omega \tag{2.12}$$

となる.

また,ポインティング・ベクトルは単位時間に単位面積を波面の進行方向に通過するエネルギーを表しているので,単位時間に dS を通過する時間平均化

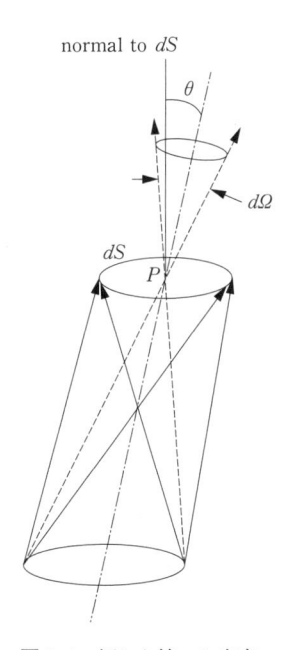

図2.4 傾きを持った光束

された全エネルギー量 dF は，
$$dF = E(P)dS = Bd\Omega dS \tag{2.13}$$
となる．この dF を放射束（radiant flux）と呼ぶ．単位は［watt］である．

前述のモデルをより一般的にするために，図2.4の様な状態を考える．ここで，立体角 $d\Omega$ により表される円錐の頂点 P と光源の中心を結ぶ直線で表される方向を，放射束のエネルギー伝播の方向と考えることができる．この直線の方向と，微小面積 dS 上の点 P における法線とのなす角度を θ とする．上述の例とは異なり，dS の傾きが任意に決まり，dS が dA 内の要素より形成される波面 S の一部ではないとき，θ が無視できない値に達する場合が考えられる．

光源上の各微小要素からの点 P におけるポインティング・ベクトルの方向の分布の中心が前述のエネルギー伝播の方向と考えることができるので，点 P における光源上の各微小要素からの波面の接平面の傾きも，微小面積 dS の接平面との角度 θ を中心に分布していると考えてよい（図2.5）．そこで θ を代表値として採用すれば，それぞれのポインティング・ベクトルの示す単位面積が dS と傾き θ を持って存在することになるので，式(2.13)は以下の様に拡張される．
$$dF = B\cos\theta dS d\Omega \tag{2.14}$$
これは式(2.7)〜式(2.10)からも当然の結果である．

もし式(2.13)において dS と $d\Omega$ が一定であれば，光源の特性を反映して，dF はエネルギー伝播の方向，有効な微小光源面積の全光源面座標における位

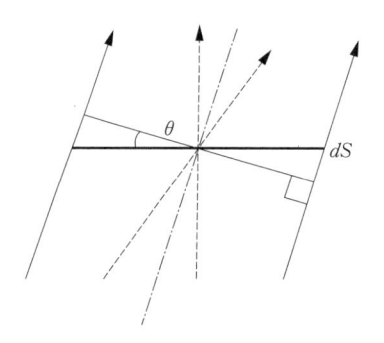

図2.5　(α, β) 方向への微小面積の大きさ

置に影響を受けるので，dF は dS を含む拡張された曲面上に座標系をとった場合の点 P の座標，もしくは光源面座標上の点 A の座標 (x, y)，エネルギー伝播の方位 (α, β) の関数と考えることができる．したがって，B を同様の変数を持つ関数と考えねばならない．

$$B = B(x, y : \alpha, \beta) \tag{2.15}$$

この B を点 (x, y) における (α, β) 方向に対する放射輝度（radiance）と呼び，測光学上の重要な量である．

式 (2.14) を B について解くと，

$$B = \frac{dF}{\cos\theta\, dS\, d\Omega} \quad [\text{watt}/(\text{m}^2 \cdot \text{sr})] \tag{2.16}$$

すると B は (α, β) 方向への，dS を (α, β) 方向と直交する平面へ射影した dS' 上の単位面積，単位立体角あたりの放射束であることが理解できる．

また，ある特定の広さを持った曲面すべてからの (α, β) 方向への単位立体角あたりの放射束 $I_e(\alpha, \beta)$ は，

$$I_e(\alpha, \beta) = \int B \cos\theta\, dS \quad [\text{watt/sr}] \tag{2.17}$$

と表され，放射強度（radiant intensity）と呼ばれる．

ここでは詳しく触れないが，本節で触れてきた放射照度や放射輝度などの量はエネルギーそのものに関連した物理量であった．これらの物理放射量とは別に，人間の眼の光の波長に対する明るさの感じ方の違いを考慮した測光量と呼ばれる，明るさを視感的に表現する量が存在する．これら 2 つの系に属する，それぞれに対応する量は相互に換算することが可能であり，例えば放射量であるところの放射照度に対して，測光量として対応する量を照度（illuminance）と呼ぶ．本書では以後，特別な場合を除き，放射量を扱うものとする．

2.1.4 自由空間における照度計算

図 2.6 におけるような，フリースペースを挟んで光源と対峙する受光面上の微小面積 dS' における照度を計算する．dS' の中心点を P' として，面光源 S 内の微小面積を dS，その中心点を P とする．また，dS の法線と P および P' を結ぶ線分のなす角度を θ とし，dS' の法線と PP' のなす角度を θ' とする．さらに，PP' の距離を d' と置き，dS の法線上に P' を射影した点と P ま

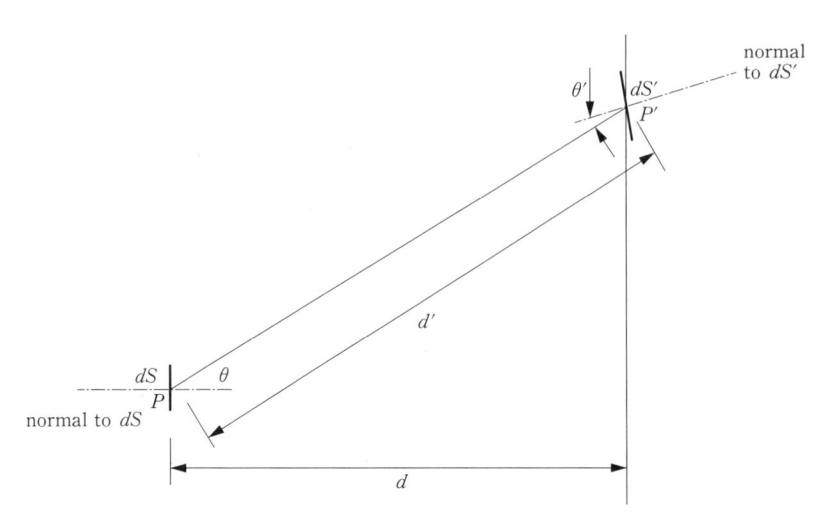

図 2.6 自由空間における放射照度

での距離を d と置こう．dS からの θ 方向への放射強度を $I_e(\theta)$，dS' に対して張る立体角を $d\Omega$ として，最初に dS から dS' に到達する放射束 dF を考えよう．放射強度は光源を点光源とみなせる程に非常に遠方から観察した場合に（測光学的ファー・フィールド），単位立体角あたりに光源全体から放射される放射束を表している．ここでもし，光源 S の面積 dS が dS' に比較して十分小さく，S が点光源とみなせるときには，

$$dF = I_e(\theta) d\Omega \tag{2.18}$$

となり，dS' に対する立体角 $d\Omega$ は，

$$d\Omega = \frac{dS' \cos \theta'}{d'^2} \tag{2.19}$$

と考えられるので，dS' における放射照度 E は，

$$E(\theta, \theta', d') = \frac{dF}{dS'} = \frac{I_e(\theta) \cos \theta'}{d'^2} \tag{2.20}$$

となる．さらに光源が放射角度に対し均一な強度分布を示すと考えれば，式(2.20)中の I_e は θ に依存せず，$\theta' = 0$ における法線照度 E_0 は，

$$E_0 = \frac{I_e}{d'^2} \tag{2.21}$$

となる．よって，

$$E = E_0 \cos\theta' \tag{2.22}$$

となる．

式(2.21)は，受光面における放射照度が光源からの距離の2乗に反比例して低下していくという放射照度の逆2乗則を表し，式(2.22)は放射照度は受光面法線と光源の方向がなす角度の余弦に比例するという放射照度の余弦則を表している．

ここで，広さを持つ光源 S の面積を考慮せねばならない場合（測光学的ニア・フィールド）には，S 内の一部をなす微小面積 dS からの P' 方向への放射輝度 $B(\theta)$ を導入する必要が生じ，輝度の定義および式(2.19)から，

$$dE = \frac{dF}{dS'} = \frac{B(\theta)\cos\theta\cos\theta' \, dS}{d'^2} \tag{2.23}$$

とする．光源が有限の大きさを持つとすると，光源全体からの放射照度 E は光源面 S について積分して，

$$E = \int_S \frac{B(\theta)\cos\theta\cos\theta'}{d'^2} dS \tag{2.24}$$

と表される．実際には式(2.24)において B，θ，θ' ならびに d' も積分中に変化し，式(2.20)と比較して計算は複雑になる．こうした場合の照度計算には，例え光路中にレンズやミラーなどの光学系が含まれなくとも，計算機による支援が有効になる．

2.2 光線追跡による幾何光学的照度分布計算手法

光学系により被写体の像は，光学系通過後のフィルム，あるいは撮像素子面などにおける光のエネルギーの分布として顕現する．光学系の評価は最終的に，この像面上でのエネルギー分布を細密に測定あるいは再現し，検討することにより行われる．そして，幾何光学的には，結像あるいは照明の状態は像面上の単位面積に対して単位時間に到達するエネルギー（放射束）の分布（照度分布）として定量的に表現される．

光源の輝度分布が均一でない場合，あるいは光源から受光面の光路中にレンズやミラー等の光学素子が存在する場合には，放射照度分布を正確に把握するために，取りあえず光波を光線として扱い，光学的要素の各反射，透過面にス

ネルの法則を適用して，光線の進行経路を計算する光線追跡を行う必要がある．その結果から，被照明面上の照度分布が計算される事となる．

そこで本節では，こうした幾何光学的照度分布シミュレーションの基本的な手法について解説する．

2.2.1 完全拡散面

放射輝度の定義より，光源面上のすべて部分において，光源を望めるすべての方向に対しての輝度が一定な面光源の存在を考えよう．この場合，放射輝度の定義より，光源のどの位置を，どのような角度で観測しようとも，単位立体角中では常に光源の観測方向からの見かけの光源面積に比例した放射束が観測される．この様な理想的な面光源を完全拡散面光源と呼ぶ．

式(2.17)において，放射輝度を一定とし，dS を含む曲面の一部を新たな光源と考えれば，光源面と垂直な方向への放射強度を I_{e0}，光源の面積を S として，

$$I_{e0} = \int B dS = BS \tag{2.25}$$

となる．よって，さらに式(2.17)より，面光源の法線と θ の角度をなす（α, β）方向への放射強度は，以下の様に表される．

$$I_e(\alpha, \beta) = I_{e0} \cos \theta \tag{2.26}$$

式(2.26)はランバート（Lambert）のコサイン則と呼ばれる（図2.7）．

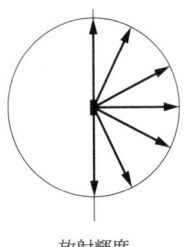

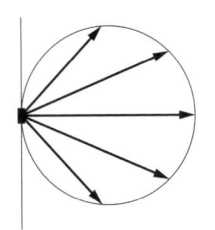

放射輝度　　　　　　　　　　放射強度

図2.7　完全拡散面光源における放射輝度と放射強度のベクトル的表示

2.2.2 完全拡散面光源の光線による表現

　一般的な照明系シミュレーションのためには，上述の完全拡散面光源に代表されるような光源の特性をシミュレーション上の光線発生のアルゴリズムとして表現する必要がある．技法としてはいくつか存在するが，その基本的な考え方を，上述の完全拡散面光源を表現することに沿って以下に示す．

　まず第1に，面積を持つ面光源に多数の光線の出発点を設定する．この場合，これら出発点どうしの間隔を等しく a と置く．するとこれらの内の i 番目の点（点光源と呼ぶ）から発生する複数の光線は，光線総体として光源上の $a\times a$ の面積を持つ，1つの面積素から放射される全エネルギー dF_i を表すことになる．

$$M = \frac{dF_i}{a^2} \quad [\mathrm{watt/m^2}] \tag{2.27}$$

この M を放射発散度（radiant exitance）と呼び，光源面上の特定の位置における単位面積あたりから放射される放射束を表す．光源面の分割数を m，光源よりの全放射束を $\varPhi$ と置けば，

$$\varPhi = \sum_{i=1}^{m} dF_i \tag{2.28}$$

となる．ここで，さらに点光源から発生する光線について考えよう．

　点光源を含む $a\times a$ の面積から立体角 $d\varOmega_j$ で様々な方向に放射される光束を多数考える．基本的にはこの面積に向かい合っている半空間全体をこの立体角の光束で分割し，埋め尽くす必要がある．そして，これらの光束の中心の方向に光線を発生させる．ここで，これらの中の1本の光線の表す放射束を $d\varPhi_j$ とすれば，

$$d\varPhi_j = I_e(\theta) d\varOmega_j \tag{2.29}$$

と置ける．$I_e(\theta)$ は光源面の法線と角度 θ をなす方向の放射強度である．完全拡散面光源を考えるのであれば，$\theta=0$ の場合の光源面と直交した，同様の立体角内の光束の表す放射束 $d\varPhi_0$ を考えて，

$$d\varPhi_0 = I_{e0} d\varOmega_j \tag{2.30}$$

よって，式(2.26)より，

$$d\varPhi_j = d\varPhi_0 \cos\theta \quad [\mathrm{watt}] \tag{2.31}$$

の関係によって放射束を分配する．半空間を等立体角の光束で分割する分割数

を n とすれば，

$$dF_i = \sum_{j=1}^{n} d\Phi_j \tag{2.32}$$

となる（図2.8）．

　光源面からの半空間への全放射束 Φ をもとに，式(2.28)，式(2.31)，式(2.32)などから，光線それぞれの表すべき放射束，あるいは複数の光線により形成される立体角中の放射束を計算することができる．またこの様な定量的に像面における照度を求める場合以外に，相対的な比が用いられることの多い結像光学系の評価においても，式(2.31)で表される関係は重要な意味を持つ．

2.2.3　光線追跡による照度計算

　ここでは最終的に照度分布を得る事を目的としてのシミュレーション手法，さらに汎用的な光源の表現方法について考えてみたい．上述の手法に従えば（図2.9），光源全体からの放射束を Φ として，

$$\Phi = \sum_{i=1}^{m} \sum_{j=1}^{n} d\Phi_{ij} \tag{2.33}$$

となり，$d\Phi_{ij}$ の値をそれぞれ定める際に，光源の放射強度，放射発散度などの

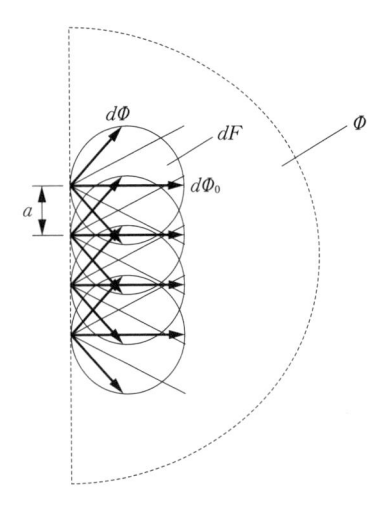

図2.8　光線による完全拡散面光源設定の概念図

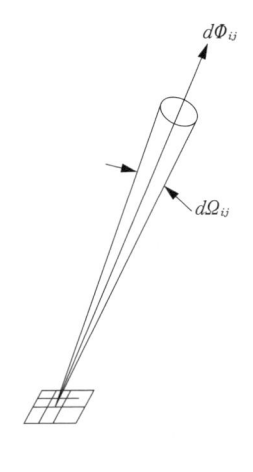

図2.9　光源からの微小立体角

特性が表現されるべきであることは言うまでもない．

式(2.33)における $d\Phi_{ij}$ のエネルギーを表す光線を $d\Omega_{ij}$ の中心の方向に発生させ，光線追跡により被照明面における到着座標を得る．この作業をすべての i と j に対して繰り返せば，被照明面上に光線の到着位置を表す多数の点の分布が得られるはずである．これら到着座標とそれぞれの到着点の意味する放射束 $d\Phi_{ij}$ より，被照明面上の任意の面積 dA における到着光線本数をカウントし，到着放射束を積算することができるはずである．すると，このエリアにおける放射照度 dE_t は，

$$dE_t = \frac{1}{dA} \sum_{i=1}^{m}\sum_{j=1}^{n} G_{ij} d\Phi_{ij} \tag{2.34}$$

ただし，

　　　　注目する画素に光線 ij が到達した場合　　　$G_{ij}=1$
　　　　それ以外の場合　　　　　　　　　　　　　　$G_{ij}=0$

と表せる．光の粒子をカウントするように計算が行われるので，この方法を粒子法と呼ぶことにしよう（図2.10）．

ところが，この考え方では放射束 $d\Phi_{ij}$ を1本の光線により代表させているので，立体角 $d\Omega_{ij}$ の光学系による変化が考慮されてはいない．したがって，

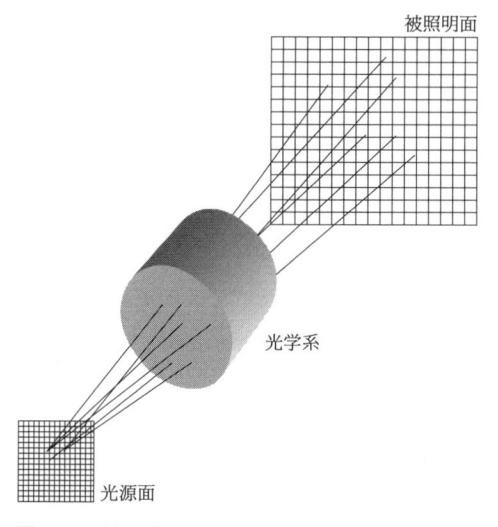

図2.10　粒子法

光源からの立体角 $d\Omega_{ij}$ をなす光束の，光学系による屈折・反射後の被照明面上における投影面積が，被照明面上の画素面積 dA に比べ，同程度以下のときに初めて式(2.34)はある程度の正確さで放射照度を表すはずである．そこで，立体角の発散あるいは収束状態を考慮するために，光源から放射される立体角の被照明面上への投影面積を，光線追跡により求める方法について検討しよう．

式(2.33)における $d\Phi_{ij}$ は，微小立体角 $d\Omega_{ij}$ 内の放射束であり，この立体角の中心を通る光線の表すエネルギーであった．ここで，立体角を球表面から複数の頂点を持つ多角形を切り出す形として設定すれば，$d\Omega_{ij}$ の形状は光源点から多角形の頂点を通る複数の光線によって表現できるはずである．これらの光線を光学系を通して光線追跡することにより，$d\Omega_{ij}$ に含まれる放射束 $d\Phi_{ij}$ が被照明面上の面積のどのくらいの範囲に到達するかが計算できる．

放射束 $d\Phi_{ij}$ の光束が到達した被照明面上での光斑面積を $d\sigma'_{ij}$ とすれば，被照明面上の任意の点 P_t における放射照度 dE_t は，

$$dE_t = \sum_i \sum_j \frac{G_{ij} d\Phi_{ij}}{d\sigma'_{ij}} \tag{2.35}$$

ただし，

　　　点 P_t が $d\sigma'_{ij}$ に含まれる場合　　$G_{ij}=1$
　　　それ以外の場合　　　　　　　　　　$G_{ij}=0$

である．

この様に，被照明面と光束が交わることにより形成される光斑の面積を計算し，この作業を繰り返すことにより得られる多数の等照度面積の集積から，任意の画素における放射照度を求める方法を仮に，光束法と呼ぼう（図2.11）．

上述では面光源上を点光源に分解して考え，その点光源から射出する光線によって形成される光束について光束法を用いたが，図2.12にある様に，面光源上の放射発散度が均一であるとみなせる微小な面積から等しい方向に射出する光線により形成される光束に対し適用することも可能である．放射強度分布に則り放射束が決定されて，多数の射出方位の異なる光束がこの微小面積から追跡されることになる．

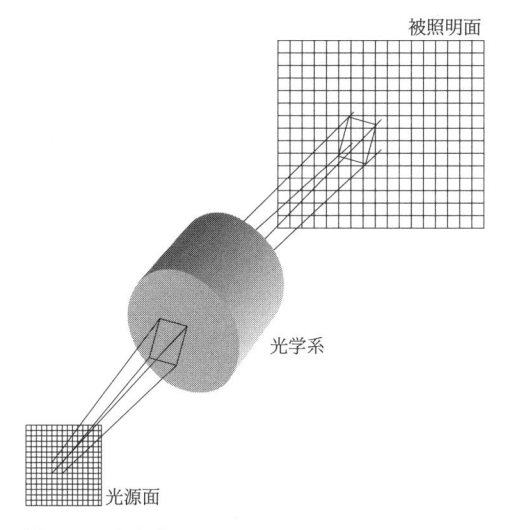

2.2 光線追跡による幾何光学的照度分布計算手法 —— 43

図 2.11 光束法

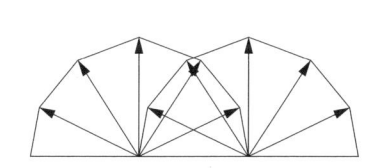

図 2.12 光束法の光束分割

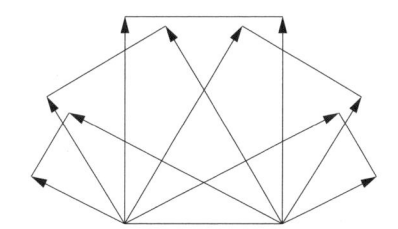

2.2.4 光源における立体角の分割

さて，光源側の立体角 $d\Omega_{ij}$ の分割方法，そして放射束の分配方法には様々なものが考えられるが，その単純な一例を以下に示す．

図 2.13 にある様に，非常に微小な光源面積 dS_i 上の点 P を中心にした半径 1 の半球を考える．この図における角度 θ と φ により光線の P からの射出方位を決定するものとする．ここで θ と φ を中心に，微小角度 $d\theta$ と $d\varphi$ で表現される球表面上の面積を考える．球の半径は 1 なので，この球面上の面積は，P とその 4 頂点を通過する光線により規定される微小立体角 $d\Omega_{ij}$ を表す．よって，

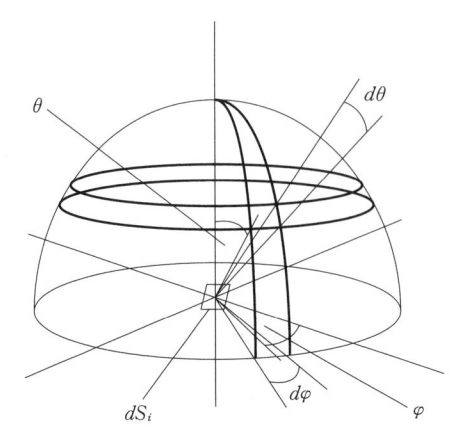

図 2.13 立体角の設定

$$dΩ_{ij} = \sin θ dθ dφ \tag{2.36}$$

となる．

もし光源が完全拡散面であるとするならば，$θ=0$ 方向の放射強度を I_{e0} として，$θ$ および $φ$ 方向への放射束 $dΦ_{ij}$ は式 (2.30) および式 (2.31) より，

$$dΦ_{ij} = I_{e0} \cos θ \sin θ dθ dφ \tag{2.37}$$

となる．ここで式 (2.37) から点 P を中心とする全半球への，微小光源面積 dS_i からの全放射束 dF_i を求めると，

$$dF_i = \int_0^{2π} \int_0^{\frac{π}{2}} I_{e0} \cos θ \sin θ dθ dφ = 2π I_{e0} \int_0^{\frac{π}{2}} \cos θ \sin θ dθ$$
$$= π I_{e0} \tag{2.38}$$

となる．dF_i は初期条件として光源全体からの全放射束 $Φ$ と放射発散度により定められるとすれば，式 (2.38) より I_{e0} を求め，さらに式 (2.37) より $dΦ_{ij}$ を定めることができる．

光線発生に際して空間を等立体角で分割することは，必ずしも必要とは限らず，場合によっては最善とも限らないが，汎用的な対応を考えれば考慮されるべき分割方法ではある．以下に参考のために，球表面の等面積要素への分割方法について触れることにする．

図 2.14 にある様に，半径 r でその中心が座標原点に存在する球面において，x 軸に沿い原点から h の高さにある点を含む y-z 平面に平行な，半径 R_A の，

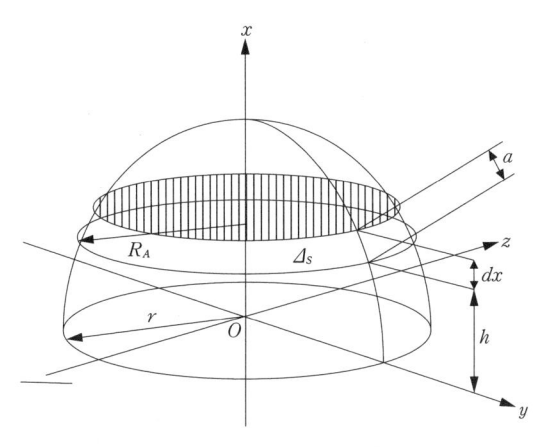

図 2.14 球表面を用いた等立体角の分割

この球の切り口を考えよう．そして，同様に $h+dx$ なる点を含む切り口を考える．すると，x-y 平面内で考えれば，円の方程式を変形して，

$$y = \sqrt{r^2 - x^2} \tag{2.39}$$

が成り立つ．これら2つの平面による切り口における2つの円周の，x-y 平面上で球表面に沿って測った弧長を a とするとき，dx が微小な場合には長さ a の円弧は x-y 平面上の球面に沿う線分と見なせて，その傾きは $x=h$ における式(2.39)の微分係数として得られるので，

$$a = \sqrt{(dx)^2 + (dy)^2} = \sqrt{(dx)^2 + \left\{\left(\frac{dy}{dx}\right)_{x=h} \cdot dx\right\}^2} = dx\sqrt{1 + \left\{\left(\frac{dy}{dx}\right)_{x=h}\right\}^2} \tag{2.40}$$

式(2.39)を微分して，

$$\frac{dy}{dx} = -\frac{x}{\sqrt{r^2 - x^2}} \tag{2.41}$$

なので，式(2.40)は，

$$a = dx\sqrt{\frac{r^2}{r^2 - h^2}} \tag{2.42}$$

また，これら切り口の2円周により囲まれる球面上の帯面積を Δs とすれば，

$$\Delta s = 2\pi R_A a \tag{2.43}$$

となる．ここで，

$$R_A = \sqrt{r^2 - h^2} \tag{2.44}$$

なので，式(2.43)に式(2.42)と式(2.44)を代入して，

$$\Delta s = 2\pi r dx$$

もし，x 軸上の座標 h および $h+w$ で微小ではない球面上帯表面積 S を示せば，

$$S = 2\pi r \int_{h}^{h+w} dx = 2\pi r w \tag{2.45}$$

なる関係が得られる．つまり，球半径の r が決まれば，球面上のこの様な帯の表面積は，帯を切り取る 2 つの円盤の x 軸上の間隔 w のみにより決まる．以上の様な条件で切り口を決定し，球表面を等しい面積の帯に分割し，それらをさらに x 軸を中心とした等しい角度間隔の大円で分割することにより，球表面の等面積分割，すなわち等立体角分割が可能となる．

2.2.5 幾何光学的強度の法則と光束法照明計算

ここで図 2.15 にある様に光源面上に点光源を考え，光源と光学系との間に，点光源からの同族光束光線による幾何光学的波面上の矩形の微小面積 dA を設

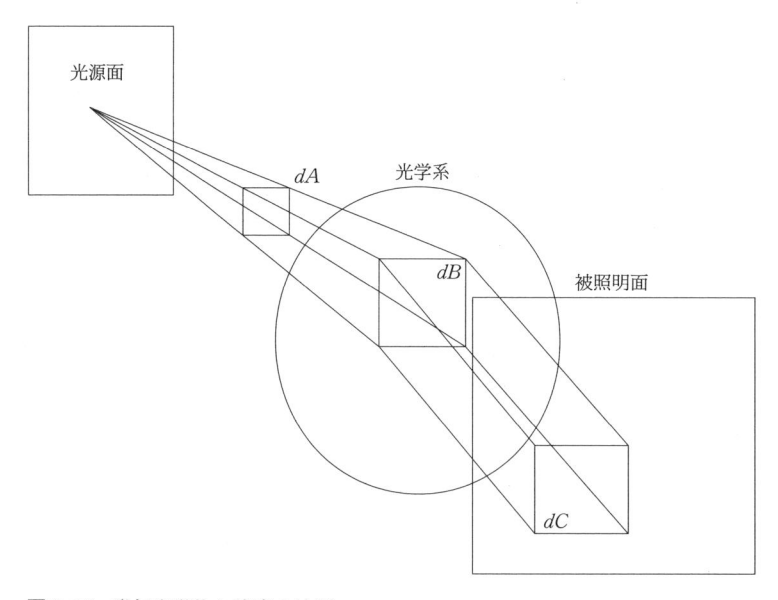

図 2.15 幾何光学的な強度の法則

定しよう．この微小面積の4頂点から微小立体角を形成する様な光線を考え，光学系に入射・射出し，さらにマリューの定理の通り，光学系透過後も形成される被照明面位置における波面に達する場合を考える．この4光線により形成される角柱の中に光が満ちている．ここで，光学系の入射座標面においてこの光束が形成する波面上微小面積を dB とし，被照明面における波面上微小面積を dC と置く．

また，各面の単位面積あたりに，角柱に沿って単位時間の内に透過する光のエネルギーをそれぞれ I_A, I_B, I_C と置き，光学系透過の際の吸収等によるエネルギーの損失がないと仮定すれば，1.2節において触れた幾何光学的な強度の法則から，

$$I_A dA = I_B dB = I_C dC \tag{2.46}$$

である．

また，

$$I_C = I_A \frac{dA}{dC} \tag{2.47}$$

なので，光源の放射発散度および放射強度などの発光特性が既知のものであるとすれば，I_A が得られて式(2.47)より被照明面上の I_C を得ることができる．

上述の照度計算における光束法においては，その光束の形状のとり方にヴァリエーションこそあれ，この様に幾何光学的な強度の法則に直接その原理を見出すことができる．また，ここでこの様な光束が多数存在する場合において，

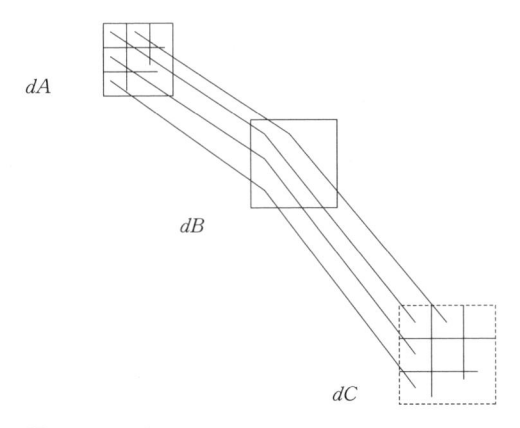

図 2.16 スポット

多数の光束を形成する多数の光線の被照明面上における密集度が増すことは，dC の面積が小さくなることを意味し，強度 I_C が高くなる．

これらの被照明面と光線の交点をスポットと呼ぶ（図2.16）．被照明面上に dC の様な光斑が多数存在すると考え，単位面積あたりに存在するスポット数を表すスポット密度 σ を定義すれば，観測面積 dP 内のスポット数を k として，

$$\sigma = \frac{k}{dP} \approx \frac{1}{dC} \tag{2.48}$$

と表せる．よって式(2.47)より，

$$I_C = \sigma I_A dA \tag{2.49}$$

となり，式(2.49)における被照明面上の放射照度は，スポット密度に比例することが理解できる．

同様にして非常に多数の光線を追跡することにより，被照明面の交点，スポットの分布図が得られる（図2.17）．この図をスポット・ダイヤグラムと呼ぶ．結像光学系の幾何光学的な評価において，光源面上の点光源から放射される光線を用いて，点光源の像面上での結像状態，強度分布をスポットの密度として直感的・視覚的に把握するのに有用であり，多く用いられている．前述の粒子法はこのスポット・ダイヤグラムの結果を適切に読み取る照度計算方法であるとも考えられる．

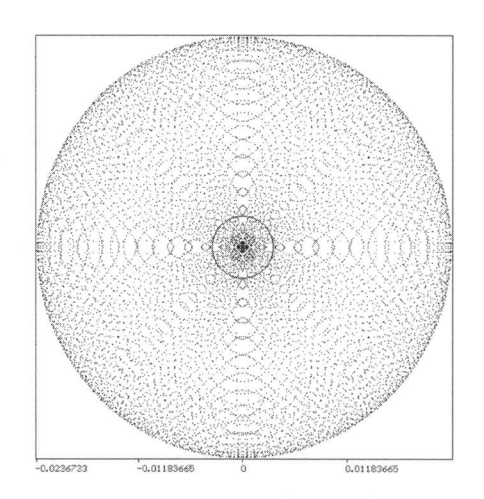

図2.17 スポット・ダイヤグラム

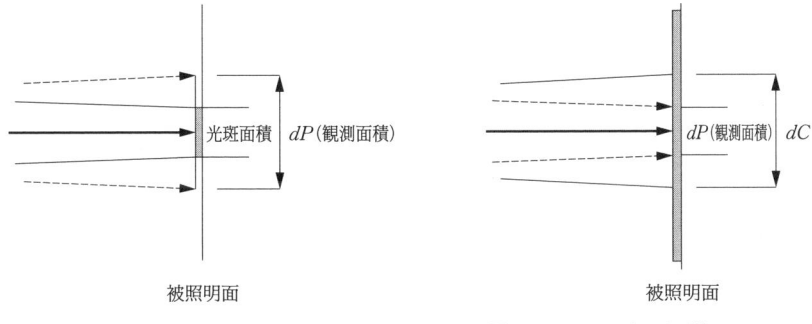

図 2.18 光斑と観測面積 dP　　　　　**図 2.19** dC と観測面積 dP

また，式 (2.48) から明かな様に，この粒子法においては観測面積 dP と光斑全体の面積，あるいはスポットの存在しない範囲を表す基本面積 dC との関係において計算誤差が発生し得る（図 2.18，図 2.19）．

2.2.6　光線逆追跡，そして輝度を用いた照度の計算

これまで述べてきた光源から被照明面に向かう順方向の光線追跡とは逆に，照度を知りたい被照明面上の点から多数の光線を光源方向に発生させ，光源に達する光線の情報と，光源の発光特性を比較して照度計算を行う手法が存在する．光線逆追跡による方法である．

この方法を用いると，特定の被照明面上の部分の照度を精度高く得たい場合には，通常の順方向の光線追跡を用いるよりも効率的に計算結果が得られる．そして，実際にデータ・ベース化されている詳細・高密度な光源測定データとの相性の良さも，後述するように，この計算方法の重要な点である．ここで，この光線逆追跡による実践的な照度計算方法について解説する．

被照明面上の点 $P(x, y)$ を含む微小面積 dS に到達する放射束を dF として考えれば，P に向かう (α, β) 方向からの放射輝度 $B = B(x, y : \alpha, \beta)$ を用いて，$d\Omega$ をこの光束の微小立体角とし，dS の法線が (α, β) 方向への光束主光線となす角度を θ とすれば，

$$dF = B \cos \theta \, dS \, d\Omega \tag{2.50}$$

となる．よって，dS 全体に到達する，あるいは放射する放射束 F は，dS に影響を及ぼす全放射束により形成される立体角を Ω として，

$$F = \int dF = dS \int_\Omega B \cos\theta d\Omega \tag{2.51}$$

と表せる.したがって式(2.51)より,点 P における照度 E は,輝度を用いて表せば,

$$E = \int_\Omega B \cos\theta d\Omega \tag{2.52}$$

となる(図2.20).式(2.52)の積分中の $\cos\theta d\Omega$ の項は投影立体角(projected solid angle)とも呼ばれ,もし半径1の半球表面上の微小面積 $d\omega$ を考えるのであれば,式(2.52)は立体角の定義から,

$$E = \int_\omega B \cos\theta d\omega \tag{2.53}$$

となり,$\cos\theta d\Omega$ は立体角の半球による切断表面積 $d\omega$ を x-y 平面に投影した面積であることが理解できる.

式(2.52),式(2.53)が逆方向の光線追跡を行う照度計算の基礎となる.まず最初に,点 P を囲む半球状空間を P を中心とする多数の立体角で分割し,それぞれの立体角の中心軸方向に光線を発生させる.そして,それらの光線の内,光学系を無事通過し,光源に達するものについて,光源の諸条件より光線の道筋に沿う輝度 B_i を得ることができる.光源の輝度分布データとの照合が可能であれば,より作業は効率化する.輝度は,光線経路に沿う微小光束中で,後

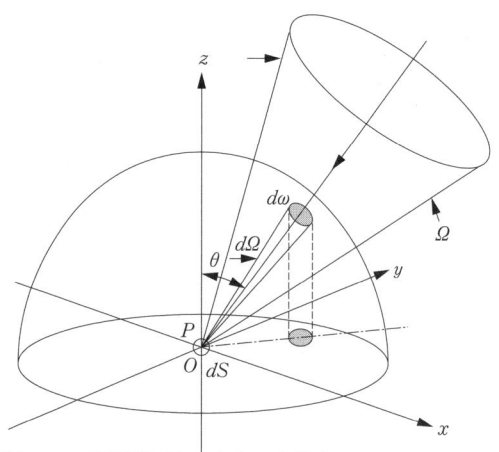

図2.20 被照明面上の光束の立体角

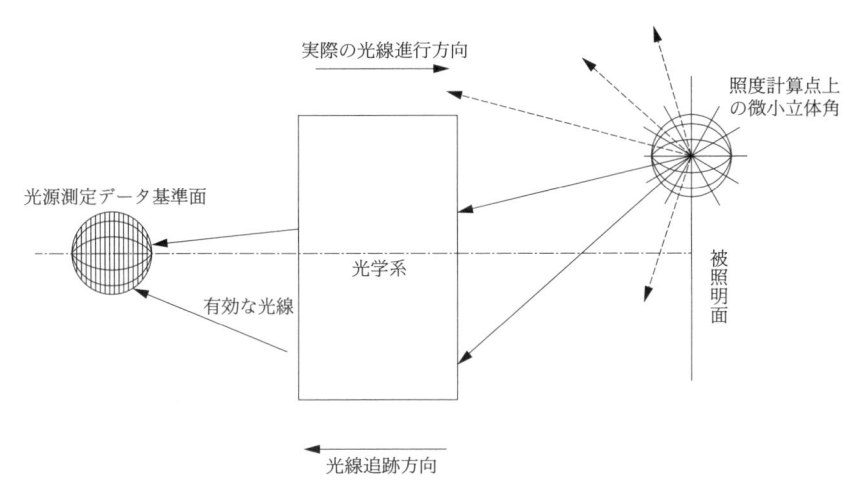

図 2.21 光線逆追跡による照度計算手法の概念

述の 2.5 節で触れるように，その進行途中で光学系を通過しようとも，光学系が空気中に存在し，光学系通過の際のエネルギーの損失がなければ，保存される．これらの有効な光線の代表する輝度を式(2.53)の表す通り積分することによって照度が得られる．実際のプログラムにおける様に，離散的に式(2.53)を表せば，n 本の光線が有効であるとして，

$$E = \sum_{i}^{n} B_i \cos \theta_i d\omega_i \tag{2.54}$$

となる（図 2.21）．

2.3 光学系の明るさ

F ナンバーは，光学系における，入力エネルギーとその結像におけるエネルギー集中の度合いという複雑な関係を，光学系固有の定数として簡潔に表す非常に重要かつ重宝なものである．ここで，結像を測光の観点から考えるためにも，F ナンバーと，光学系に到達し結像に寄与する放射束，あるいは像面上の照度の関係を整理しておく．

2.3.1 結像の明るさとは

まず,被写体が光学系から非常に遠方に存在するとする.すると,光軸を延長していった方向に存在する被写体上の微小面積からの光線は,平面波を形成しつつほとんど光軸に平行に入射すると考えられる.この場合,もしこの光学系に収差がなければ同じ角度で入射してくる光線はすべて焦点と呼ばれる1点に集まる.

簡便のため空気中($n=1$)に置かれた光学系の厚さを0と置き,光学系から焦点までの距離を焦点距離fと置く.ここで,焦点を含み光軸に直交する像平面上に,これらの平行光による点像が得られる(図2.22).この点像を中心とした微小な面積dSに到達するエネルギーを計算することにより,結像の明るさを評価する.より具体的には,dSに到達するエネルギーをΦとすれば,Φ/dSにより像面上の光軸付近,つまりdSを設定した近辺の単位面積あたりのエネルギー到達量,放射照度が計算できる.この数字を"光学系の明るさ"が定量化されたものと見なす.

2.3.2 像面照度と F ナンバー

像面上の微小な面積dSの像平面上の上端の点hの光軸からの微小な距離をdhとする(図2.23).すると当然,微小面積は,

$$dS = \pi dh^2 \tag{2.55}$$

と表される.また,像高hは,

$$\tan(d\theta) = \frac{dh}{f} \tag{2.56}$$

となる光軸に対する微小な角度$d\theta$で光学系に入射する一群の平行光線(光束)により形成される(図2.24).像面への実際のエネルギー到達分布を検討するためには,上述の様に照度を計算する必要があり,そのためには面積を持つ結像を考えねばならない.そして,面積を持つ結像を得るためには,光軸に対して平行な光線群以外の光線群の存在を考えなければならない.すると微小面積dSには,光軸に対して$-d\theta$から$d\theta$の範囲の角度をなす光線が到達することになる.

さて,1.11節で触れた通り,ポインティング・ベクトルは,一般的な媒質においては幾何光学的波面の法線の方向を示し,エネルギー伝搬の方向,光線

2.3 光学系の明るさ —— 53

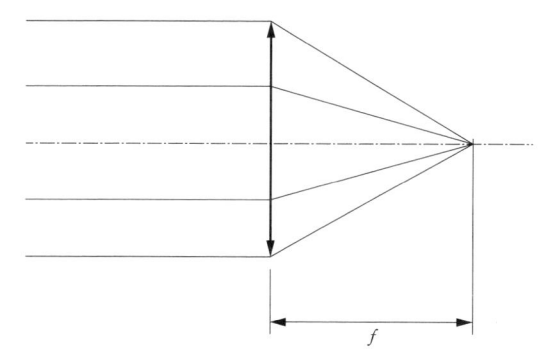

図 2.22 平行光による厚さ 0 の光学系の焦点

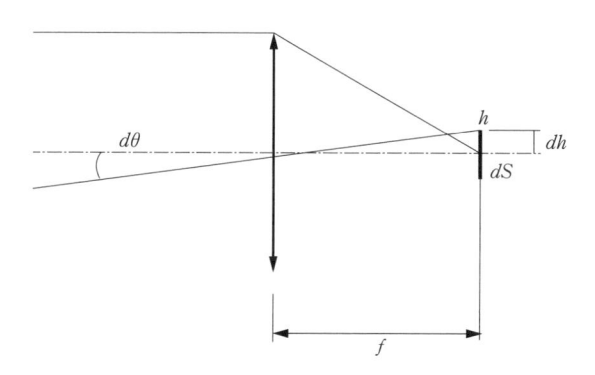

図 2.23 微小面積 dS および dh の定義

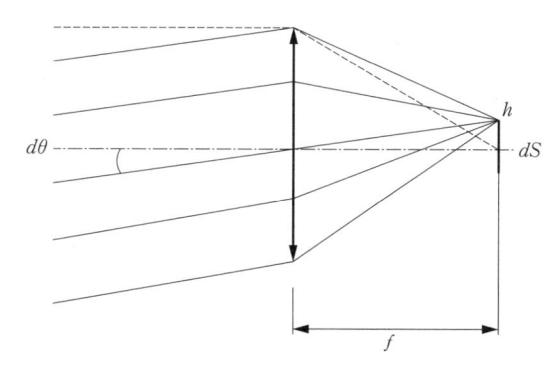

図 2.24 微小角度 $d\theta$ で光学系に入射する光線群

の進行方向を表す.そして,その時間的平均の絶対値は光線と直交する単位面積を通過するエネルギー,すなわち波面の接平面上の照度を表す.

この場合,光源は無限遠に存在し,少なくとも光学系の開口の大きさに比べて非常に遠い距離にあり,同じ方向を示すポインティング・ベクトルの大きさは等しい.また,$d\theta$ は微小な角度なので,ポインティング・ベクトルの方向依存性は無視することができる.すると,光学系の入射面は均一な放射発散度分布を持つと考えられる.そこで,光学系への入射面の面積を A とし,この面上の単位面積を通過するエネルギーを I_A とすれば,この光学系に入射する総エネルギー Φ_0 は(図 2.25),

$$\Phi_0 = I_A \cdot A \tag{2.57}$$

と考えることができる.ここで平面波による入射を想定したことによって,積分によるのではなく単なる積により Φ_0 を表現できることは,ここで明るさを簡便に取り扱うために重要なポイントである.

さて,像面上の照度を E とし,光学系による光の吸収や散乱などが無視できるとすれば,すべてのエネルギーが dS に到達し,式(2.57)より E は次の様に表せる.

$$E = \frac{I_A \cdot A}{dS} \tag{2.58}$$

この E は既述の通り像面照度であり,単位時間に像面の単位面積あたりに到達するエネルギーを表す.同じエネルギーの入力初期値を用いてこの値を比

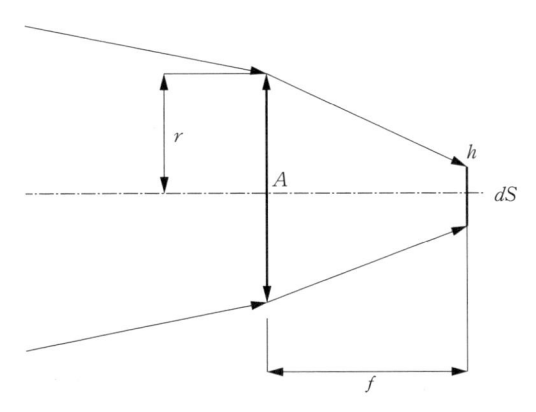

図 2.25 開口面積 A に入射する光線

2.3 光学系の明るさ ─── 55

較することにより，様々な光学系の結像の明るさを比較できるはずである．
　すると式(2.55)，式(2.56)より，
$$dS = \pi\{f\tan(d\theta)\}^2 \tag{2.59}$$
が導かれ，ここで光学系への入射面の半径を r とすれば，
$$A = \pi r^2$$
となり，式(2.58)は以下の様に表される．
$$E = \frac{I_A \pi r^2}{\pi\{f\tan(d\theta)\}^2} = \left\{\frac{I_A}{\tan^2(d\theta)}\right\}\left(\frac{r}{f}\right)^2 \tag{2.60}$$
　式(2.60)において，$I_A/\tan^2(d\theta)$ の項は光学系へのエネルギーの入力条件を表し，被写体発光特性に従い任意な値を取ることが可能である．つまり2つ以上の光学系の結像の明るさを同じ条件で比較検討する場合には，この項を等しくさせる必要がある．すると式(2.60)において結像による明るさの相違は $(r/f)^2$ のみに依存する．この r と f の関係を焦点距離 f と入射面の直径 $2r$ で表した
$$F = \frac{f}{2r} \tag{2.61}$$
なる定数は F ナンバー（エフナンバー）として定義される．式(2.60)より，結像の明るさは F ナンバーの2乗に反比例して変化することが理解できる．

2.3.3　明るさの比較

　ここで2つの等しい口径 $2r$ の光学系が互いに異なる F ナンバーを持つ場合の，これら入力されるエネルギーが等しい光学系による結像の明るさについて考えてみよう．

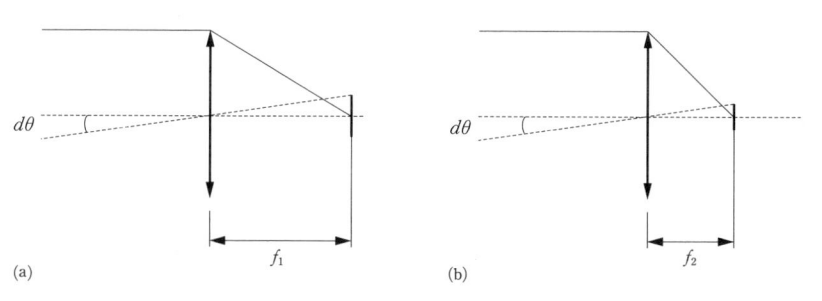

図 2.26　口径は等しいが F ナンバーが異なる2つの光学系の明るさの比較

これらの光学系の F ナンバーがそれぞれ異なるということは，式(2.61)より直ちに焦点距離 f が異なることを意味する．異なる焦点距離を f_1 と f_2，像面照度を E_1 と E_2 とする（図2.26(a)(b)）．それぞれ式(2.60)より，

$$E_1 = \left\{\frac{I_A}{\tan^2(d\theta)}\right\}\left(\frac{r_1}{f_1}\right)^2 \qquad E_2 = \left\{\frac{I_A}{\tan^2(d\theta)}\right\}\left(\frac{r_2}{f_2}\right)^2 \qquad (2.62)$$

である．ここで，E_1 と E_2 の比率をとると，上式より，$r_1 = r_2$ なので，

$$\frac{E_2}{E_1} = \left(\frac{f_1}{f_2}\right)^2 \qquad (2.63)$$

となる．

やはり，F ナンバーの2乗（この場合，直接には焦点距離の2乗）に照度が反比例するという当然の結果が得られた．ここでは，入力されるエネルギーが等しければ，エネルギー保存則により光軸近辺の結像の明るさも等しくなると考えるのは誤りである．実際には口径が等しい場合の F ナンバーの違いは，焦点距離 f の違いを表し，このことが基準となる像面上の微小面積 dS を変えてしまう．エネルギー保存則はこの面積に到達するエネルギー $E \cdot dS$ と入力値 $I_A \cdot A$ の間に成り立ち，f が小さくなれば，狭い面積に同じ量のエネルギーが到達することになる．ゆえに，単位時間，単位面積あたりのエネルギー量を表す照度は高くなり，明るい像が得られる．

2.3.4 感光素材上における明るさ

ここまで，像面照度により光学系の明るさについて考えてきた．結像が具現化されることになる感光面上における照度が，光学系それ自体の明るさを表していると考えることは，様々な感光素材特性の影響を無視し，一般的に光学系の性能を考える上で合理的である．しかし，例えば，異なる仕様の感光素材間における，画像形成のために必要とされる光学系の明るさの違いを考えるためには，感光素材の特質を考慮した検討が必要になる．確かに，光学系は様々な用途に用いられ，様々な種類，特性の感光材が存在するので，一般的な議論は困難になってくるが，本節で検討した照度分布と，感光素材の最小感光単位面積による最も単純で基本的な関係も存在し，以下に触れる．

写真用として一般的な銀塩フィルムにおいては，その結晶粒子が画像を形成する最小単位であり，それら結晶粒子が受けるエネルギーに応じて現像可能と

なる潜像核が形成される確率が高まる．したがって，その感度を向上させるためには，受光エネルギーと反応確率のレートを改善するか，あるいは採り込めるエネルギーを増すために粒子断面積を増やす必要がある．反応確率のレートの改善も着実に進んでいるが，即時性を考えれば，主にフィルム感度は粒子の大きさにより決定されるとすることができる．

等しい撮影条件で撮影しても，粒子サイズが小さいと等しい F ナンバーの光学系を用いても，それは，感光面上の照度，つまり単位面積あたりの放射束が等しいことにしかならず，粒子1つに到達するエネルギーは減少する．ここで上記，受光エネルギーと反応確率のレート，光学系透過率が一定であると考えれば，一定の感度をシステム全体で保持するためには，感光単位の断面積 a と光学系 F ナンバーの関係は，式(2.61)を式(2.60)に代入して像面照度 E を F を用いて表せば，照度と a の積が粒子に到達する放射束になることより，

$$\frac{a}{F^2} = \text{const.}$$

となる必要がある．

2.4 輝度

写真フィルムやテレビカメラの撮像素子上においては，光波により伝播されるエネルギーに対して化学的あるいは電気的な反応が生起し，光は強度として定量化される．この様な結像を考える場合には，もし光波の指向性に反応自体があまり影響を受けないとすれば，像面上での最終的なエネルギー到達量分布のみを問題にすればよい．

しかし，光源面あるいは空中像などの様に，そこで強度的な集計・反応が行われず，それを人間の目，あるいはカメラなどに付随する新たな受光面上で観測する場合には，目やカメラの光束に対する取り込み角による受光量の違いを考慮するために，方向性を持った情報としての輝度分布を知ることが大変重要になる．また，その輝度分布を得ることによりこの空中像付近の空間を新たな光源と考えることもでき，複雑な系を結びつけるためにも基本的な量である．

本節ではこの輝度の性質，また輝度分布のシミュレーションについて解説する．

2.4.1 空間の輝度

最もシンプルなケースである空間(フリースペース)の輝度について考えよう。光軸と垂直な平面上に存在する微小光源面積 dS を考える。この光源からの光の放射により、光軸とある角度をなして存在する平面上に形成される光斑の微小面積を dS' とする(図2.27)。また、dS の中心から dS' に張る立体角を $d\Omega$ とする。すると、dS 内のそれぞれの微小面積素からの立体角 $d\Omega$ の放射束が重ね合わされ、光斑 dS' を形成すると考えられる。

ここで dS' の中心付近の微小面積から放射する光線により形成される立体角 $d\Omega'$ を考えよう。図からも理解できる様に、この $d\Omega'$ は dS 内の多数の微小面積素からの $d\Omega$ の立体角を持つ光束群の中心部に存在する主光線により形成される。dS' 上の、中心部においてだけではなく他の部分でも、dS からの光束の別の位置における光線の組み合わせにより、上記と同様の立体角 $d\Omega'$ の光束を考えることができる。

すると、dS および dS' 上の放射輝度をそれぞれ B と B'、$d\Omega$ 内の主光線と光軸のなす角度を θ、dS' が存在する平面の法線が主光線となす角度を θ' として、エネルギー保存則より、dS および dS' から放射される放射束をそれぞれ考えると、放射輝度は単位面積・単位立体角中の放射束により表されるので、

$$B \cos \theta dS d\Omega = B' \cos \theta' dS' d\Omega' \tag{2.64}$$

となる。また、上述の主光線に沿って測った dS と dS' の距離を r とすれば、r に比し dS および dS' が微小であるので、それぞれの立体角は以下の様に考えることができる。

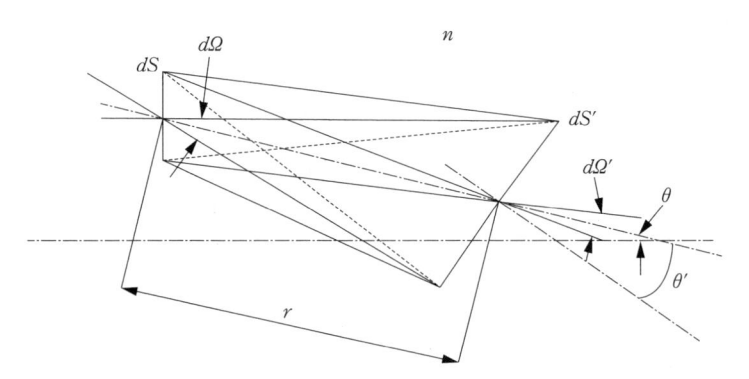

図2.27 空間の輝度

$$dΩ = \frac{dS' \cos θ'}{r^2} \qquad dΩ' = \frac{dS \cos θ}{r^2} \qquad (2.65)$$

これらの式より，式(2.64)は

$$\frac{B}{r^2} dSdS' \cos θ \cos θ' = \frac{B'}{r^2} dS'dS \cos θ' \cos θ$$

よって，

$$B = B'$$

となり，dS と dS' における放射輝度は等しい．

2.4.2 光学系を透過した輝度

ここで光路中にレンズなどの光学系が存在する場合の，光学系を透過した輝度について考えよう．

図 2.28 にある様に，平面上の微小な面積 dS を持つ光源 S からの光束が形成するある平面上の幾何光学的な光斑 S' の微小な面積を dS' と置く．ここでは dS と dS' は共役結像関係にない一般的な状態を想定する．また，主光線 A および A' を定め，簡潔のために，この主光線と光軸の定めるメリディオナル断面内に微小平面 S および S' の法線が含まれるとする．

さらにこの断面内において S と S' は，それぞれ微小な長さ dr および dr' で表されることになるが，光源面上の点 A から微小な距離 dr 離れた位置にある点 B を設け，この B から同じく被照明面上において点 A' から微小な距離 dr' 離れた位置にある点 B' に至る光線を考える．

そして平面 S の法線と主光線のなす角度を $α$，平面 S' の法線と主光線のな

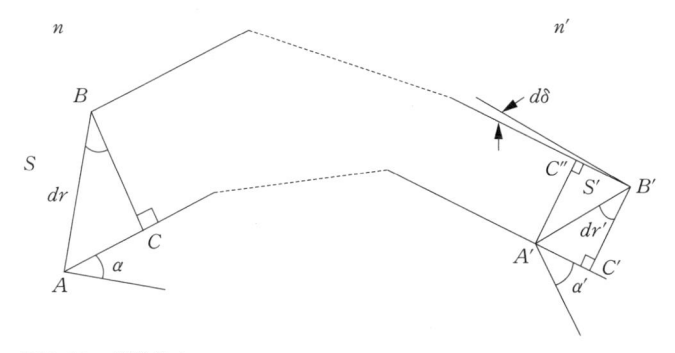

図 2.28　光路差 1

す角度を a' としよう．物界および像界の屈折率はともに一様であり，それぞれ n および n' とする．さらに，B および B' から光線 AA' への垂線の交点をそれぞれ C および C' とし，A' から光線 BB' への垂線の交点を C'' とする．

光線 BB' は光線 AA' の光路から極くわずかに変位した光路をとるものとする．つまり，2 つの光線は互いの極く近傍に存在しており，我々は非常に細い光束の作る光斑について考えることになる．したがって，dr と dr' のみならず，S 内の点から S' の面積 dS' に張られる立体角，S' 内の点から dS に張られる立体角も，さらに微小な量として取り扱われる．

ここで，1.3 節でマリューの定理を検討する際に用いたラグランジュの積分不変量を考えると，式 (1.99) が図 2.28 においては，物界と像界にそれぞれ同じ光束より成る波面を含む経路が見い出せれば，そこにそのまま当てはまる（図 2.28 中の経路 $ABB'A'$ に，必ずしもそのまま当てはまるわけではない）．もし，式 (1.99) を，式 (1.22) を導いたときと同様に，図 1.9 において $[B, A]$ と $[A', B']$ の経路が直線と見なせるような微小な区間 $[B, A]$ と $[A', B']$ について適用すれば，それぞれの長さを $\overline{BA} = \delta k_1$ および $\overline{A'B'} = \delta k_2$ とし，また，これらの直線区間に沿った方向を表す単位ベクトルを $\bm{t}_1$ および $\bm{t}_2$ として，

$$[APA'] - [BQB'] + n_1 \bm{s}_1 \cdot \bm{t}_1 \delta k_1 + n_2 \bm{s}_2 \cdot \bm{t}_2 \delta k_2 = 0 \tag{2.66}$$

と表現でき，区間 $[B, A]$ および $[A', B']$ を横切る光線群は，$\bm{s}_1$ および $\bm{s}_2$ で示される単一の方向に進む，それぞれの区間においての平行な光線の集まりと見なすことができる．もし $\overline{BA}$ が波面であれば，既述の通りに式 (2.66) の第 1 項と第 2 項における光路長は等しく，第 3 項における光線は波面と直交する事実により 0 になる．必然的に第 4 項も 0 になり，A' と B' を光線は直交し，$\overline{A'B'}$ は波面の一部となることがわかる（マリューの定理）．

さて，ここで図 2.28 に戻ると，光線それぞれの光路長を考え，光路差を計算することにより，

$$[AA'] - [BB'] = [AC] + [CA'] - [BC''] - [C''B'] \tag{2.67}$$

となる．

ここで光路 $C''B'$ が光路 $A'C'$ となす微小な角度を $d\delta$ と置こう．すると，

$$[C''B'] = n' dr' \sin(a' + d\delta)$$

加法定理を用い，その後 $d\delta$ を微小な量とする三角関数の 1 次近似を用い，$d\delta$ の 2 次以上の量を無視して，

$$[C''B'] = n'dr'\sin\alpha' + n'dr'd\delta\cos\alpha' \tag{2.68}$$

と表せる．よって式(2.67)に戻って，図2.28より，

$$[AA'] - [BB'] = ndr\sin\alpha + [CA'] - [BC''] - n'dr'\sin\alpha' - n'dr'd\delta\cos\alpha' \tag{2.69}$$

である．

ここで C から A' に至る，そして B から C'' に至るそれぞれの光路長を検討せねばならない．図2.29にある様に，$C''A'$ を共通の波面として，点 C'' および点 A' を出発して実際の光線とは逆方向に進む光線 $C''B$ および $A'D$ を考える．波面 $C''A'$ に光線は直交するので，$C''B$ は実際の光路と一致する．光線 AA' は，A' においてこの波面とは直交しているとは限らないので，光線 $A'D$ は AA' とは異なる経路を通ると考える．マリューの定理から

$$[C''B] = [DA'] \tag{2.70}$$

となる点 D を経路上に定め，波面は平面と近似できる領域であるとすれば，BD はこれらの光線の波面となる．さらに，波面 BD と光線 AA' の交点を D' とすれば，光線 $A'D$ と $A'D'$ は A' から発する同一の光束内の光線であり，式(2.66)のところで考えたマリューの定理から，物界と像界に共通の波面が存在している．波面を平面と考えれば，D において光線 $A'D$ は $D'D$ に直交しているので，$D'D$ はこれらの光線の共通の波面を示す．したがって，そこに至る光路長も等しい．よって式(2.70)より，

$$[C''B] = [D'A'] \tag{2.71}$$

ところが，図2.29からも明らかな様に，波面 DD' は BD に含まれるので，光線 AA' が点 D' で BD となす角度は直角に極近い値を採ると考えなければ

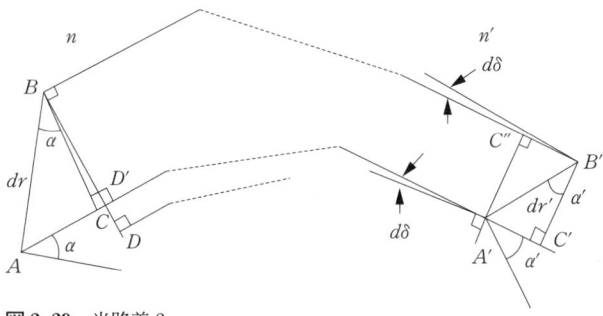

図 2.29 光路差 2

ならない．このことは，点 C と D' が一致すると考えられることを意味する．よって，

$$[D'A'] \approx [CA'] \tag{2.72}$$

であり，式(2.71)より，

$$[CA'] = [BC''] \tag{2.73}$$

となる．

仮に幾何光学的な範囲で厳密な計算により波面の切り口 BD および DD' が直線でなく円弧を描くと考えよう．この場合 D' は弧 BD 上には存在しないので弧 BD と光線 AA' の交点を新たに D'' とする．この時，弧 DD' および弧 BD の長さは，全系においての微小光束の設定から微小であり（一般的には湾曲している波面上において，局部的に平面波とみなせる範囲に限って，ここでの輝度の不変性についての考察が成り立つことになる），またこれらの弧をその円周の一部に持つ円の半径は，全体が微小光束内で検討されているので，弧長に比して十分大きな値をとると考えられる．従って，$[D'D'']$ は微小な角度 $d\delta$ の様な量の 2 次以上のオーダーの量として無視できる．

式(2.73)より，式(2.69)は，

$$[AA'] - [BB'] = ndr\sin\alpha - n'dr'\sin\alpha' - n'dr'd\delta\cos\alpha' \tag{2.74}$$

となる．

さて，ここで図2.30にある様に，A から B' に向かう光線を考えよう．このとき，光線 AB' と主光線のなす角度を $d\beta$，光線 BB' となす角度を $d\beta'$ とする．それぞれ微小な角度である．また，B から光線 AB' への垂線の交点を

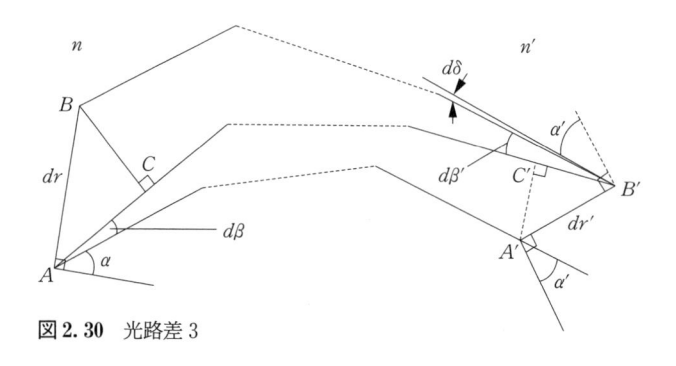

図2.30 光路差3

C, A' から光線 AB' への垂線の交点を C' とし，図2.28と同様に $d\delta$ をとる．

上述の通り，線分 BC が波面の一部を表していると考え，光線 BB' および AB' が物界で平行であるとすれば BB' と CB' 間の光路長が等しくなるので，上記と同様にして波面を直線とすることに対する $d\delta$ の 2 次以上の程度の誤差を無視して，光線 AB' および BB' の光路差は，

$$[AB']-[BB']=ndr\sin(\alpha+d\beta) \tag{2.75}$$

また，図から明らかなように，

$$[AB']-[AA']=n'dr'\sin(\alpha'+d\beta'+d\delta) \tag{2.76}$$

式(2.75)と式(2.76)の辺々の差をとり，

$$[AA']-[BB']=ndr\sin(\alpha+d\beta)-n'dr'\sin(\alpha'+d\beta'+d\delta)$$

ここで，三角関数の加法定理を用い，角度 $d\delta$ と $d\beta'$ が微小であることによる1次近似を行うと上式は以下の様に整理される．

$$[AA']-[BB']=ndr\sin(\alpha+d\beta)-n'dr'\sin(\alpha'+d\beta')-n'dr'd\delta\cos\alpha' \tag{2.77}$$

ここで，式(2.74)から式(2.77)の辺々の差をとり，さらに微小な角度 $d\delta$ と $d\beta$ の2次以上の項を無視して，

$$0=ndr\cos\alpha d\beta-n'dr'\cos\alpha'd\beta'$$

よって，

$$ndr\cos\alpha d\beta=n'dr'\cos\alpha'd\beta' \tag{2.78}$$

となる．

ここで，dr と dr' および主光線を含む平面と垂直方向の平面を考え，図2.31にある様に，この平面内での光源，光斑の長さ dt と dt'，点 D と D'，微小角度 $d\gamma$ と $d\gamma'$ をとる．図2.30と図2.31を比較すれば，図2.31において線分 AD と $A'D'$ が主光線と垂直であるところが異なるだけであるので，α

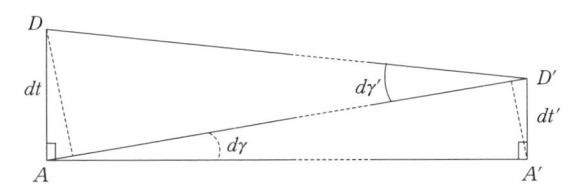

図 2.31　光路差 4

=0 と置いた場合の式 (2.78) と同様の形として，

$$ndtd\gamma = n'dt'd\gamma' \tag{2.79}$$

なる関係が得られる．ここで式 (2.78) と式 (2.79) を辺々掛け合わせれば，光源および光斑の微小面積について，

$$dS = drdt \qquad dS' = dr'dt'$$

dS' および dS にそれぞれ張る立体角について，

$$d\Omega = d\beta d\gamma \qquad d\Omega' = d\beta'd\gamma'$$

と置いて，

$$n^2 \cos \alpha dS d\Omega = n'^2 \cos \alpha' dS' d\Omega' \tag{2.80}$$

なる重要な関係が導かれる．

この場合にも光学系による吸収がなければ，式 (2.64) における物界と像界においてのエネルギー保存則が成り立つので，$n = n' = 1$ とすれば，

$$B = B'$$

となり，放射輝度の不変性が導けた．光学系が光路中に存在していても，ここで考えた細い光束に沿って輝度は保存される．また，ここでの共役結像関係にない dS および dS' において式 (2.80) の関係が成立するという内容を，ストローベル（Straubel）の定理と呼ぶ．

2.4.3 光線追跡による輝度計算

2.2 節においてコンピュータを用いた放射照度分布の計算方法について述べた．具体的には，そこで触れた光束法，粒子法等の手法を用い，基本的には被照明面（像面）を多数の区域に分割し，その区域における放射照度を計算することとなる．図 2.32 における様な放射照度分布計算のシステムを利用して放射輝度を計算することが可能である．以下にその方法を述べる．

図 2.32 における像面の後方に絞り（有効径）を設ける（図 2.33）．この絞りの面積を S' とし，絞りの中心 Q から放射輝度を求めようとする被照明面上の画素 P までの距離を L，画素 P の面積を dS，そして Q および P を通る直線と光軸のなす角度を θ と置く．

ここで，このシステムにおいて，前回の照度分布計算と同じ計算を行う．するとやはり照度分布計算の場合と同じように被照明面上の各画素に到達する放射束 $d\Phi_k$ が求められるはずである．しかしながら今回の場合異なるのは，放

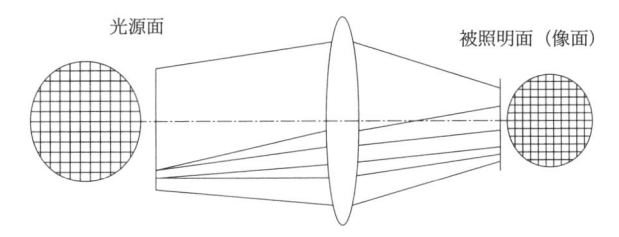

図 2.32 照度計算の配置

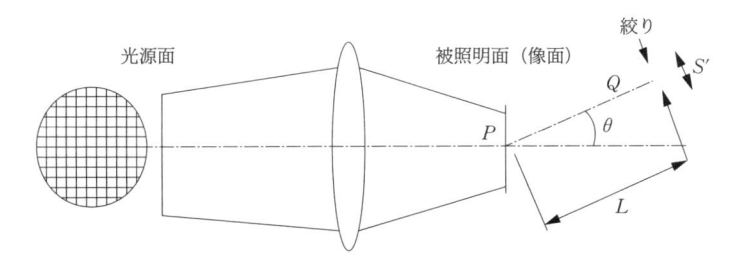

図 2.33 輝度計算のための配置

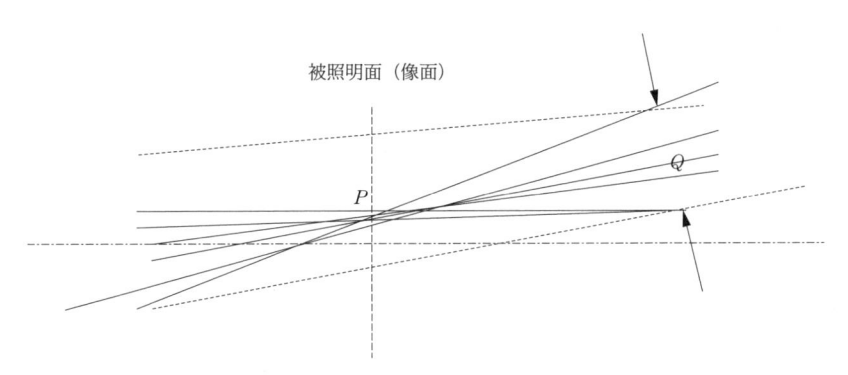

図 2.34 輝度シミュレーションの原理

射束 $d\Phi_k$ は像面後方の絞りを通過することができる光線（あるいは光線束）のみによってもたらされているという点である（図 2.34）．

　画素 P からの θ 方向への放射輝度 B は，P から張られる立体角を $d\Omega'$ として，

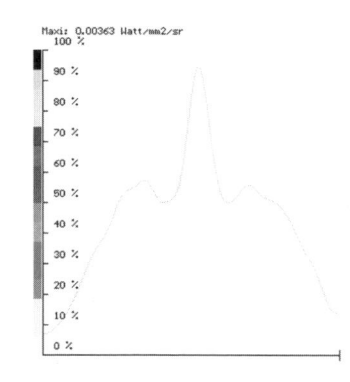

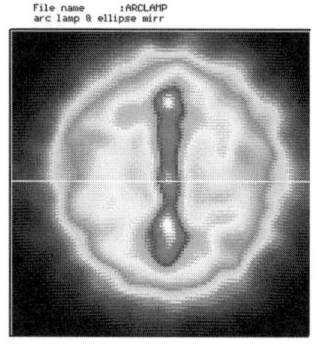

図 2.35 放射輝度分布シミュレーション

$$B = \frac{d\Phi_P}{d\Omega' dS \cos\theta} \tag{2.81}$$

となる．P を中心とした絞りに接する球表面から絞りが切り取る面積を A' とすれば（L に比べて S' が十分小さければ $A' = S'$ とすることができる），

$$d\Omega' = \frac{A'}{L^2}$$

この結果を式(2.81)に代入して，

$$B = \frac{d\Phi_P L^2}{A' dS \cos\theta} \tag{2.82}$$

式(2.82)により画素 P における θ 方向への放射輝度 B を求めることができる．また，この計算を像面上の各画素に対して行うことにより，Q において観察される像面上の放射輝度分布が得られる（図 2.35）．

2.5 輝度の不変性と正弦条件

正弦条件とは，良好に収差補正された結像光学系が必ずある程度は満たしている重要な条件である．また，結像共役関係における輝度の不変性も照明光学系，結像光学系の明るさを考えるためには重要な基本原理である．

この"正弦条件"と"輝度の不変則"は"クラウジウスの関係"と呼ばれる関係式により結びついている．本節ではこのクラウジウスの関係を用い，共役関係における輝度不変の法則を，そしてそこから正弦条件を導く．さらにまた光学系の結像の明るさを汎用的に表す開口数についても言及する．

2.5.1 共役結像関係における輝度の不変性

2.4節においては空間,あるいは光学系を透過した輝度の不変性について述べた.そこでは,焦点を結んでいないより一般的な状態の光束における輝度の不変性について考えた.そこで,本節では dS と dS' が共役関係にある,結像が起きている状態における輝度について考えよう.2.4節における導出と非常に似た形をとるが,ここでは,光軸(共軸系の場合)に接して位置する微小な光源面積 dS の結像 dS' を取り扱う.

図2.36にある様に,物界の屈折率を n,像界の屈折率を n' とするとき,光軸上に点 A を考えると,軸上の収差がなければ,その点像 A' も光軸上に存在するはずである.ここで A を含み光軸に直交して存在する微小な光斑 dS を考える.dS のメリディオナル断面上(紙面上)の長さを dr として,dS 上で A から dr の距離に点 B をとる.

A から A' に達する光線の経路には様々なものが考えられるが,光軸と角度 α をなし A から射出し,光軸と角度 α' をなして A' に達する光線を考えよう.さらに,B から光線 AA' への垂線の交点を C とし,B' から光線 AA' への垂線の交点を C' とする.また,光線 AA' と微小な角度をなし,B から射出して A' を含み光軸と直交する平面上での交点 B' に至る光線 BB' を考える.ここで,A' から B' の距離を dr' として像 dS' のメリディオナル断面内の長さを表すものとする.そして,A' から光線 BB' への垂線の交点を C'' とし,像界で光線 AA' と BB' のなす角度を $d\delta'$ としよう.

さらに,B' から光線 BB' と角度 $d\delta'$ をなし ds 方向に逆に進む光線 $\overline{BB'}$ を考える.この光線は共役関係により B に達し,そのときの BB' となす角度は

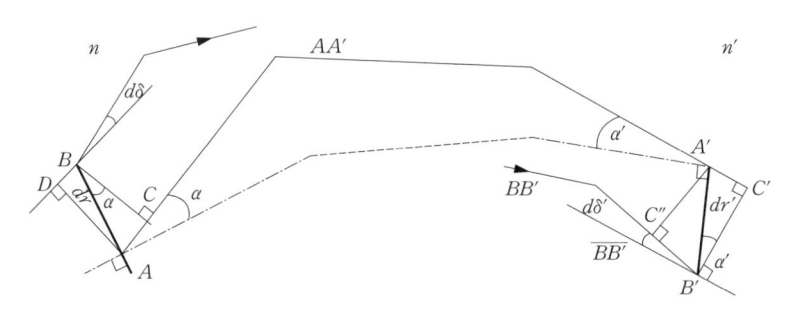

図2.36 輝度の不変性1

$d\delta$ である．ここで，新たに $B'C'$ に直交する様に点 C' からやはり逆向きの光線を考える．この光線は当然，光線 AA' と同じ経路を進むことになる．この光線の光路長 $[C'A]$ と，上記の B' から光線 BB' と角度 $d\delta'$ をなす ds 方向に逆に進む光線 $\overline{BB'}$ の経路上に光路長 $[B'D]$ が等しくなる様に点 D をとる．これらの光線は双方とも線分 $B'C'$ を直交して出発しているので，光路長が一致する A そして D においては共通の波面に直交しているはずである．また，既述のとおり，曲率を持った波面の切り口も，ここでは直線に近似できる程度の微小な面積，大きさとして扱っているので，線分 AD をこれら2つの逆行光線の共通の波面の一部と考えることができる．

$$[B'D]=[C'A]$$
$$\overline{DB}\perp\overline{AD}$$

また図より，

$$[C'A]=[AA']+[A'C'] \tag{2.83}$$
$$[B'D]=[BB']+[BD] \tag{2.84}$$

である．式(2.83)と式(2.84)の片々の差をとると，左辺同士は等しいので，

$$[AA']-[BB']=[BD]-[A'C'] \tag{2.85}$$

よって図2.36より，

$$[AA']-[BB']=ndr\sin\alpha-n'dr'\sin\alpha' \tag{2.86}$$

となる．

さて，ここで図2.37にある様に，点 A から光線 AA' に対し微小な角度 $d\beta$ をなして射出する光線を考えよう．この光線も A の共役点である A' を通過

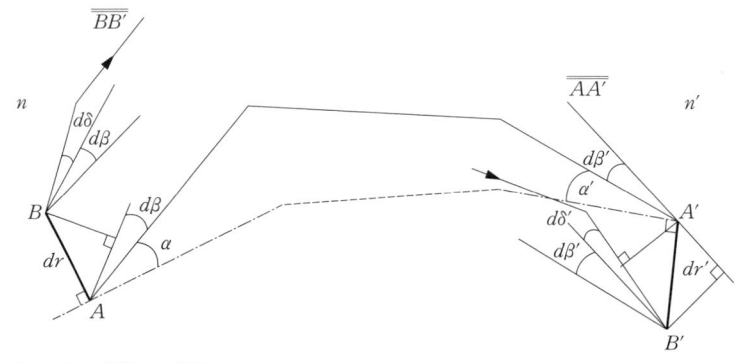

図 2.37 輝度の不変性 2

するので光線 $\overline{AA'}$ と表す.像界で光線 AA' となす微小な角度を $d\beta'$ とする.

すると,図2.36における BB' に対応する光路を $\overline{BB'}$ として,図2.36における角度 α が $d\beta$ 増加した以外はまったく同様に取り扱えて,式(2.86)より,

$$[\overline{AA'}] - [\overline{BB'}] = ndr\sin(\alpha+d\beta) - n'dr'\sin(\alpha'+d\beta') \tag{2.87}$$

となる.$d\beta$ と $d\beta'$ はともに微小量なので,式(2.87)を整理して,

$$[\overline{AA'}] - [\overline{BB'}] = ndr(\sin\alpha + d\beta\cos\alpha) - n'dr'(\sin\alpha' + d\beta'\cos\alpha') \tag{2.88}$$

点 A と A',B と B' はそれぞれ共役関係にあるので,

$$[\overline{AA'}] = [AA'] \qquad [\overline{BB'}] = [BB'] \tag{2.89}$$

よって,式(2.86)と式(2.88)の辺々の差をとり式を整理すると,

$$ndrd\beta\cos\alpha = n'dr'd\beta'\cos\alpha' \tag{2.90}$$

ここで,dr および dr' と光軸を含む平面と垂直方向の平面(図2.36における紙面と垂直の方向)を考え,図2.38にある様に,この平面内での光源,その像の長さ,dt および dt',そして点 D と D',微小角度 $d\gamma$ と $d\gamma'$ をとる.これらの関係は前述の断面内の $\alpha=0$ の場合と同じなので,同様にして,

$$ndtd\gamma = n'dt'd\gamma' \tag{2.91}$$

なる関係が得られる.ここで式(2.90)と式(2.91)を辺々掛け合わせれば,

$$n^2 dr d\beta dt d\gamma \cos\alpha = n'^2 dr' d\beta' dt' d\gamma' \cos\alpha' \tag{2.92}$$

ここで光源,光斑の微小面積について,

$$dS = drdt \qquad dS' = dr'dt'$$

である.dS' および dS から張られる立体角については,

$$d\Omega = d\beta d\gamma \qquad d\Omega' = d\beta' d\gamma'$$

図2.38 輝度の不変性3

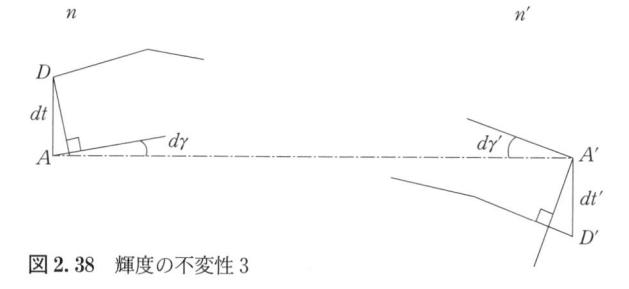

と考えられ，式(2.92)は以下の様に表すことができる．

$$n^2 \cos \alpha dSd\Omega = n'^2 \cos \alpha' dS'd\Omega' \tag{2.93}$$

式(2.93)をクラウジウス（Clausius）の関係と呼ぶ．

また，物界において光源から放射される放射束と，像界において光源の結像に寄与する放射束は，光学系によるエネルギーの損失がないとすれば保存され，物界での輝度を B，像界での輝度を B' とすれば，

$$B \cos \alpha dSd\Omega = B' \cos \alpha' dS'd\Omega' \tag{2.94}$$

となるので，式(2.94)と式(2.93)の辺々商をとると，

$$B = \left(\frac{n}{n'}\right)^2 B' \tag{2.95}$$

物界と像界の屈折率が共に1であるとすれば，

$$B = B' \tag{2.96}$$

となり，2.4.2項においての共役関係にない光斑どうしの場合と同様に，物像共役関係においても上述の非常に細い光束に沿っての，つまり光線に沿っての輝度が保存されることが理解できる．

2.5.2 正弦条件

式(2.93)における $d\Omega$ と $d\Omega'$ は微小な立体角を表しており，式(2.93)はこの微小な範囲に対して成立している．ここで，図2.39にある様に，光軸上に存在する微小な面積 dS を持つ面光源から，光学系に対し有限な角度の開き半角 u で表される円錐内に光線が放射されている場合を考えよう．この場合，u に対応して像界にも面積 dS' の光源の像に張られる角度 u' が設定できる．

ここで，共軸光学系の円形開口（絞り）を仮定して，2.5.1項における点 A と同様な点 A から張られる微小立体角を，角度 α を保ったまま光軸を中心として回転させた場合を考えよう（図2.40）．すると，A と光学系の入射瞳の縁との距離 r と，r を半径とする球表面上のリング状の面積 dA とによって新たに立体角 $d\Omega$ が定義される．微小面積 dS と dS' はともに円形としても上述のクラウジウスの関係の導出には矛盾がないので，ここで定義される立体角に対しても(2.93)式の関係が成り立っているはずである．

さて，この新しい立体角 $d\Omega$ を導こう．メリディオナル断面内での dA の微小な幅を図2.41にある様に dw とすれば，

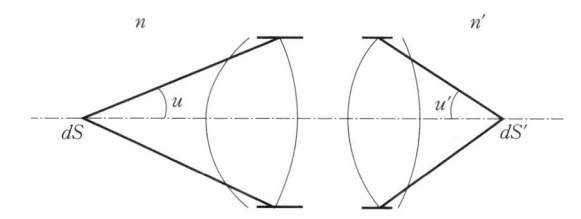

2.5 輝度の不変性と正弦条件 ── 71

図 2.39 物側・像側の立体角

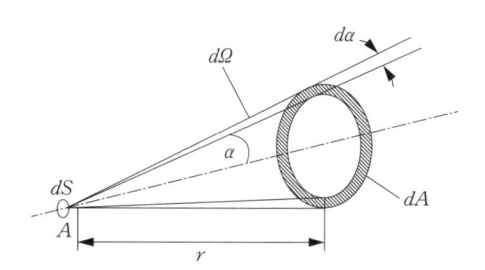

図 2.40 立体角 $d\Omega$

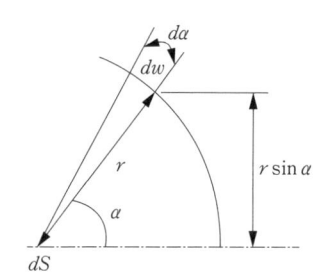

図 2.41 メリディオナル断面内の dw

$$dw = rd\alpha$$

となるので，

$$dA = rd\alpha 2\pi r \sin\alpha$$

よって，

$$d\Omega = \frac{dA}{r^2} = 2\pi \sin\alpha d\alpha \tag{2.97}$$

ここで dS の値が定まっていて，α および α' の変化に対し dS' は変化しな

いとして，入射瞳に張られる全立体角について $d\Omega$ で式(2.93)の左辺を積分し，そして同様に考え右辺を $d\Omega'$ で積分すると，α に対し α' が線形に変化すると考えられれば，式(2.93)は，

$$n^2 dS \int_0^u \cos\alpha \sin\alpha \, d\alpha = n'^2 dS' \int_0^{u'} \cos\alpha' \sin\alpha' \, d\alpha' \tag{2.98}$$

となり，辺々積分を実行して整理すると，

$$\frac{dS'}{dS} = \frac{n^2 \sin^2 u}{n'^2 \sin^2 u'} \tag{2.99}$$

となる．dS' と dS の比は本来，結像横倍率 β' の 2 乗となるはずなので，式(2.99)は

$$\beta' = \frac{n \sin u}{n' \sin u'} \tag{2.100}$$

となる．この式(2.100)は正弦条件と呼ばれ，光学設計において，また，幾何光学的結像を考える上で非常に重要な関係である．

　図 2.37 において，光軸上に存在する点 A が無収差に A' に結像するとき，球面収差が存在しなければ α の変化によって A' を含む光軸と垂直な平面，すなわち像面の光軸方向の位置は変化しない．もしこのとき，式(2.100)で表される正弦条件が満たされないとすれば，α の変化に対して結像倍率は一定でなくなる．そして，このことは B の位置が定まっている場合，結像倍率を決めるのは B' の位置であるから，軸外物点 B から射出した光線の像面上での到着位置が微小光束の角度座標 α により異なり，B' が α の値の変化により，1つの点として存在しなくなること，つまり収差の存在を意味する．

　正弦条件は，光軸上の収差（球面収差）がないとき，光軸近傍の軸外物点からの同族光束内のすべての領域において，微小光束の取り方の変化により倍率のずれ（コマ収差）の生じないための条件であり，結像光学系の構成上，最も基本的な条件の1つとなる．使用に耐え得る結像光学系のほとんどのものが，この正弦条件をある程度満たしていると考えて差し支えない．後述するが，結像光学系の設計時の性能評価は，点が点としていかに忠実に再現されるかという点に主に注目して行われる．したがって，満足な画像を得ようとすれば，画面のある程度の広さにわたり，評価の対象となる点像の性質が保たれていることが前提となる．こうした結像性能の均質性をアイソプラナティズムと呼ぶが，正弦条件はこのアイソプラナティズム成立のために必要な条件となる．

2.5.3 開口数・NA

　光学系による吸収・散乱が起こらないとしたとき，物界と像界のエネルギーが保存されることから，図 2.39 にある様な，有限倍率における結像の明るさについて考えよう．物界において図 2.40 と同様のモデルを考えて，像面における光軸上の照度を E とすれば，式(2.94)より，

$$E = B \cos \alpha d\Omega \frac{dS}{dS'} \tag{2.101}$$

である．式(2.97)における微小立体角 $d\Omega$ をそのまま利用して，光源の方向によって輝度 B が変化しない完全拡散面を仮定すると，$d\Omega$ で式(2.101)右辺を積分することにより，式(2.101)は，

$$E = 2\pi B \frac{dS}{dS'} \int_0^u \cos \alpha \sin \alpha d\alpha \tag{2.102}$$

となる．前述と同様に計算していくと，

$$E = \pi B \frac{dS}{dS'} \sin^2 u \tag{2.103}$$

正弦条件が成立していると考えて，式(2.99)を式(2.103)に代入すれば，

$$E = \frac{\pi B}{n^2} (n' \sin u')^2 \tag{2.104}$$

となる．

　入力値 B と n が定まれば，様々な光学系による結像の明るさの相対的な違いは，式(2.104)中の $n' \sin u'$ のみにより表現することができる．この値を開口数（Numerical Aperture）NA と呼び，光学系の結像の明るさを表す最も基本的な量の 1 つである．

　また，開口数は像側においてだけではなく，物体側においても $n \sin u$ として定義される．その場合には，適切に設計された光学系においては，2 つの開口数の間に式(2.100)の関係が成立しているはずである．

2.6　さらに正弦条件について

　これまで考えてきた正弦条件は，画角に対しては光軸近傍においてのみ成り立つが，光学系の明るさを決める開口数に対しては近軸的制限がないので，通常の光学系においての基本的な条件であることのみならず，画角が狭く明るい

レンズ,例えば顕微鏡対物レンズなどの光学設計においては特に重要な指標となる.また,正弦条件は結像光学系による像面上の照度分布を考察するためにも重要な意味を持っている.

本節では,この正弦条件の,より広範囲における適用について述べる.

2.6.1 無限倍率における正弦条件

図2.42にある様に,光軸上で非常に遠方な位置Pにある物体高をyとし,yから光学系物側主平面Hに光線が入射する微小角度をwとする.また,この光線が像側主平面H'から射出する微小角度をw'とし,H'から焦点距離f'の距離にある像面においての光線の微小な到着高をy'とする.

さらに,Pから物側主平面への光線の入射高をhとしよう.物界,像界の屈折率をそれぞれnおよびn'とすると,

$$w' = = \frac{n}{n'} w$$

の関係から,それぞれの角度は微小なので,

$$y = \overline{HP} w \qquad y' = f' \frac{n}{n'} w \tag{2.105}$$

また,Pは非常に遠方に存在するので,

$$\sin u = \frac{h}{\overline{HP}} \tag{2.106}$$

とすることができる.したがって$\beta' = y'/y$と置いて,前節の有限倍率における正弦条件の式

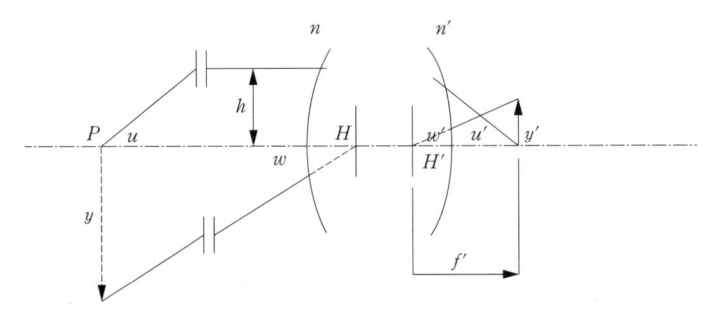

図 2.42 無限倍率における正弦条件

$$\beta' = \frac{n \sin u}{n' \sin u'} \tag{2.107}$$

に式(2.105)および式(2.106)の関係を代入して，

$$f' = \frac{h}{\sin u'} \tag{2.108}$$

となる．この式(2.108)が物点が無限遠にある場合の正弦条件である．

　2.3節において，無限遠の光源からの平行光による光学系の結像の明るさを相対的に表すFナンバーについて触れた．Fナンバーは焦点距離と，光学系の入射光線有効口径$2h$により，

$$F = \frac{f'}{2h} \tag{2.109}$$

として表される．ここで式(2.108)を式(2.109)に代入すれば，

$$F = \frac{1}{2 \sin u'} \tag{2.110}$$

となる．$\sin u'$は1より大きい値を取り得ないので，式(2.110)よりFナンバーは必ず0.5以上の値になる．よって，正弦条件を満足する光学系はF0.5より明るいF値を持つことができない．

2.6.2　正弦条件を満たす光線の経路

　式(2.108)から明らかな様に，正弦条件を満たしている光学系においては，入射光線の光軸からの高さhが$f' \sin u'$と等しくなる．したがって図2.43において示されるように，光軸に平行に高さhで光学系に入射した光線は，主点を含む近軸像点を中心としたf'を半径とする球の表面より，その高さhを保存したまま射出し軸上の像点に向かう様に振る舞う．

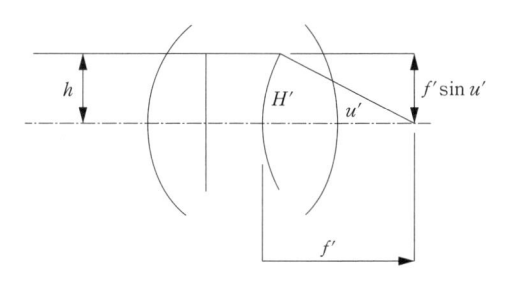

図2.43　主点上の球表面

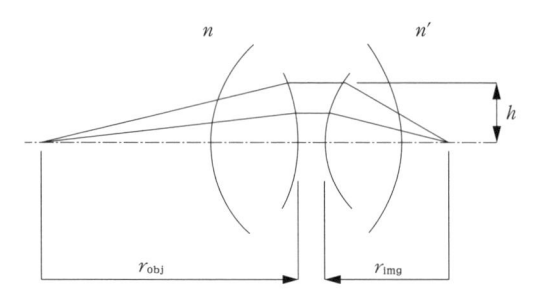

図 2.44 主入射面と主射出面

　近軸領域では主平面と呼ばれた平面が，正弦条件下での実収差領域では球面をなすことが理解できる．この便宜上の仮想面を主射出面と仮に呼ぼう．また，この場合，物体側主平面を主入射面と呼ぶことにすれば，近軸領域においての両主平面の場合と同様に，これら 2 球面の間で光線の入射高が保存され，軸上物点の結像に対しての光学系の働きをこれら 2 球面に代表させて考えることができる．

　有限倍率の場合も同様に，式(2.107)より，物体側，像側にそれぞれの半径 r_{obj} と r_{img} の比が

$$r_{obj} : r_{img} = 1 : \beta' \frac{n'}{n} \tag{2.111}$$

となるような任意の大きさの半径を持つ物点と像点をそれぞれ中心とする球面を主入射面および主射出面として，この間で入射光線の h が保たれ，光学系の働きを代表させることができる（図 2.44）．

2.6.3 軸外結像に対する正弦条件

　これまで述べてきた様に，正弦条件は物点（光源）からの光束の開き角，つまり明るさに対しては無制限に有効であるが，物体の大きさについては微小なもののみに制限を受ける．

　したがって，軸上付近の画像のみが重要ではない．写真レンズに代表されるような一般の光学系においては光軸から離れた微小部分においても，同様の意味を持つ別途に導かれる軸外結像に対応する正弦条件をある程度満たす必要がある．それは，光軸から離れた物平面上の物点 A が，無収差に像平面上に点

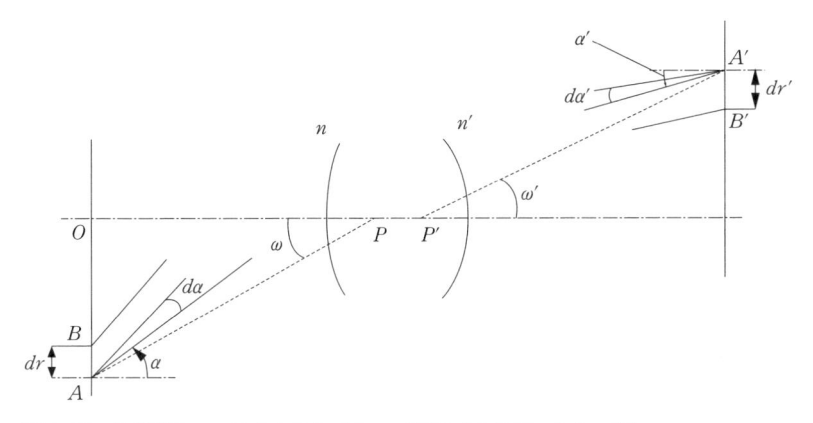

2.6 さらに正弦条件について —— 77

図 2.45 軸外結像におけるクラウジウスの関係（メリディオナル面）

A' として結像しているとき，A から微小な距離はなれて物平面上に存在する物点 B が，像平面上にやはり無収差で点 B' として結像するための条件である．

ここで，図 2.45 にある様に，点 A, A', B, B' をとる．微小面積素 dS および dS' のメリディオナル断面内の長さ，すなわち AB と $A'B'$ の距離をそれぞれ dr および dr' とし，主光線が見かけ上光軸 O と交わる点を物体側，像側でそれぞれ P および P' とする．このとき，P と P' において主光線が光軸となす角度をそれぞれ ω および ω' とする．

そして，物体側および像側の面積素の法線と，それぞれ角度 α と α' をなし，A から A' に至る光線 AA' と，この光線から微小角度 $d\alpha$ 異なる角度で A から射出し，主光線と $d\alpha'$ の微小角度をなし A' に達する光線 $AA'd\alpha$ を考えよう．さらに，図 2.45 の通り，B を出発し光線 AA' の光路と僅かに変化した光路をとる光線 BB' も定義する．

また，メリディオナル断面（図 2.45 紙面）と直交するサジタル断面内について考えるとき，物平面上に A から微小な距離 dt 離れて点 D を置き，像平面上のその結像を D' とし，$A'D'$ の距離を dt' としよう．dt と dt' はそれぞれ面積素 dS および dS' のサジタル断面内の長さを表す．そして A から光線 AA' に対し $d\gamma$ の微小角度をなして射出し，光線 AA' に対して $d\gamma'$ の微小角度をなして A' に達する光線 $AA'd\gamma$，そして上述と同様にして光線 DD' を考

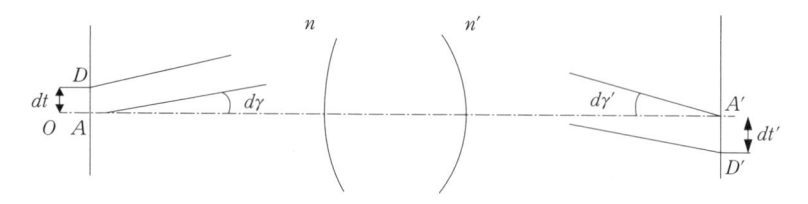

図 2.46 軸外結像におけるクラウジウスの関係（サジタル面）

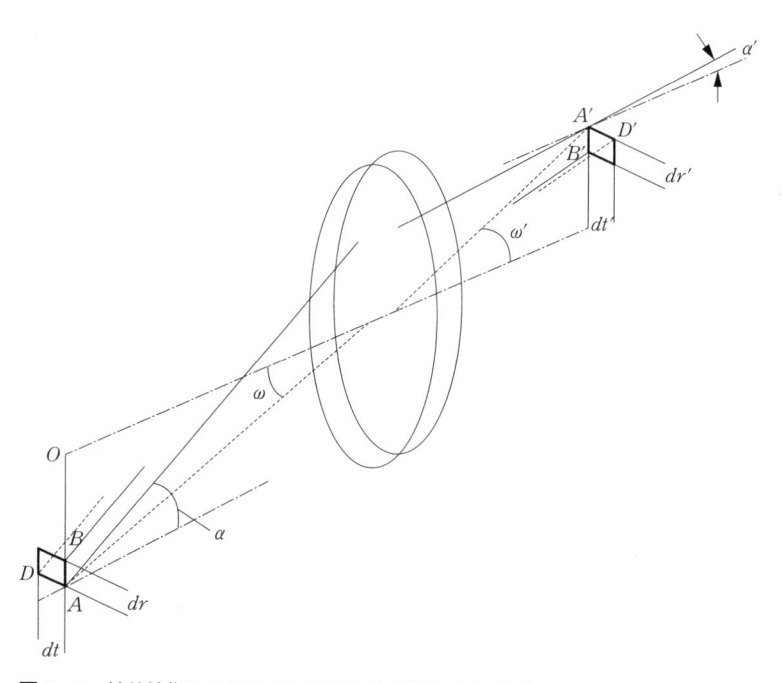

図 2.47 軸外結像におけるクラウジウスの関係（立体図）

えよう（図 2.46）．また，これらの状況を立体図として図 2.47 に示す．

さて，ここで明らかなのは，2.5 節においてクラウジウスの関係を導いたシステムと，上述のシステムが同じものであるということである．前節において設定された光軸は，クラウジウスの関係導出においては微小面積素 dS および dS' の法線としての意味しか持っていないので，前節における角度 $\alpha+d\beta$ を

ここでは $a+da$ とすれば，前節の考え方をそのまま軸外に存在する dS と dS' に対して用いることができる．

すると，前節と同様にメリディオナル，サジタル断面に対してそれぞれ，

$$ndr\cos ada = n'dr'\cos a'da' \tag{2.112}$$

$$ndtd\gamma = n'dt'd\gamma' \tag{2.113}$$

である．また，面積素について，

$$dS = drdt \qquad dS' = dr'dt'$$

立体角については，

$$d\Omega = dad\gamma \qquad d\Omega' = da'd\gamma'$$

と考えられるので，式(2.112)と式(2.113)の辺々積をとり，これらの関係を用いると，以下の，クラウジウスの関係が導かれる．

$$n^2\cos adSd\Omega = n'^2\cos a'dS'd\Omega' \tag{2.114}$$

2.5節で軸上物点に対する正弦条件を求める際には，式(2.114)における立体角 $d\Omega$ と $d\Omega'$ を，軸上光束の回転対称性に注目して，da および da' の関数として書き換え，式(2.114)を積分可能な形とした．ところが，ここでは図2.48からも明らかな様に，軸外物点 A からの入射光束全体には回転対称性がない．よって，式(2.112)を a および a'，そしてサジタル面内における同様な式を γ および γ' により積分することにより，メリディオナル面とサジタル面内について別々に取り扱わなければならない．

式(2.112)の積分について考えるとき，図2.48に示されている様に，その中

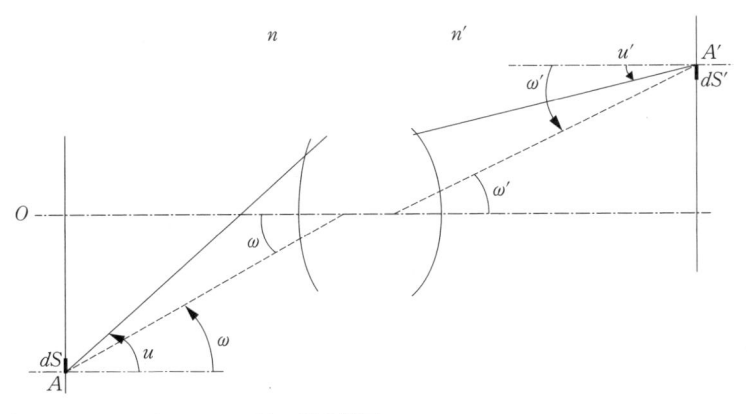

図2.48 メリディオナル面内の積分範囲

に A から A' に至る多数の光線が存在している光束の,境界を表す2本の光線の dS と dS' の法線に対するそれぞれの実角度を u, u', ω, ω' で表す. u から ω, u' から ω' の積分範囲に対して,固定したメリディオナル倍率 β'_M を用いて書き換えた式(2.90)に対応する式

$$n \cos \alpha d\alpha = n' \beta'_M \cos \alpha' d\alpha' \tag{2.115}$$

が常に成立すれば,2.5.2項で述べた様にコマ収差が存在しない事になり,式(2.115)の辺々の積分値に対しても等式が成り立つ.

$$n \int_{\omega}^{u} \cos \alpha d\alpha = n' \beta'_M \int_{\omega'}^{u'} \cos \alpha' d\alpha'$$

よって,

$$n(\sin u - \sin \omega) = n' \beta'_M (\sin u' - \sin \omega') \tag{2.116}$$

となる.

また,メリディオナル面に直交するサジタル面内の正弦条件を考える場合には,このサジタル面内で大きさを持った光束の断面内において,図2.49にある様な領域において積分を行う.すると,記号は異なるが前節における,クラウジウスの関係を導く際の,軸上におけるメリディオナル断面内(あるいはサジタル断面内)の場合とまったく同じシステムになって,以下の関係が導ける.

$$ndt \cos \gamma d\gamma = n'dt' \cos \gamma' d\gamma' \tag{2.117}$$

光束の範囲を示す実角度を,物界,像界でそれぞれ δ および δ' とし,式(2.117)の辺々を γ と γ' について積分すると,

$$ndt \int_{0}^{\delta} \cos \gamma d\gamma = n'dt' \int_{0}^{\delta'} \cos \gamma' d\gamma' \tag{2.118}$$

となる.固定したサジタル倍率を β'_S として,式(2.118)を計算すれば,

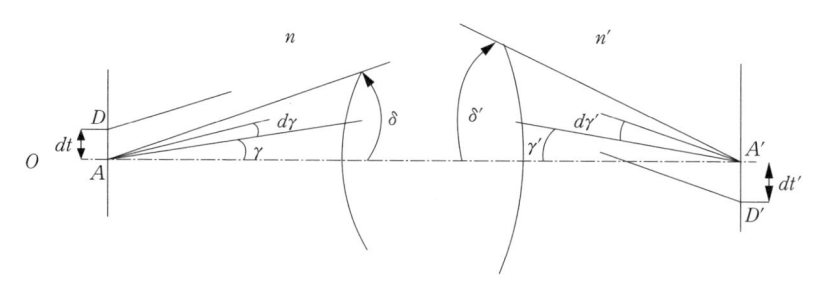

図2.49 サジタル面内の正弦条件の導出

$$n\sin\delta = n'\beta'_s\sin\delta' \tag{2.119}$$

となる．式(2.116)が軸外物点の結像に対する，メリディオナル面における正弦条件，式(2.119)がサジタル面における正弦条件を表す．

2.6.4 軸外結像における正弦条件を満たす光線の経路

式(2.116)，式(2.119)，あるいは図2.48，図2.49から明らかな様に，

$$r_{\mathrm{obj}} : r_{\mathrm{img}} = 1 : \beta'_M \frac{n'}{n} \tag{2.120}$$

なる関係を満たす，半径 r_{obj} および r_{img} を持つそれぞれ物点と像点を中心とした球面，主入射面，主射出面を考える．ここで y を物体高，y' を像高として，以下の条件

$$y' - y = r_{\mathrm{img}}\sin\omega' - r_{\mathrm{obj}}\sin\omega \tag{2.121}$$

をさらに満たす様にメリディオナル面における主入射面および主射出面の曲率を選び，また，サジタル面においては $\beta'_m = \beta'_s$ とすれば式(2.118)以外の条件は任意であるので，メリディオナル面におけるのと等しい球面を設定することができる．この様な場合には2球面間で A より射出したすべての光線は光軸に平行に存在していると考えることができる．これらの面を参考文献[17]では，それぞれ物体側主表面，像側主表面と呼んでいる（図2.50）．

軸外結像においても正弦条件を満たす光学系においては，この様に軸上結像におけるものと別の主入射面，主射出面を定義することができる．

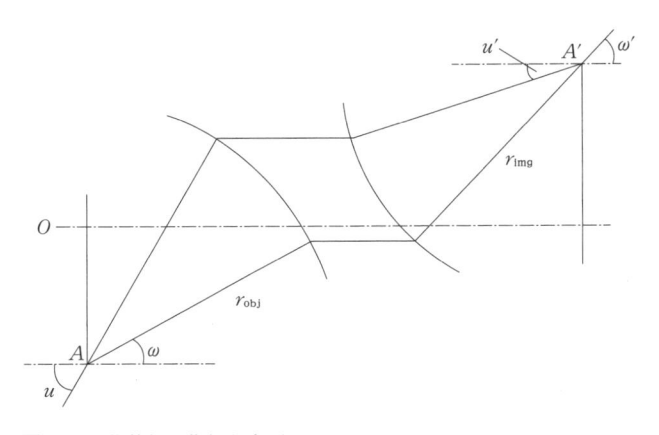

図 2.50 物体側・像側主表面

2.7 周辺光量比

周辺光量比とは，結像による画面の中心部と周辺部における照度の比を表す．一般的な写真画像においては，空あるいは均一な拡散性を持った壁などを画面一杯に写した場合，写真のコーナー部の陰りとして顕著に表れる周辺減光の度合いを定量的に表すものである．

光学的性能としての周辺光量比は，レンズの仕様や種類によって不可避的に決定されてしまう側面と，同じ仕様のレンズであっても，機種の違いやレンズ設計の違いにより個別的に異なる，設計時にある程度はコントロール可能な側面を持っている．

本節では，この周辺光量比について述べる．また，周辺光量を様々な絞り配置パターンの光学系において考慮する場合には，これまで検討してきた正弦条件が重要な役割を演じる．

2.7.1 入射瞳と射出瞳

光学系に入射する軸上光束の幅，つまり光軸上に存在する点光源から光学系に入射する光線の存在範囲を制限するものを開口絞りという．一般の光学系においては多くの場合，開口絞りは光学系に設定された絞りそのものである．しかしながら，開口絞りがレンズの外枠である場合や，あるいは光束の開き角が光源において制限され，光学系内部には存在しない場合もあり得る．

ちなみに，前節において触れた，開口絞り以外による軸外光束幅を制限し，光線が到達できる像面上の範囲を規定する光学系の境界部分を視野絞りと呼ぶ．この像面上における範囲はイメージサークルと呼ばれる．

上述の開口絞りの，開口絞りより物体側の光学系による像を入射瞳と呼び，同様に，開口絞りより像側の光学系による像を射出瞳と呼ぶ．図 2.51 にあるように，光束が軸上，軸外に関わらず開口絞りにより制限されているとすれば，入射光線は物界においてはすべてあたかも入射瞳に入射し，像界においてはあたかも射出瞳から射出してくるように振る舞う．物点・像点位置が得られれば，光学系に入射・射出する実際の光束が存在する領域をこれら 2 つの瞳から簡潔に推測することができる．

これら入射瞳および射出瞳の理想的な位置と大きさは定義のとおり，絞りを

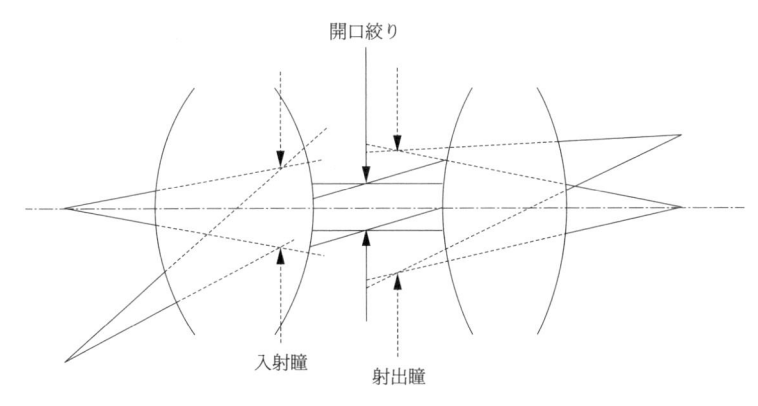

図 2.51 入射瞳と射出瞳

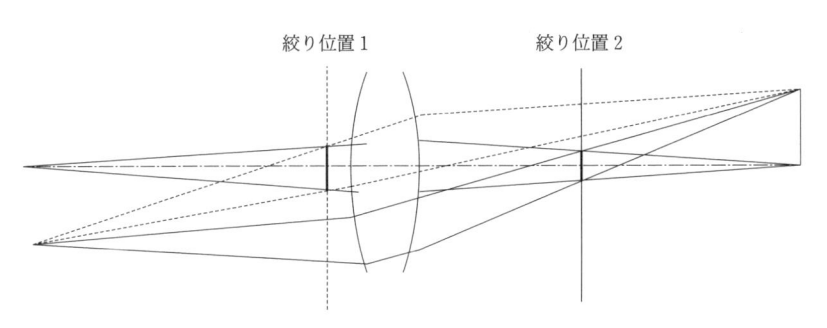

図 2.52 絞り位置と光束

物体と考え，それぞれ，絞りより物体側，像側の光学系の部分による結像位置，倍率についての近軸計算を行うことにより得られる．開口絞りとそれぞれの瞳は共役結像関係により結ばれ，また，瞳どうしも開口絞りを介して光学系全体の結像作用により共役結像関係により結ばれている．

このように計算される瞳位置と瞳径は，絞り位置とそれに伴う絞り径の変更により，焦点距離，主平面位置，画角，倍率，F ナンバーなどからは独立してその値を変化させることができるので，レンズ面曲率，間隔，屈折率などの変更や屈折力配置の変更を伴わずして，同一の物像近軸共役関係に対し，光束の光学系における通過領域を変更することが可能となる（図 2.52）．

2.7.2 口径蝕

結像面における周辺減光の要因の1つとして，口径蝕があげられる．これは，光学系が有限な大きさの外径を持ち，光軸に沿った長さおよび厚さを持っていることにより，中心光束と周辺光束が光学系内の異なる要素によってその立体角を制限される現象を指す．図2.53にその例を示すが，光学系前部のレンズ径により周辺光束下部の光線が遮られ，また，光学系後部のレンズ径により周辺光束上部の光線が遮られるため，軸上光束の幅を決めている絞りの内径を周辺光束は満たしていないことがわかる．このことは明らかに軸上の照度と比較した周辺光量比の低下を意味する．

仮に，軸上光束と周辺光束の絞り面における通過断面の大きさの比を有効絞り比とでも呼び，口径蝕の程度を表すとすれば，この有効絞り比は設計時にレンズや鏡筒などの寸法を適当に設定することにより，有限な結像エリアにおいて100％の値をとることが可能である．しかし，光学系によっては収差補正の困難さ，寸法的制約などから，常に100％を目指すのではなく，使用目的に適した必要最低限な有効絞り比値が検討され，採用される．

2.7.3 周辺光量比の検討(1)

ここから詳細に周辺光量比を考えていくことになるが，本節では以下の様な条件；

① 共軸光学系が画面のいたるところで無収差に近い性能を持っていること．
② 面積を持った被写体（光源）が光軸に垂直な物平面上に存在し，それは全体に均一な放射発散度を持った完全拡散面光源であり，光学系が像平面上への物平面の相似的な結像（射影）を実現させること．
③ そして口径蝕が存在しないこと．

を前提としよう．

まず，最もシンプルな図2.54に示されているような，最も物体側に絞りを持つ光学系における周辺光量比を考える．光学系に歪曲収差が存在しないとすれば，物体面上，軸上 A 点付近，物体面周辺 B 点付近に存在する等しい面積を持つ微小面積は，像面上では結像倍率の掛かったやはり互いに等しい面積を持った微小面積として結像するはずである．よって，光学系を透過する際にエネルギーの損失が起こらないとすれば，像面照度比つまり周辺光量比は絞り

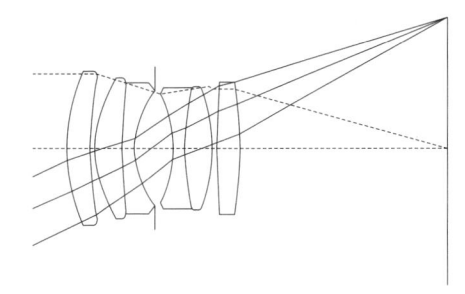

図 2.53 口径蝕

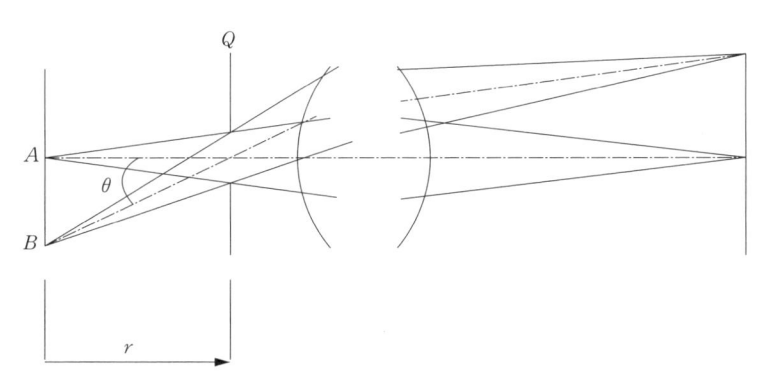

図 2.54 周辺光量比の検討 1

Q により制限される軸上光束と周辺光束に含まれる放射束の比に等しくなるはずである．点 A から絞りまでの光軸上の距離を r とし，点 A から絞り径に張られる立体角を，

$$\Omega = \frac{S}{r^2} \tag{2.122}$$

と定義すれば，点 B と絞りの中心点を通る直線と光軸のなす角度を θ としたとき，点 B から絞り径に張られる立体角は，

$$\Omega' = \frac{S\cos\theta}{\left(\dfrac{r}{\cos\theta}\right)^2} \tag{2.123}$$

と近似的に考えることができる．また，完全拡散面光源を仮定してあるので，軸上光束，周辺光束における，光束内で角度分布する放射強度の平均値をそれぞれ $\bar{I}_e$ および $\bar{I}'_e$ とすれば，あまり大きくない光束の開き角を仮定して，

$$\bar{I}'_e = \bar{I}_e \cos\theta \tag{2.124}$$

とすることができよう．すると，軸上および周辺の光束に含まれる放射束の比を考えると，

$$\frac{\Phi'}{\Phi} = \frac{\bar{I}_e \cos\theta \left(\dfrac{S\cos^3\theta}{r^2}\right)}{\bar{I}_e \left(\dfrac{S}{r^2}\right)} \tag{2.125}$$

よって，像面照度比，すなわち周辺光量比は，

$$\frac{E'}{E} = \cos^4\theta \tag{2.126}$$

と表すことができる．点 B を射出し，絞りの中心を通る主光線の光学系への入射角度を θ とするとき，この結像の照度は軸上照度に $\cos^4\theta$ を乗じたものとなる．このことがらはコサイン4乗則と呼ばれる．

2.7.4 周辺光量比の検討(2)

さらに，図 2.55 に示されているような配置の光学系について考えよう．今度は，絞りが光学系の像側に存在している．この場合には，上述のように，物体側の軸上と周辺光束の立体角の比を直接得ることができない．光学系内部の光線の経路がわからないからである．そこで，軸上および軸外において適切に設計された光学系であれば正弦条件が満たされているはずなので，式(2.120)および式(2.121)の条件を満たす点 A と点 B を中心とする2つの主表面を考えよう．主表面間では光線の経路はすべて光軸に平行であるとして扱える．この性質が物体側の入射立体角を考える上で重要になる．軸上結像に対しても，

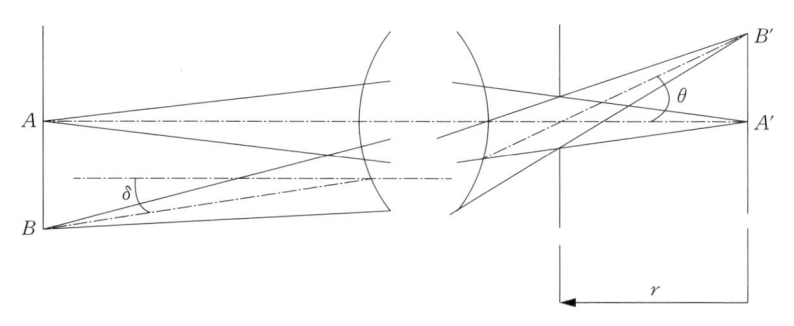

図 2.55 周辺光量比の検討 2

2.7 周辺光量比

正弦条件式(2.100)から同様の性質を持った1組の球表面を考えることができる．この場合，2つの球表面曲率の割合はその結像倍率により決められるが，値そのものには任意性がある．よって，簡便のため，物体側および像側で，それぞれ軸外メリディオナル面内の主表面と同じ曲率を持つものとする．

ここで像点 A' および B' から絞り Q に対し張られる立体角について，光線の進行方向とは逆に考えてみよう．像面から絞り面までの光軸上の距離を r，像側主表面の半径を r_{img} として，図2.56において点 A' から絞り径に張る弧の長さを D とするとき，軸上像側主表面を A' に達する軸上光束が切り取るメリディオナル面内の弧の長さを g' とすれば，

$$g' = \frac{r_{\mathrm{img}} D}{r} \tag{2.127}$$

となる．また，図2.57において同様に点 B' から絞り径に張られる弧の長さを考え，軸外像側主表面を B' に達する軸外光束が切り取る弧の長さを h'_m とす

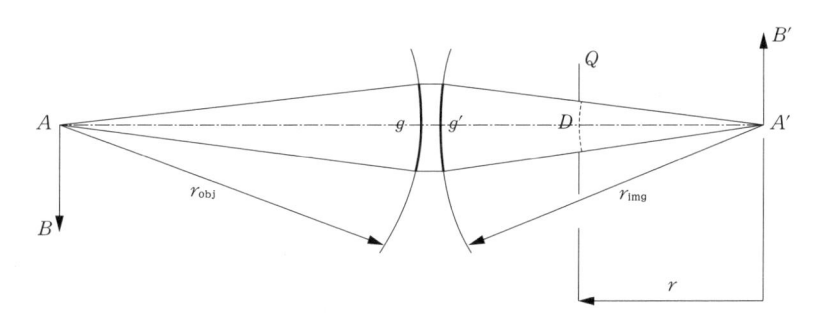

図 2.56 軸上の主表面

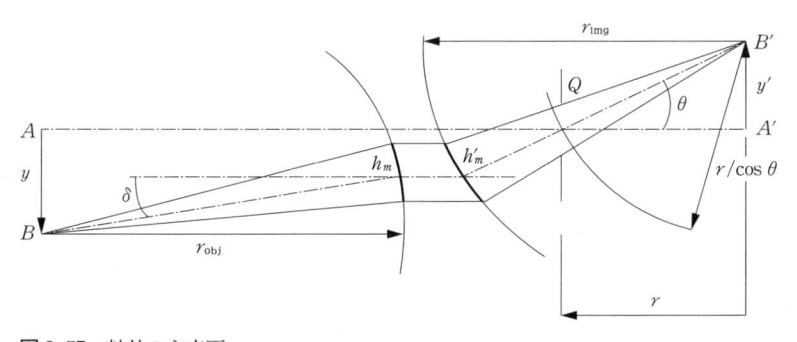

図 2.57 軸外の主表面

れば，絞りの中心を通り像点 B' に達する主光線と光軸のなす角度を θ として，

$$\frac{r}{\cos\theta} : D\cos\theta = r_{\text{img}} : h'_m$$

の関係が成り立つので，

$$h'_m = \frac{r_{\text{img}} D \cos^2\theta}{r} \tag{2.128}$$

となる．

さて，主表面間では光線は光軸と平行に存在していると考えられるので，半径 r_{obj} を持つ軸上物体側主表面を，点 A から射出した光束が切り取る長さ g は，

$$g = g'k = \frac{r_{\text{img}} D}{r} k \tag{2.129}$$

となる．k は異なる曲率の円周上に，g なる長さの弧を光軸に平行に射影して新たな弧の長さを得る操作のための補正係数である．

同様にして，やはり半径 r_{obj} を持つ軸外物体側主表面を点 B から射出した光束が切り取る長さ h_m は，図 2.57 から明らかなように，物体側で主光線と光軸のなす角度を δ とすれば，

$$h_m \cos\delta = h'_m k \cos\theta$$

となり，よって式(2.128)より，

$$h_m = \frac{r_{\text{img}} k D \cos^3\theta}{r \cos\delta} \tag{2.130}$$

となる．

また，サジタル断面において軸外の結像について考えると，2つの主表面には式(2.119)の関係を満たす任意の曲率を与えることができるので，軸上主表面のサジタル方向とそれぞれ同じ曲率を持つとして，サジタル面内において絞りにより制限を受け，点 B' に達する光束が軸外像側主表面を切り取る長さ h'_s は，

$$\frac{r}{\cos\theta} : D = r_{\text{img}} : h'_s$$

となり，この関係より，

$$h'_s = \frac{r_{\text{img}} D \cos\theta}{r} \tag{2.131}$$

よって，サジタル面内においても主表面間では光線は光軸と平行に存在してい

ると考えられるので，半径 r_{obj} を持つ軸上物体側主表面を点 A から射出した光束が切り取るサジタル面内の長さ h_s は，

$$h_s = h'_s k = \frac{r_{\mathrm{img}} k D \cos \theta}{r} \tag{2.132}$$

とすることができる．また，上述と同様に完全拡散面光源の仮定より，物体側の軸上光束および周辺光束における，光束内で角度分布する放射強度の平均値の関係を，

$$\bar{I}'_e = \bar{I}_e \cos \delta \tag{2.133}$$

とし，式(2.129)，式(2.130)，式(2.132)より，軸上および周辺の光束に含まれる放射束の比を考えると，主表面上での光束の面積を楕円の面積 $\pi h_m h_s/4$ で近似して，

$$\frac{\Phi'}{\Phi} = \frac{\left(\dfrac{\bar{I}_e \cos \delta h_m h_s}{r_{\mathrm{obj}}^2}\right)}{\left(\dfrac{\bar{I}_e g^2}{r_{\mathrm{obj}}^2}\right)} = \frac{h_m h_s \cos \delta}{g^2} = \cos^4 \theta \tag{2.134}$$

となる．

よって，物体平面の情報を相似形の平面像として完全に再現する光学系においても，周辺光量比は絞り中心を通過する周辺光束主光線の光軸となす角度 θ のコサイン4乗となることが理解できる．

2.7.5 周辺光量比の検討(3)

一般的な光学系においては，多くの場合，絞りは光学系の内部に存在し，結像の周辺光量比を考える場合，上述の検討内容をそのまま当てはめることはできないように思える．しかし，光学系を，絞りを挟んで収差も口径蝕も持たない2つの光学系として分離して考えることによって（図2.58），絞り通過直後の軸上・軸外光束の持つ放射束の比が判明すれば，その値が全系通じての周辺光量比を直接表す．なぜならば，第2の光学系の部分は，光束の制限も全体の射影関係の変更も行わないと仮定しているからである．光束内のエネルギーの変化，微小面積の並び方の変化は，この部分によってはもたらされない．

つまり，上述の絞りを像側に持った光学系の周辺光量比の検討結果が，そのまま絞りを内部に持つ光学系にも，より一般的にあてはまるわけである．確かに，前部と後部で独立して様々な収差が補正されている光学系は特殊なものと

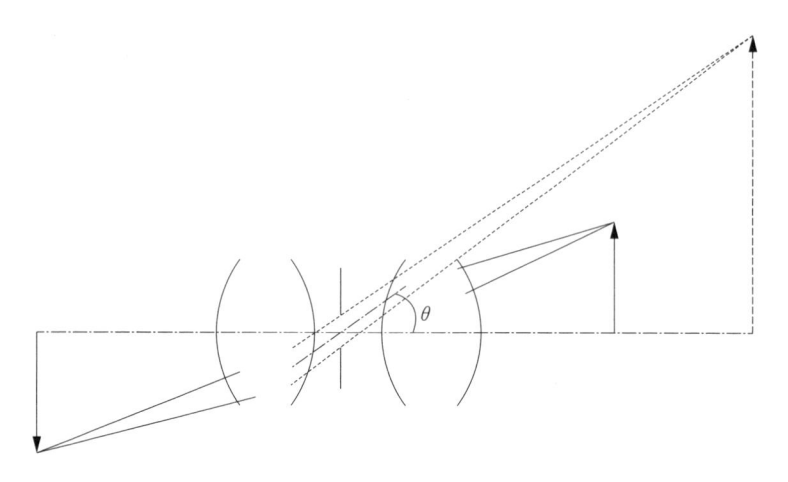

図 2.58　光学系の分割

考えるべきかもしれないが，前群と後群の収差的バランスのあり方は光学系により様々であり，この様な無収差レンズ群の組み合わせとして光学系を基本的に考えることは，まず，一般論のためには重要であると思われる．

2.7.6　無限倍率における軸外正弦条件の導出

図 2.59 にある様に諸元を定める．物界に存在する光軸に垂直な平面における微小な間隔 dy を持つ点 A（光軸からの高さ y），点 B を通過する平行光線が角度 α で光学系に入射し，これらの光線が交叉する像平面上の点 C の高さを y' とする．このとき像界における光軸に対する光線 B の射出角を α' とする．さらに，これらの光線と微小な角度 $d\alpha$ をなして AB から出発する 2 光線を考える．そして，これら 2 光線が先ほどと同一の像平面上にて，互いに角度 $d\alpha'$ をなして交わる点を D とする．この像平面上の CD の微小な間隔を dy' としよう．すると，AB および CD をそれぞれ光斑の長さと捉えれば，2.4 節のストローベルの定理を導いた際の，式 (2.78) の関係

$$n\,dy \cos \alpha\, d\alpha = n'\,dy' \cos \alpha'\, d\alpha' \tag{2.135}$$

が，同様の考察により成り立つ（図 2.28〜図 2.30 参照のこと）．ここで A と B を含む直線上を dy が，幅 h の中を動くとして，その間の不変な式 (2.135) の成立を考える．この変化に伴って式 (2.135) の辺々を積分すれば，$d\alpha$ は微小

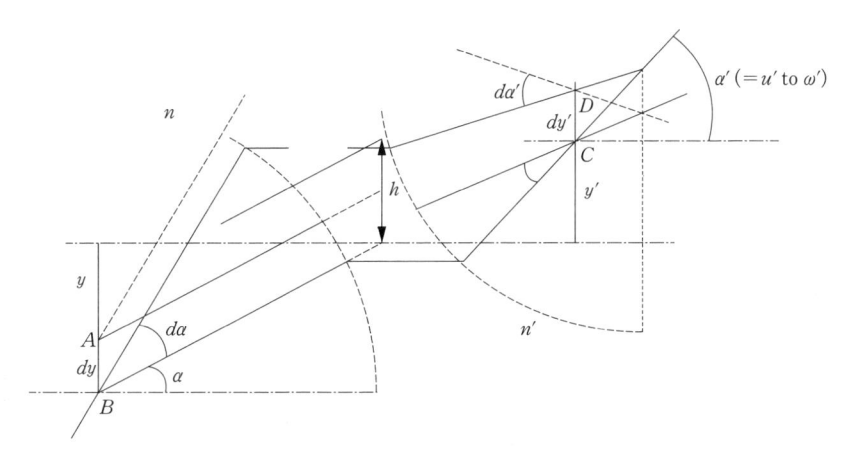

図 2.59　無限倍率における軸外正弦条件の導出（メリディオナル面）

な角度であるので，図中の A と B を出発して C に達する光線も角度 da' をなすと考えられる．すると，右辺の積分範囲は C に収束する光線の角度範囲に対応し，図の様に角度の範囲を u' から ω' とすれば，

$$nda\cos\alpha\int_0^h dy = n'dy'\int_{\omega'}^{u'}\cos\alpha'\,da'$$

$$nhd\omega\cos\omega = n'dy'(\sin u' - \sin\omega') \tag{2.136}$$

となる．このとき無限倍率における射影関係 $y = f'\cdot g(\omega)$ を考えれば，g' を関数 g の導関数とすると，図 2.59 中の dy' について考えれば，

$$\frac{dy'}{d\omega} = \frac{f'\{g(\omega+d\omega)-g(\omega)\}}{d\omega} = f'\cdot g'(\omega) \tag{2.137}$$

ちなみに，ここでの焦点距離 f' は節点を基準としていて，前側節点への入射角度 θ と後側節点からの射出角 θ' は，n および n' に拠らず常に等しい．

さて，式(2.136)より，

$$\frac{h\cos\omega}{g'(\omega)} = f'\cdot(\sin u' - \sin\omega')\frac{n'}{n} \tag{2.138}$$

がメリディオナル面内における無限倍率時の軸外正弦条件を表す．ここで，ごく一般的な射影関係 $y = f'\cdot\tan(\omega)$ を想定すれば，式(2.138)は，

$$h\cos^2\omega = \frac{f'}{\cos\omega}(\sin u' - \sin\omega')\frac{n'}{n} \tag{2.139}$$

となる．この場合も 2.6 節の場合と同様に主表面を考えることができる．図 2.60 にある様に，半径 r_{obj} を無限大にとって，物体側主表面を入射角度 ω の光線に対して垂直に設定し，像点を中心とした像側主表面の半径を $r_{img}=f'/\cos\omega$ とすれば，これらの2主表面間では光線はすべて光軸に平行に存在していると考えることができる．

また，サジタル面内においては，メリディオナル面内における検討においての積分開始の角度 ω を0として同様に取り扱えるので，式(2.136)における変数を図 2.61 の様に適当に変えて，

$$nh \cdot d\varphi = n' dx' \sin v' \tag{2.140}$$

上述と同様に射影関係 $x=f' \cdot g(\varphi)/\cos\omega$ を想定すれば，

$$\frac{dx'}{d\varphi} = \frac{f'\{g(0+d\varphi)-g(0)\}}{\cos\omega \cdot d\varphi} = \frac{f' \cdot g'(0)}{\cos\omega} \tag{2.141}$$

となる．よって，式(2.140)と式(2.141)より，

$$h\cos\omega = f' \cdot g'(0) \sin v' \frac{n'}{n} \tag{2.142}$$

となり，この場合のサジタル面内の正弦条件が得られる．上述と同様に射影関係 $y=f' \cdot \tan(\omega)$ を想定すれば，式(2.142)は，

$$h\cos\omega = f' \sin v' \frac{n'}{n} \tag{2.143}$$

となる．

もし，式(2.139)において像高0，つまり $\omega=0$ の場合を計算すると，

$$h = f' \sin u' \frac{n'}{n} \tag{2.144}$$

となって，無限倍率における軸上正弦条件（式(2.108)）に，節点系の焦点距離を用いた場合と一致する．式(2.108)では主点系の焦点距離を用いている．

ここで，図 2.62 にある様に光学系を逆に配置し，絞り径を h，光束の主光線の光軸となす角度を ω' と置く．そして式(2.139)，式(2.143)，式(2.144)を基に，軸上光束および軸外光束にそれぞれ含まれるエネルギーを考察すれば，光学系への入射に際し，サジタル面内では軸上の場合と同様な弧 $h_s=kh$ が確保でき，メリディオナル面内においては，k を弦と弧の長さの変換における適当な補正係数として

$$h_m = \frac{k \cdot h \cos^2\omega}{\cos\omega'} \tag{2.145}$$

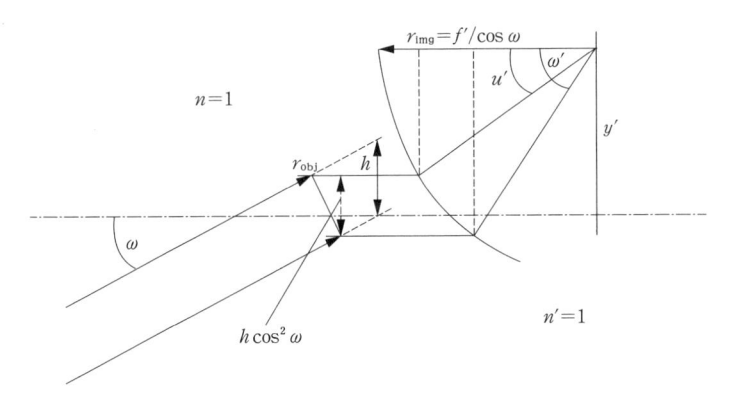

図 2.60 無限倍率における軸外主表面（メリディオナル面）

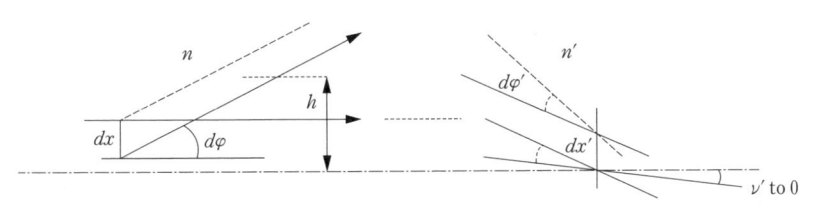

図 2.61 無限倍率における軸外正弦条件の導出（サジタル面）

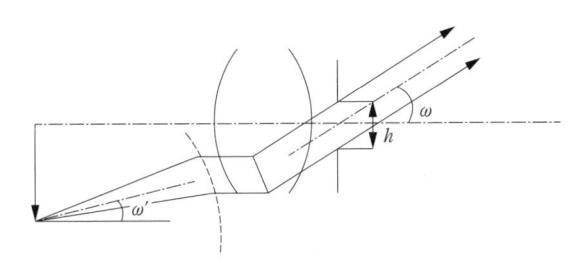

図 2.62 通常の無限倍率光学系を逆配置にした周辺光量比の検討

となる．よって，軸上光束と軸外光束に含まれるエネルギーの比は，光源が完全拡散面であるとして

$$\frac{\Phi}{\Phi_0} = \frac{h_m \cdot h_s \cos^2 \omega \cos \omega'}{k^2 h^2} = \cos^4 \omega \tag{2.146}$$

と考えることができる．

2.7.7 周辺光量計算について

2.3節で述べた光学系の明るさにおけるのと同様に,周辺光量も照度比で表現されるので,本来は単独の立体角内のエネルギーについての検討のみでは不十分であり微小面積の結像を想定しなければならない.有限倍率結像の場合には図2.63(a)にある様に光源面上の微小面積 dS から発する放射束を Φ,射出角 ω' 方向の像面上微小面積 dS' に達する放射束を Φ',軸上に同様の関係を考えて Φ_0 および Φ_0' と置くとき透過によるロスがないとすると,

$$\Phi = \Phi' \qquad \Phi_0 = \Phi_0' \tag{2.147}$$

となる.よって像面上照度をそれぞれ軸上と軸外で E_0' および E' とすれば

$$E' = \frac{\Phi'}{dS'} = \frac{\Phi}{dS'}$$

$$E_0' = \frac{\Phi_0'}{dS_0'} = \frac{\Phi_0}{dS_0'} \tag{2.148}$$

であり,よって,像面上の周辺光量比(照度の比)は,

$$\frac{E'}{E_0'} = \frac{\Phi dS_0'}{\Phi_0 dS'} \tag{2.149}$$

となる.ここで,

$$R_a = \frac{dS}{dS'} \cdot \frac{dS_0'}{dS_0} \tag{2.150}$$

なる量を導入すれば,

$$\frac{E'}{E_0'} = \frac{\Phi}{\Phi_0} R_a \frac{dS_0}{dS} \tag{2.151}$$

が導ける.

後述する様に,正射影を基準とした倍率関係が一定でない場合には R_a は 1 とならないが,歪曲収差の影響を含めて結像倍率が像面上一定であれば,周辺光量比は式(2.151)より,

$$\frac{E'}{E_0'} = \frac{\Phi dS_0}{\Phi_0 dS} = \frac{E}{E_0} \tag{2.152}$$

である.軸上光束の場合には式(2.97)と式(2.103)から,図2.63(a)中の物体側および像側のどちらを完全拡散面光源としても,光学系に取り込まれる放射束は一定であることがわかる.また,軸外の場合には式(2.116)と式(2.119)より2つの主表面上では光線の通過点の x, y 座標が保たれる性質から,共役像を形成する微小光束において,物・像両側から取り込める放射束をそれぞれ計算

2.7　周辺光量比

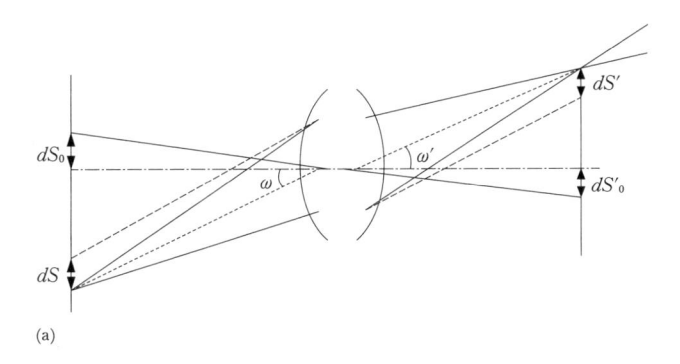

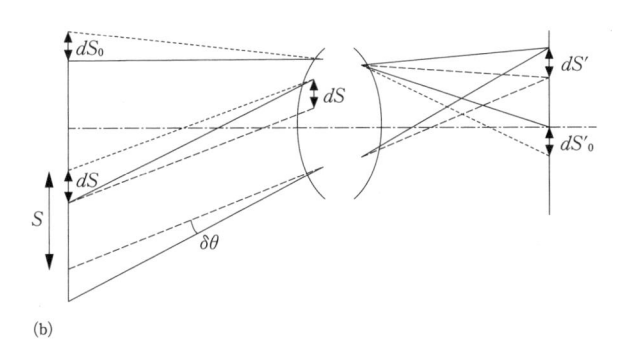

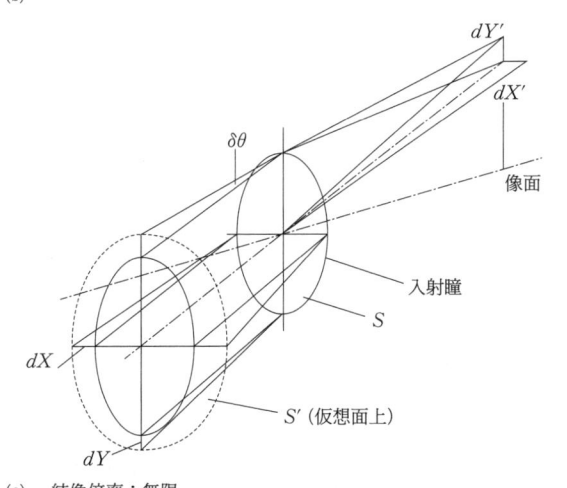

(a)

(b)

(c)　結像倍率：無限

図 2.63　周辺光量比の計算

して，軸上の場合と同様の結果を得ることができる．これらのことから，式(2.152)は，双方向の計算における周辺光量比の保存を表すことがわかる．以上の様な条件下では周辺光量比の計算を，物界・像界どちら側から行っても構わない．

ところで，無限倍率結像の場合には，やはり像面上の等しい面積 dS' と dS'_0 を得るための微小な光束の入射角度の幅を考慮する必要があるが，光源面が無限遠に存在するために輝度が定義できず，上式を考えることができない．そこで任意の物界の位置に，光軸と垂直になるように仮想平面を考える（図2.63(b)）．この面と像面は共役面ではないが，この面の面積 S' を通過する紙面内方向および紙面に垂直方向に，それぞれ $\delta\theta$ の角度の範囲に存在する光線が光斑 dS' を生むことになり，この S' から入射瞳上の面積 S にいたる光束に含まれる放射束 Φ を軸上と軸外の光束について比較すれば，周辺光量比を検討することができる．

図2.63(c)にある様に，$\delta\theta$ で決められるメリディオナル断面内の長さ dY, また，これと直交する面内の長さ dX を定め，さらに dS' の X および Y 方向への長さをそれぞれ dX' と dY' とする．ここで，S 上に無数の微小な面積 dS の光源の存在を考える．すると光束中に含まれる放射束は，面積 $dX \times dY$ に対して張る角度 ω 方向への微小な立体角を Ω とし，この立体角中において輝度は平均値 $B(\omega)$ をとるものとして，

$$\Phi = \oint_S B(\omega)\Omega\cos\omega ds = B(\omega)S\Omega\cos\omega \tag{2.153}$$

となる．ここで，仮の平面から入射瞳までの距離を q とすると，

$$\Omega = \frac{\pi dXdY\cos\omega}{\left(\dfrac{q^2}{\cos^2\omega}\right)} = \frac{\pi dXdY}{q^2}\cos^3\omega \tag{2.154}$$

となる．また，軸上の dY'_0 と軸外の dY' が等しい場合には，適切に設計された光学系において dY_0 と dY も等しい．また，dX や dX' についても同様なので，瞳収差，ビグネッティングがなく，軸上光束による面積 S_0 と S が等しい場合に，無限遠に完全拡散面が存在するとすれば，

$$B(\omega) = B(0) \tag{2.155}$$

なので，式(2.153)～式(2.155)より，この場合 Φ/Φ_0 として得られる周辺光量比は $\cos^4\omega$ とすることができる．

2.7.8 コンピュータによる周辺光量比の計算

　コンピュータ・シミュレーションにより正確な周辺光量比を計算することは，ある程度の面積を持った光源を設定し，そこから多数の光線を追跡し，像面上の照度分布を得ることにより達成される．しかし，この方法により安定した結果を得るためには，後述する様に非常に多くの光線に対し光線追跡が必要になり，計算時間も膨大になる．そこで，より簡潔に，周辺光量比計算をコンピュータで行うために，以下の様な方法が一般的に用いられる．

　図2.64にあるように，光学系第1面の頂点に接するように基準平面を置く．実際は入射光束の立体角が測定できれば，この規準面が置かれる位置はあまり重要ではない．ここで入射瞳を十分にカバーするように，軸上物点 A から射出する多数の光線について光線追跡を行う．すると，光学系を通過し像面に到達できた光線のみによって，軸上光束に対し有効な面積 S_0 を規準面上に得ることができる．この作業を軸外物点 B から射出する光線に対しても行い，同様な意味を持つ面積 S を得る．ここで立体角 $\Omega_A(S_0)$ と $\Omega_B(S)$ について考えると，点 A から規準平面までの距離を g，入射角を δ として，

$$\Omega_A(S_0) = \frac{S_0}{g^2} \tag{2.156}$$

$$\Omega_B(S) = \frac{S \cos \delta}{\left(\dfrac{g}{\cos \delta}\right)^2} \tag{2.157}$$

と表現できる．よって，完全拡散面光源および被写体と像の間の結像倍率一定

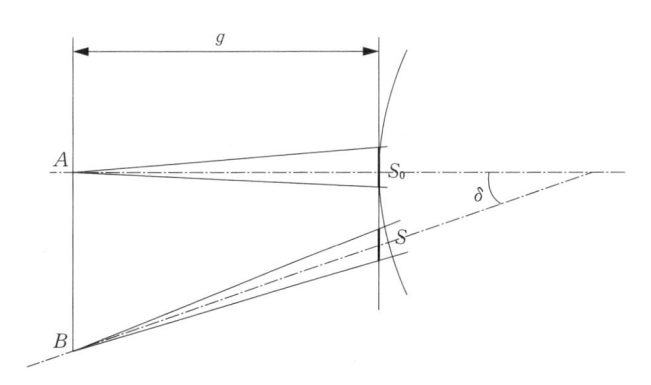

図2.64　コンピュータによる周辺光量比の計算

で相似な平面結像を仮定し，周辺光量比は，

$$\frac{E'}{E} = \frac{\Omega_B(S)\cos\delta}{\Omega_A(S_0)} = \frac{S}{S_0}\cos^4\delta \tag{2.158}$$

とすることができる．式(2.158)中の S/S_0 には口径蝕の影響ばかりではなく，瞳の収差の影響が含まれている．この値を開口効率と呼ぶ．

2.8 射影関係と照度比

これまでに，光軸に垂直な平面上の情報が，やはり同様に，光軸と垂直な平面上に歪みなく相似的に結像される場合の周辺光量比について考えてきた．フィルムや撮像素子面などの一般的な像面は平面であるので，この射影関係は自然であり多くの場合，基本として考えることができる．この射影関係を中心射影と呼ぶ．

ところが，像平面上に取り込まれる画角が180度に達する魚眼レンズ，等角度ピッチで光学系に入射する文字情報群を，像平面上における等間隔での結像に置き換えることが必要とされるレーザープリンタ用レンズ，像面上の均一な明るさの求められる照明系レンズなどにおいては，この基本的射影関係は都合の良いものではなくなり，他の射影関係の利用が考えられることになる．

この射影関係の変化と同様に，光学系の収差としての図形の歪みを表す歪曲収差も，物体面上の微小光源面積とこの面積の像面上での結像面積の比に影響を与え，像面照度の変化をもたらす．本節では，歪みを含めた射影関係，そしてこれらの影響を考慮した，より一般的な周辺光量比について触れる．

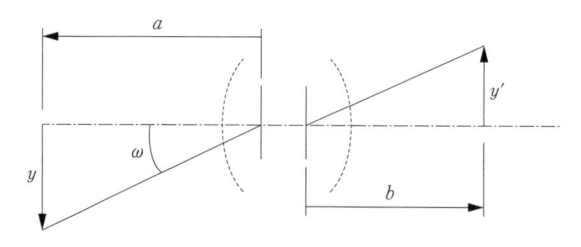

図2.65 中心射影

2.8.1 中心射影

これまで考えてきた,光軸に垂直な平面上の図形の,やはり光軸に垂直な平面への相似な結像関係,上述の中心射影における,物体と像の関係を数式で表現してみよう.物界および像界における媒質の屈折率を共に1とし,図2.65にあるように,主光線の入射角度を ω,結像倍率を β,物体高を y,その共役の位置にある像高を y',物体から前側主平面までの距離を a,像から後側主平面までの距離を b としよう.物体側においては,明らかに,

$$y = a\tan\omega \tag{2.159}$$

であり,物平面の図形が相似的に倍率 β で像平面に結像されるためには,

$$\beta = \frac{y'}{y} = \frac{b}{a}$$

なので,

$$y' = b\tan\omega \tag{2.160}$$

なる関係が成り立てばよい.式(2.160)で像の大きさが決まる射影関係を中心射影と呼ぶ.

角度 ω が非常に小さい近軸領域においては,主点(この場合,節点に一致する)に入射し,射出する光線の角度は相い等しく ω となり,

$$y = a\omega \qquad y' = b\omega \tag{2.161}$$

の関係を満たすように物体高,像高,倍率が定義された.近軸領域では,

$$\tan\omega = \omega \qquad \sin\omega = \omega$$

と近似されるので,式(2.159)と式(2.160)は近軸領域では式(2.161)の関係を満たしていることが理解できる.また,以下の射影関係を表す式も同様に近軸領域において式(2.161)と等価になり,実際の光学系においての射影関係として成立し得る.

$$y' = b\omega \tag{2.162}$$

$$y' = b\sin\omega \tag{2.163}$$

式(2.162)と式(2.163)で物体の大きさ y' が決まる結像関係をそれぞれ,等距離射影および正射影と呼ぶ.

2.8.2 射影関係と歪曲収差

物体高と像高と結像倍率によって，

$$D = \frac{y' - \beta y}{\beta y} \tag{2.164}$$

と表される量 D を歪曲収差（Distortion）と呼ぶ．D は，物体の高さ y と一定な横倍率 β により決まる，中心射影関係における理想的な像の高さ βy と光学系の収差の影響を受けた実際の像の高さ y' との誤差の，βy に対する割合を表す．よって，このように歪曲を定義すれば，式(2.162)や式(2.163)等で表現される射影関係も，中心射影に然るべき比率の歪曲の影響が加わったものとして考えることもできる．また，これらの射影関係が成立している場合を含めて，歪曲収差は，物体高あるいは主要点への入射角度を変数とした様々なタイプの光学系固有の関数として，一般的に表現され得る．したがって大きな意味での結像関係を表す関数 $G(\omega)$ を用いて，式(2.160)，式(2.162)，式(2.163)と同様に像の大きさをより一般的に表現すれば，

$$y' = b G(\omega) \tag{2.165}$$

となる．上述の場合と同様に，物体高 y の位置から，光学系の前側主点に入射する光線（主光線）の入射角度 ω の関数として y' は表現されている．この場合も明らかに物体側では以下の関係が成り立っている．

$$y = a \tan \omega \tag{2.166}$$

ここで，式(2.165)で一般的に表される射影関係において，物平面上の微小

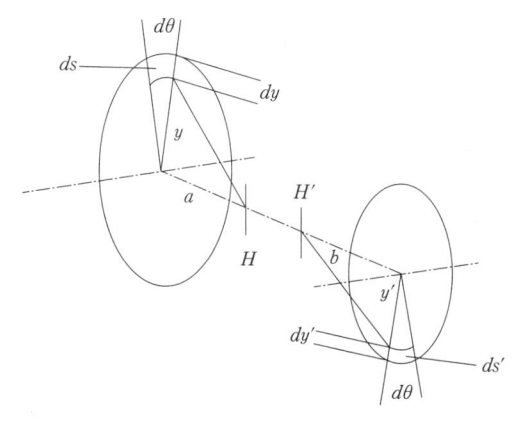

図 2.66 微小面積の結像

面積 ds と，像平面におけるその像，微小面積 ds' の比について考えてみよう．

図 2.66 にあるように，光軸について回転対称な光学系を考え，物平面上に光軸とこの平面の交点を中心とした微小角度 $d\theta$ を持つ扇形の一部を，中心からの距離 y ところで，微小長さ dy で切り取った微小面積 ds を考えよう．光軸を含むメリディオナル断面内に存在する光線は，光軸に対して回転対称性を持つ光学系においては，この断面内に常に存在する．したがって ds の像 ds' はやはり，光軸と像平面の交点を中心とした微小開き角度 $d\theta$ を持つ扇形の中に存在することとなる．このときの dy に対応する ds' の微小幅を dy' とすれば

$$ds = y\,d\theta\,dy \tag{2.167}$$

$$ds' = y'\,d\theta\,dy' \tag{2.168}$$

となる．ここでもし，物体側の ω と y の関係を，像側と同様に，関数 $F(\omega)$ を導入して

$$y = aF(\omega) \tag{2.169}$$

と表現すれば，

$$dy = aF'(\omega)d\omega$$

となる．よって，式 (2.167) より，

$$ds = a^2 F(\omega) F'(\omega) d\theta d\omega \tag{2.170}$$

となる．同様に式 (2.168) より，

$$ds' = b^2 G(\omega) G'(\omega) d\theta d\omega \tag{2.171}$$

となり，よって，ds と ds' の比は，

$$\frac{ds}{ds'} = \frac{a^2}{b^2} \cdot \frac{F(\omega)F'(\omega)}{G(\omega)G'(\omega)} \tag{2.172}$$

として表される．

2.8.3 射影関係と周辺光量比

式 (2.134) にあるように，口径蝕がなく，無収差の光学系，完全拡散面光源，あまり大きくない光束の開き角を仮定して，開口絞りを角度 θ で通過する軸外光束の立体角中に含まれる放射束を Φ'，軸上光束に含まれる放射束を Φ とすれば（図 2.67），以下の関係が成り立つ．

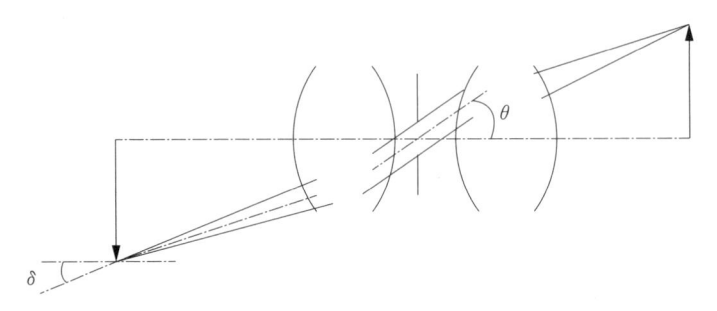

図2.67 周辺光束主光線の角度 θ

$$\frac{\Phi'}{\Phi} = \cos^4\theta \tag{2.173}$$

よって，式(2.173)に射影関係の影響を考慮して，軸上と軸外の像面照度比を考えると，

$$\frac{E'}{E} = \frac{\Phi'}{\Phi}\left\{\frac{(ds')_0}{(ds')_\omega}\right\} = \left\{\frac{\left(\frac{ds}{ds'}\right)_\omega}{\left(\frac{ds}{ds'}\right)_0}\right\}\cos^4\theta \tag{2.174}$$

となる．式(2.174)から，$\omega=0$ における軸上の ds と ds' の関係は，

$$\left(\frac{ds}{ds'}\right)_0 = \frac{a^2}{b^2}$$

であるので，式(2.174)は式(2.172)より，

$$\frac{E'}{E} = \frac{F(\omega)F'(\omega)}{G(\omega)G'(\omega)}\cos^4\theta \tag{2.175}$$

この式(2.175)が，上述の仮定において，歪曲を含む射影関係を考慮した周辺光量比を表す．ここでの角度 ω は射影関係を表すもの，つまり主点位置・物体高とともに像高を指定するための角度であり，軸外主光線の開口絞りにおいての通過角度 θ とは全く異なる意味を持った値である．

ちなみに，これまで取り扱ってきた中心射影の場合には，式(2.159)と式(2.160)より，

$$F(\omega) = G(\omega) = \tan(\omega)$$

となるので，これまでの結論の通り，

$$\frac{E'}{E} = \cos^4\theta$$

また，射影関係が式(2.163)で表される正射影の場合には，

$$F(\omega)F'(\omega) = \frac{\sin \omega}{\cos \omega} \cdot \frac{1}{\cos^2 \omega} \tag{2.176}$$

$$G(\omega)G'(\omega) = \sin \omega \cos \omega \tag{2.177}$$

よって，式(2.175)より，

$$\frac{E'}{E} = \frac{\cos^4 \theta}{\cos^4 \omega} \tag{2.178}$$

よって，例えば前群における瞳と絞りの結像倍率が等倍に近く，入射瞳位置と主平面位置が非常に接近している場合には，式(2.178)は，

$$\frac{E'}{E} \approx 1$$

となり，周辺減光が起こらないことが理解できる．このような射影関係に近いものは魚眼レンズに多く利用されていて，物体側で180度近い画角の範囲を，有限な大きさの像平面上に射影することが可能になる．式(2.163)からも明らかなように，自ずと画面周辺部分の情報は圧縮されることになり，周辺光量が低下しないこともこの理由による．結像する図形の歪みが直接は問題にならない照明系においては，この正射影レンズは重要な役割を果たす．

2.8.4 歪曲収差量を直接用いる表現

式(2.175)においては，歪曲収差の影響を画角を表す角度 ω による関数として表現したが，より直接的に，像高による関数としての歪曲収差を用いて周辺光量比を導こう．この方法は，中心射影を基本とした場合に歪曲収差の照度への影響を考慮せねばならないときには実用的である．

さて，式(2.164)より，

$$y = \frac{y'}{\beta(D+1)} \tag{2.179}$$

であり，また，上述の場合と同様に考えて，

$$\frac{ds}{ds'} = \frac{y}{y'} \cdot \frac{dy}{dy'} \tag{2.180}$$

となる．ここで，D は y' の関数と考えられるので，式(2.179)を y' で微分すると，

$$\frac{dy}{dy'} = \frac{1}{\beta} \cdot \frac{(D+1) - y'\left(\frac{dD}{dy'}\right)}{(D+1)^2} \tag{2.181}$$

となり，また，

$$\frac{y}{y'} = \frac{1}{\beta(D+1)} \tag{2.182}$$

である．よって，式(2.180)～式(2.182)より，

$$\frac{ds}{ds'} = \frac{1}{\beta^2} \cdot \frac{(D+1) - y'\left(\frac{dD}{dy'}\right)}{(D+1)^3} \tag{2.183}$$

となり，よって式(2.174)より，

$$\frac{E'}{E} = \frac{(D+1) - y'\left(\frac{dD}{dy'}\right)}{(D+1)^3} \cos^4 \theta \tag{2.184}$$

となる．

歪曲収差 D が大きな正の値を取るとき，コサイン4乗則で予測するよりも大きな周辺光量比の低下が起きる可能性があることが理解できる．

2.8.5 瞳の収差と周辺光量比

ここまで数節に渡り，周辺光量比について考えてきた．上述の完全拡散面光源，無口径蝕，無収差光学系などの仮定のもとでは，式(2.173)に射影関係による像面上における微小面積の結像倍率への影響を考慮すれば，周辺光量比を推定することができるわけである．

式(2.173)においては，軸外の正弦条件をもとに，軸外光束主光線の開口絞りを通過する際の角度 θ により，軸上・軸外光束に含まれるエネルギーの比

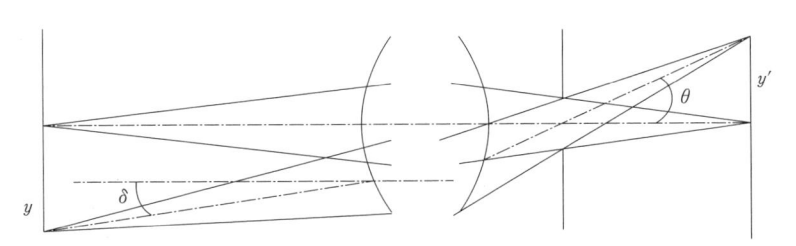

図 2.68 軸上・軸外光束による入射瞳径の比較

が表されている．大きな光束の開き角に対しては，いずれにしても誤差を持ってしまうのにも関わらず，このような比較的複雑な経路で周辺光量比を導いたのは，従来の瞳が主平面の極近傍に存在することを前提にした周辺光量比の考え方が，近年，多用されるテレセントリック光学系などに代表される，瞳位置が主点位置から大きく異なった光学系においては，成り立たないからである．

　2.7節で考えたように，図2.68の光学系においては軸外の入射光束の立体角が軸上光束の立体角にくらべ，最終的に式(2.173)でそこに含まれるエネルギー比が表されているように，小さくなる．このことは，軸上結像および軸外結像に対するそれぞれに異なる入射瞳の大きさが存在すること，瞳収差の存在を意味している．

　軸上付近，軸外におけるコマ収差補正のための条件，正弦条件を考えることにより，式(2.173)としてこの瞳収差の影響を立体角比として具体的に表現することが可能となった．図2.67の光学系においても，絞りより前の光学系に正弦条件の成立を一般的なものとして仮定したので，同様に簡潔に瞳収差の結果として，周辺光量比の計算に式(2.173)を用いることができるわけである．また前部光学系の結像において，正弦条件の成立を仮定しない場合には，以下の様に瞳収差の存在を3次収差領域で検討することができる．

　射出瞳は図2.67にある様な系の前部光学系においては絞りそのものとなり，この射出瞳の像，あるいは絞りの像であるところの入射瞳について考えると，瞳収差には物体収差に対応して様々な種類の収差が存在する．しかし，物点位置の高さにより変化する，その物点からの光束によって決められる入射瞳径は周辺光量に影響を与え，瞳結像において射出瞳縁（この場合は絞り内径）上の1点から，それぞれ異なる角度で射出する同族光束内の光線の，近軸入射瞳平面上の通過位置により決まる．ゆえに，同族軸外光束内の光線が，その進行方位の微小な違いにより像面上の到着点を異にする現象をいうコマ収差こそが，この検討すべき瞳収差の内容であると考えることができる（図2.69）．本書では詳しくは触れないが，

$$\sin\theta = \theta - \frac{\theta^3}{3!}$$

なる3次近似を用いて収差を計算する場合，様々な種類の収差について，その光学系固有の係数が存在する．この収差係数を把握することは，光学系全体の

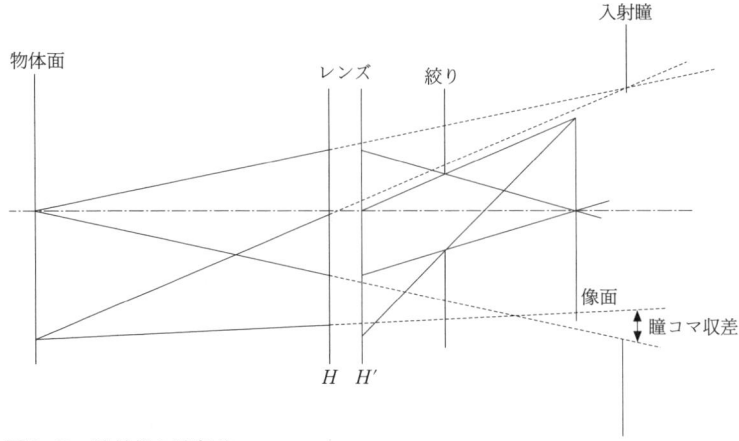

図 2.69 瞳結像と瞳収差

収差の組成や性質をつかむのに有益である．この収差係数は物体・像間の通常の結像においてのみならず，瞳の結像においても種々の物体の収差係数に対応して存在する．ここで，3次の物体の歪曲収差係数を V とし，3次の瞳のコマ収差係数を II^s とすれば，これら収差係数間に次なる関係が成り立つ[13][21][35]．

$$II^s - V = \left(\frac{\bar{a}'}{N'}\right)^2 - \left(\frac{\bar{a}}{N}\right)^2 \tag{2.185}$$

N および N' はそれぞれ物界と像界における媒質の屈折率であり，$\bar{a}$ は軸外物点から瞳への入射主光線の光軸となす角度，$\bar{a}'$ は瞳から像点への射出主光線の光軸となす角度である．物界および絞りの存在する空間の屈折率をそれぞれ等しく1とし，前部光学系に歪曲収差が存在しないで，図2.67の様に軸外光束主光線の光学系への入射角度 δ，絞り面への入射角度 θ を考えれば，式(2.185)は，

$$II^s = \theta^2 - \delta^2 \tag{2.186}$$

となる．

式(2.186)から理解できるように，θ と δ が等しいとみなせる程にその差が小さい場合にのみ，3次収差領域では瞳のコマ収差が存在せず，入射瞳径が軸上光束および軸外光束それぞれに対し等しいと考えることができる．

2.9 球面収差が残存する場合の正弦条件

ここまでは正弦条件を考える場合には，球面収差が補正されていることが前提であった．しかし実際の光学系では，何らかの形で球面収差が補正されないで残存している状態が一般的である．そこで本節では，球面収差がある程度残存する光学系における，光軸近傍にコマ収差の存在しない条件，正弦条件について考える．この正弦条件が充たされれば，光学系の結像は光軸近傍において均一になる．

2.9.1 正弦法則

まず，球面収差残存下における正弦条件を求める準備として，正弦法則を導こう．図 2.70 にある様に諸元を設定する．半径 r の球面状の屈折面を挟んで媒質の屈折率が n と n'，光軸上の点を P_0 として，やはり光軸上のその近軸像点を P'_0 とする．また，P_0 と同一平面上に軸外物点 P をとると P'_0 を含む平面上にやはり P の近軸像点 P' を定義することができる．このとき，P_0P と P'_0P' の長さをそれぞれ h および h' と置こう．また，P_0 を発し球面上，そして紙面上の点 Q に入射する光線を考えれば，この光線はこの面で屈折を受け，光軸上の点 T'_0 を通過する．一般的に，収差が存在するので T'_0 と P'_0 は一致しない．$T'_0P'_0$ を縦の球面収差と呼ぶ．また P_0 から射出する光線の光軸との角度を a，屈折後の光線の光軸となす角度を a' とし，光線の面法線に対する入

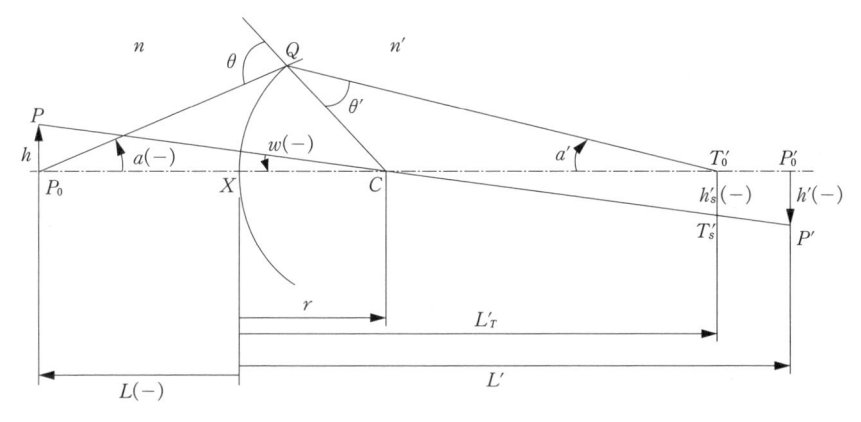

図 2.70 正弦法則の導出

射角と屈折角をそれぞれ θ と θ' とする．そして，P_0 から屈折面と光軸の交点 X までの距離を L，X から T'_0 までの距離を L'_T，X から P'_0 までの距離を L' とする．

すると，図から明らかなように，C から $P_0 Q$ を通る直線への垂線を考え，

$$\frac{\sin \alpha}{r} = \frac{\sin \theta}{L-r} \tag{2.187}$$

また，C から線分 QT'_0 への垂線を考えて，

$$\frac{\sin \alpha'}{r} = \frac{\sin \theta'}{L'_T - r} \tag{2.188}$$

よって，式(2.187)と式(2.188)より，

$$\frac{L'_T - r}{L - r} = \frac{\sin \alpha}{\sin \alpha'} \cdot \frac{\sin \theta'}{\sin \theta} \tag{2.189}$$

となる．また，Q における屈折においてはスネルの法則が成り立っているので，

$$n' \sin \theta' = n \sin \theta \tag{2.190}$$

よって，式(2.189)と式(2.190)より，

$$\frac{L'_T - r}{L - r} = \frac{n}{n'} \cdot \frac{\sin \alpha}{\sin \alpha'} \tag{2.191}$$

となる．

ここで，P から C に向かい射出する光線を考えれば，C は曲率中心であるので光線は屈折を受けない．またこの光線を主光線とするサジタル面（紙面と垂直な面）内において，メリディオナル面上の角度 α と同じ大きさの開き角を正負の方向で持つ一対のサジタル光線の組を考えよう．もし，物体高 h が微小であれば像面の曲がりが無視でき，光線 $P_0 Q T'_0$ と同じ平面上での結像条件を考えることができるので，これらのサジタル光線は T'_0 を含む光軸と垂直な平面と PC を通る直線の交点 T'_s で交わると考えられる．よって，$T'_0 T'_s$ の距離を h'_s と置けば，

$$\frac{h'_s}{h} = \frac{L'_T - r}{L - r} \tag{2.192}$$

となり，式(2.191)，式(2.192)より，

$$n' h'_s \sin \alpha' = n h \sin \alpha \tag{2.193}$$

となる．この式(2.193)を正弦法則と呼ぶ．ここまでの導出から理解できる様に，正弦法則における各辺の量は，アッベの不変量[13][35]のように多数の屈折

面が存在する場合にも保存され，式(2.193)において左辺を像界，右辺を物界における量と考えることができる．

2.9.2　球面収差残存下においての正弦条件

後述の3.1節の波面収差展開式より，4次のコマ収差の項で物体高 y を理想的像高 h' に置き換え，u' と v' を瞳上座標として書き出すと，

$$W(h';u',v')=C_1 h' v'(u'^2+v'^2) \tag{2.194}$$

と表せる．この式(2.194)を1次（primary）のオーダーのコマ収差と呼び，この形を基本として，像高 h' との線形性を保ちつつ瞳上座標に対する高い次数に対応する項が，波面収差展開式には含まれる．基本的にはコマ収差とは像高，瞳上座標に依存して変化し，光軸を含むメリディオナル断面内において光束の対称性を失っている収差全般をいうのであるが，ここでは光軸近傍のコマ補正について考えているので，像高 h' の高次の項については無視をすることとしよう．ただし，正弦条件は，光学系の明るさ NA に対しては大きな値に対応できなければならないので，瞳の口径に依存する高次項は無視できない．よって正弦条件による補正の対象となる収差量を，各次数の $h'v'$ に比例するコマ収差項の和として，

$$W(h';u',v')=h'\sum_{m=1}^{\infty} C_m v'(u'^2+v'^2)^m \tag{2.195}$$

と表現する．この式(2.195)を線形のコマ収差と呼ぶ．C_m はそれぞれの次数における光学系固有の係数を表す．

さて，ここで後述する波面収差と光線収差の関係から，R を参照球面半径として，

$$\begin{aligned}\Delta y_m &= \frac{R}{n'}\cdot\frac{\partial W}{\partial v'}=\frac{Rh'}{n'}\sum_{m=1}^{\infty}C_m\{(u'^2+v'^2)^m+2mv'^2(u'^2+v'^2)^{m-1}\}\\ &=\frac{Rh'}{n'}\sum_{m=1}^{\infty}C_m\{u'^2+(2m+1)v'^2\}(u'^2+v'^2)^{m-1}\end{aligned} \tag{2.196}$$

また，瞳座標上で $(u',v')=(a\cos\theta, a\sin\theta)$ と表現できる半径 a の輪帯上の任意の位置を通過する光線を考えれば，式(2.195)より，

$$W(h';u',v')=h'v'\sum_{m=1}^{\infty}C_m a^{2m}$$

さらに，瞳座標上の $(u',v')=(0,a)$ を通過する光線を考えれば，

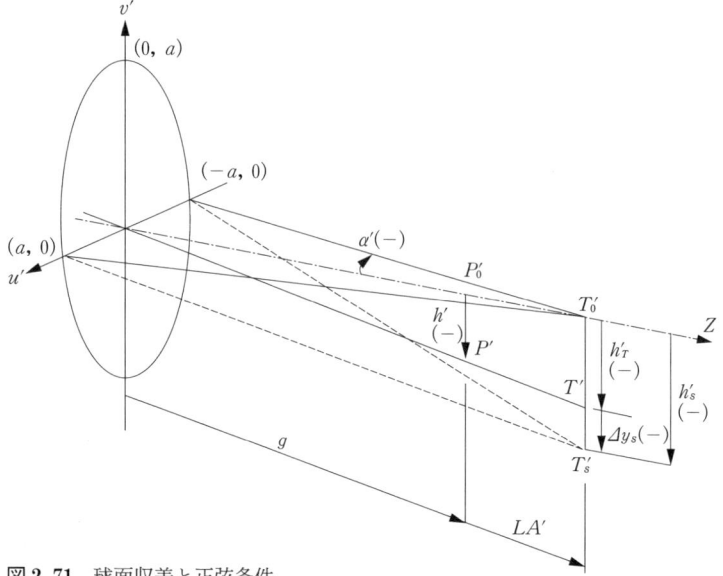

図 2.71 球面収差と正弦条件

$$W(h'; 0, a) = h'a \sum_{m=1}^{\infty} C_m a^{2m} \tag{2.197}$$

となる．この場合，h' と a は共に 0 ではないので，$W(h'; 0, a)=0$ であれば，瞳上の半径 a の輪帯における線形コマ収差は存在しないことがわかる．

ここでサジタル方向にも同様に，$(u', v')=(\pm a, 0)$ の光線を考えると，メリディオナル面内の収差 Δy_S は式(2.196)より，

$$\Delta y_S = \frac{Rh'}{n'} \sum_{m=1}^{\infty} C_m a^{2m}$$

となり，さらに式(2.197)より，

$$= \frac{R}{n'a} W(h'; 0, a) \tag{2.198}$$

となる．

ここで図 2.71 にある様に諸元を定める．P', P_0', 角度 a, T_0', T_S', h', h_S' などの量は，相対的な比が変わっているが図 2.70 の屈折後の状態を像界に置き換えた場合と同じ意味を持つ．T_0' は球面収差を持つ軸上の像点である．また，T' は瞳の中心と，球面収差がない場合の軸外の理想像点 P' を通過する主光線が，T_0' を含む周辺光束の合焦面と交わる点である．さらに，g は射出瞳か

ら近軸像平面までの距離(瞳位置)を表す.

瞳面上, $(a, 0)$ と $(-a, 0)$ を通過するサジタル光線は,光学系が収差として既述の残存球面収差とコマ収差のみを持つとすれば, T' とは異なる点 T'_S でこの平面と交わるはずである. $T'T'_S$ の距離を収差量 Δy_S と置こう.この量はサジタルコマと呼ばれる. T'_0 から T' の距離を h'_T と置けば,縦の球面収差を LA' として,

$$\frac{h'_T}{h'} = \frac{g + LA'}{g} \tag{2.199}$$

となり,よって,

$$\Delta y_S = h'_S - h'_T = h'_S - \frac{g + LA'}{g} h' \tag{2.200}$$

となる.

ここで,上述の正弦法則を考えると,各面の計算におけるこの量は保存され,始めの物界側の値と最終的な像界における値に対しても正弦法則が成り立つので,光学系全体に対してもまったく同様の式を考えることができ,

$$n' h'_S \sin \alpha' = n h \sin \alpha \tag{2.201}$$

よって,式(2.200)より,

$$\Delta y_S = \frac{n \sin \alpha}{n' \sin \alpha'} h - \frac{g + LA'}{g} h' \tag{2.202}$$

となる.

ここで,半径 R の参照球面上で考えれば,

$$\frac{a}{R} = \sin \alpha' \tag{2.203}$$

であり,また式(2.198)から,

$$W(h'; 0, a) = \frac{n' a}{R} \Delta y_S = n' \Delta y_S \sin \alpha' \tag{2.204}$$

よって,式(2.202)を式(2.204)に代入して,

$$W(h'; 0, a) = -\frac{g + LA'}{g} n' h' \sin \alpha' + n h \sin \alpha \tag{2.205}$$

である.

従って,光線追跡により得られる軸上光線の球面収差,射出角度,そして射出瞳位置さえ得られれば,物体高 h に対応する線形コマの波面収差量が式(2.205)により計算できる.また,式(2.205)から明らかな様に,球面収差の存

在する場合にのみコマ収差量は瞳位置 g に依存している．そして，この式の（あるいは式(2.202)の）右辺を0にする条件が，球面収差 LA' が残存している場合の正弦条件となる．この正弦条件が満足されているとき，光軸付近の微小な物体に対し，開き角 α，あるいは座標 $(0, a)$ および $(\pm a, 0)$ が含まれる瞳上の任意の輪帯に入射する光線に対して，開口についての高次の線形コマ収差が除かれる．もし，上記の1次 (primary) の線形コマの影響のみが顕著で，他の項の影響が無視できる場合には，仮に正弦条件がある輪帯において成立しているとすれば，式(2.194)より明らかに $C_1=0$ となる．よって，すべての輪帯で同様のコマ収差は発生しない．

また，高 N.A. に対応するためには参照球面が深くなるので，

$$g = R\cos\alpha' \tag{2.206}$$

として参照球面の半径を考えるべきである．

さて，以下の量を OSC′ (Offense against the Sine Condition) 正弦条件不満足量と呼び，線形コマ収差量の目安とされる[51]．β は近軸結像倍率である．式(2.201)および式(2.202)から，

$$\begin{aligned}\text{OSC}' &= \frac{\Delta y_S}{h'_T} = \frac{\Delta y_S}{h'_S - \Delta y_S} = \frac{g}{g + LA'} \cdot \frac{nh\sin\alpha}{n'h'\sin\alpha'} - 1 \\ &= \frac{1}{\beta}\left\{\frac{g}{g+LA'} \cdot \frac{n\sin\alpha}{n'\sin\alpha'} - \beta\right\}\end{aligned} \tag{2.207}$$

となる．球面収差が残存しない場合には，式(2.207)の中括弧内は，式(2.100)における正弦条件に対する不満足量を表している．

ここで，無限倍率の場合の上記，正弦条件について触れる．図2.70の入射光線を，今度は高さ h で入射面に入射する光軸との平行光に置き換える．また，曲率中心 C を狙う光線が光軸となす角度を w とする．そして，上述と同様に正弦法則を考えると，

$$nhw = h'_S n'\sin\alpha' \tag{2.208}$$

となり，h'_S について解き直し，式(2.200)に代入すると，

$$\Delta y_S = \frac{nhw}{n'\sin\alpha'} - \frac{g+LA'}{g}h' \tag{2.209}$$

となる．

ところで，近軸理論における無限倍率のラグランジュの不変量は，最終面の軸上光線の光軸とのなす角度を $u'(+)$ として，

$$nhw = n'h'u' \tag{2.210}$$

となるので，式(2.210)を式(2.209)に代入して，またサジタル・コマを0と置いて，

$$0 = \frac{u'}{\sin \alpha'} - \frac{g + LA'}{g} \tag{2.211}$$

である．

像側焦点距離 f' を用いると，

$$u' = \frac{h}{f'}$$

よって式(2.211)より，

$$h = \frac{g + LA'}{g} f' \sin \alpha' \tag{2.212}$$

同様にして式(2.208)と式(2.209)から OSC′ を求めると，

$$\text{OSC}' = \frac{1}{f'} \left\{ \frac{g}{g + LA'} \cdot \frac{h}{\sin \alpha'} - f' \right\} \tag{2.213}$$

となり，$LA' = 0$ の場合，やはり中括弧内は球面収差が残存しない場合の正弦条件違反量を表している．

第3章
波面収差

3.1 波面収差

 点光源から射出した多数の光線が像面上で再び点として集まらず，ある面積の範囲に散らばり存在する現象が一般的な光学系において起こる．これらの散らばりを収差と呼び，光学系を製作する際には必ず考慮せねばならない量である．またこの収差量を，光学的要素の適切な設定により，光学系の使用目的に応じた程度に押え込むことは，光学設計者の重要な仕事の1つでもある．

 収差というものは，上述の多数の光線追跡の結果などからすると，一見，捉えどころのない無秩序なものの様に感じられるが（図3.1），様々な基本的なタイプに分類・整理され，それらの性質が検討されていて，そこから生み出される理論は，光学系の設計，製作，そして利用に際して非常に重要な役割を果たしている．本節ではこの様な収差論の基本となる，また，幾何光学と，より精密な波動光学的評価を直接結び付ける波面収差について述べる．

3.1.1 波面収差と光線収差

 点光源から光線が出発し，光学系を通過し結像が起きている場合を考えよう．光学系に入射する光線は，波面の定義からすると，物界で球面状の波面を形成

図3.1 スポット・ダイヤグラムに現れる収差

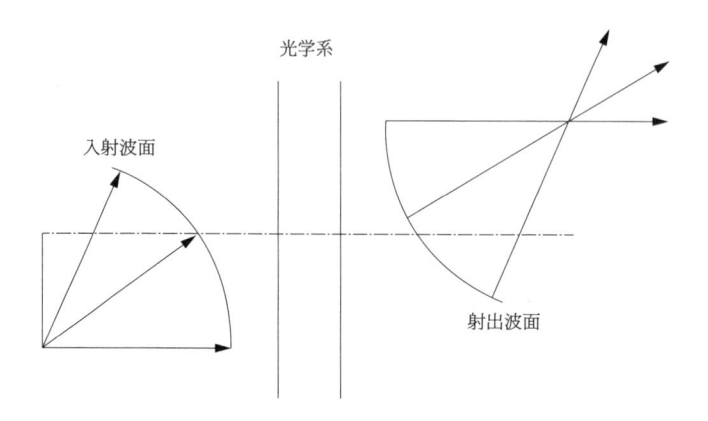

図 3.2 無収差の光学系による波面

しつつ光学系に入射し，もし無収差の幾何光学的理想結像が起きているとすれば，光学系を射出し理想像点に向かう光線も理想像点を中心とする球面状の波面を形成するはずである．この波面は理想像点からの等位相面として，像点から等しい距離を保ちつつ，1 点に収束していく（図 3.2）．

もし，仮に光学系を光線が通過することにより収差が発生するとすれば，1 点から射出した光線は 1 点に収束せず，理想像点の近傍を通過することになる．波面の接平面にそれぞれの光線は直交するわけであるから，この場合，光学系射出後の波面は無収差の場合と異なり，変形し球面状にならない．この理想状態の波面形状からの，各光線に沿っての波面の偏差を波面収差と呼ぶ．

また，見方を変えれば，光学系により波面の歪みが生じ，その結果，波面に直交する光線が 1 点に収束しなくなると考えることもできる．像面上，これら光線の到着点の理想像点からの偏差を光線収差と呼ぶ．スポット・ダイヤグラム，あるいは実際の写真画像等におけるレンズ系による画像の乱れは，幾何光学的には光線収差そのものである．

ここで，波面収差量と光線収差量の関係を具体的に考えてみよう．

回転対称性を持った共軸光学系を考え，図 3.3 にある様に諸元を設定する．物体面上の点光源を $P(x, y)$，像面上の P の理想像点を $P_0'(x_0', y_0')$ として，光学系を入射瞳平面および射出瞳平面で代表させる．P からの任意の射出光線が入射瞳上，射出瞳上のそれぞれ Q_E および Q_E' なる点を通過して像面上の P_0' と異なる点 $P'(x', y')$ を通過するとすれば，$P_0'P'$ の距離が光線収差を表

3.1 波面収差 ——— 117

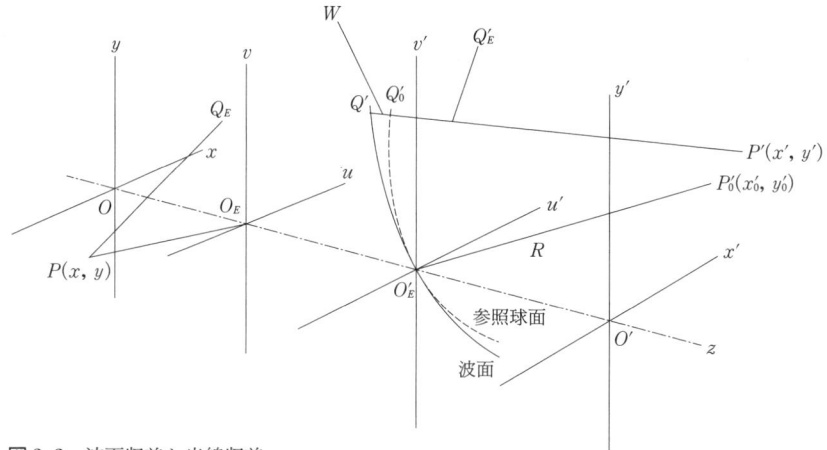

図3.3 波面収差と光線収差

す．O_E, O_E' を両瞳の中心とし，光軸との交点とすれば，$O_E'P_0'$ は光学系の開口絞りを極限まで絞った場合の光学系射出後の理想的な主光線を表す．また，理想像点を中心とした点 O_E' を含む球面を，この場合の基準となる理想的な球面状の波面であるところの参照球面と考える．このとき，$O_E'P_0'$ の距離を参照球面半径 R と置く．また，参照球面と射出光線 $Q_E'P'$ との交点を瞳座標上で $Q_0'(u', v', w')$ とし，また O_E' を含む実際の収差を持った波面を考え，射出光線との交点を Q' とする．一般的には波面収差 W は $Q'Q_0'$ 間の光路長として定義される．(Q' から P_0' に達する経路に沿っての，実波面と参照波面間の距離と，$Q'Q_0'$ 間の光路長差については参考文献 [14] において検討されている．)

さて，参照球面の方程式より，

$$(u'-x_0')^2+(v'-y_0')^2+w'^2=R^2 \tag{3.1}$$

であり，w' は u' と v' の関数として表せるので，点 P の座標が決まっていれば，波面収差を $W(u', v')$ なる関数として考えることができる．光路長を大括弧で表せば波面収差は，上述の通り実光線に沿った

$$W(u', v')=[PQ_0']-[PQ'] \tag{3.2}$$

としてよい．Q' と O_E' とは実在の同波面上に存在するので，

$$[PQ']=[PO_E'] \tag{3.3}$$

よって式(3.2)は，

$$W(u', v')=[PQ_0']-[PO_E'] \tag{3.4}$$

よって，アイコナールで式(3.4)を表現すると，O'_E と O' の距離を D として，
$$W(u', v') = L\{u', v', w'(u', v')\} - L(0, 0, D) \tag{3.5}$$
ここで，波面収差 W を瞳座標 u' で微分すると，これは微小な u' の変位に対する W の変化の総量を表すので，
$$\frac{\partial W}{\partial u'} = \frac{\partial L}{\partial u'} + \frac{\partial L}{\partial v'} \cdot \frac{\partial v'}{\partial u'} + \frac{\partial L}{\partial w'} \cdot \frac{\partial w'}{\partial u'} = \frac{\partial L}{\partial u'} + \frac{\partial L}{\partial w'} \cdot \frac{\partial w'}{\partial u'} \tag{3.6}$$
となる．さらに，ここで，以下のベクトル
$$\mathrm{grad}\, L = \left(\frac{\partial L}{\partial u'}, \frac{\partial L}{\partial v'}, \frac{\partial L}{\partial w'} \right) \tag{3.7}$$
を考えれば，これは $L = \mathrm{const.}$ の等位相面，つまり波面の法線ベクトルであり（付録D参照），また，その大きさは式(1.13)のアイコナール方程式より，像界の媒質の屈折率 n' である．

ゆえに，実波面が Q'_0 の位置に到達した場合を考えると，式(3.7)のベクトルの方向は光線 $Q'_0 P'$ と一致し，ベクトルの大きさが n'，そして3つの方向余弦成分の2乗の和が1になることを考えれば，$Q'_0 P'$ の長さを R' として，
$$\frac{1}{n'} \cdot \frac{\partial L}{\partial u'} = \frac{x' - u'}{R'} \tag{3.8}$$
$$\frac{1}{n'} \cdot \frac{\partial L}{\partial w'} = \frac{-w'}{R'} \tag{3.9}$$
となる．また，式(3.1)を変形して
$$w' = \sqrt{R^2 - (v' - y'_0)^2 - (u' - x'_0)^2} \tag{3.10}$$
よって，w' を u' で微分して，
$$\frac{\partial w'}{\partial u'} = \frac{-u' + x'_0}{w'} \tag{3.11}$$
式(3.6)に式(3.8)，式(3.9)，式(3.11)を代入して，
$$\frac{\partial W}{\partial u'} = \frac{(x' - x'_0) n'}{R'} \tag{3.12}$$
ここで，
$$\varDelta x = x' - x'_0 \tag{3.13}$$
なる量を考えれば，これは光線収差の x 成分に他ならず，式(3.12)より，
$$\varDelta x = \frac{R'}{n'} \cdot \frac{\partial W}{\partial u'} \tag{3.14}$$
まったく同様にして，y 成分についても，

$$\varDelta y = \frac{R'}{n'} \cdot \frac{\partial W}{\partial v'} \tag{3.15}$$

として光線収差を求めることができる．

式(3.14)と式(3.15)は正確な波面収差による光線収差の表示であるが，その中に R' という光線収差に直接依存する量を含む．もし，R や R' 等の長さに比べ，光線収差量が十分に小さいと見なすことが可能であれば，

$$R' \approx R$$

と近似して（近似の精度については [47][58] 参照），式(3.14)および式(3.15)は，

$$\varDelta x = \frac{R}{n'} \cdot \frac{\partial W}{\partial u'} \tag{3.16}$$

$$\varDelta y = \frac{R}{n'} \cdot \frac{\partial W}{\partial v'} \tag{3.17}$$

とすることができ，これらの式を用いて，波面収差から光線収差を求めることが可能になる．

また，波面収差 W の全微分は，

$$dW = \frac{\partial W}{\partial u'} du' + \frac{\partial W}{\partial v'} dv' \tag{3.18}$$

であり，式(3.18)に式(3.16)と式(3.17)を代入し，$W(0, 0)=0$ なので，

$$W(u', v') = \frac{n'}{R} \int_0^{u'} \varDelta x \, du' + \frac{n'}{R} \int_0^{v'} \varDelta y \, dv' \tag{3.19}$$

とし，この式(3.19)により，光線収差から波面収差を得ることができる．

3.1.2 回転対称な光学系における波面収差の展開式

ここまで，波面収差 W は，実際には物体面上の x 座標と y 座標，射出瞳面上の u' 座標と v' 座標の4つの変数により定まると考えてきた．さて，ここで，図3.4にある様に上記平面に極座標系を導入して，各変数を

$$x = r_0 \cos \theta_0 \qquad u' = r \cos \theta$$
$$y = r_0 \sin \theta_0 \qquad v' = r \sin \theta$$

と置く．すると，光学系に，光軸についての回転対称性が存在すると考えれば，波面収差 W は実は r_0 および r，そして，これら2つの動径のなす角度 $\theta - \theta_0$ のみにより決まってしまうことが理解できる．よって，以下のベクトル

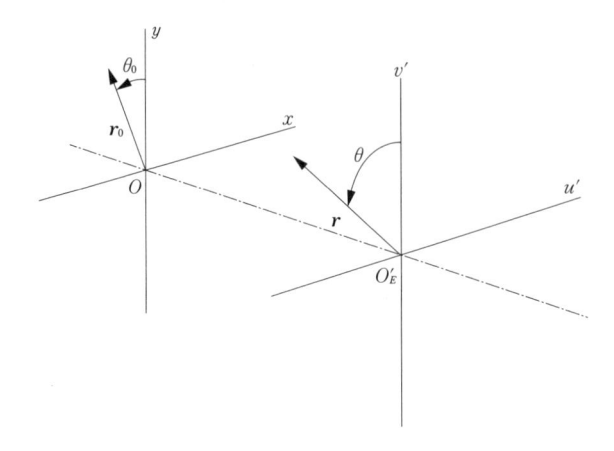

図 3.4 光線通過点の極座標表示

$\boldsymbol{r}_0(x, y) \qquad \boldsymbol{r}(u', v')$

を考えれば，波面収差は

$$\boldsymbol{r}_0 \cdot \boldsymbol{r}_0 = x^2 + y^2 \tag{3.20}$$

$$\boldsymbol{r} \cdot \boldsymbol{r} = u'^2 + v'^2 \tag{3.21}$$

$$\boldsymbol{r}_0 \cdot \boldsymbol{r} = r_0 r \cos(\theta - \theta_0) = xu' + yv' \tag{3.22}$$

の 3 種類の変数のみを持つ関数により表現することが可能である．式(3.20)～式(3.22)における量は，以下に示す，光軸を中心とした角度 α の座標系回転後においても変化しない．

$x = x' \cos\alpha - y' \sin\alpha \qquad y = y' \cos\alpha + x' \sin\alpha$

$u' = u'' \cos\alpha - v'' \sin\alpha \qquad v' = v'' \cos\alpha + u'' \sin\alpha$

また，さらに回転対称性を考慮すれば，物体面上，物点が $x=0$ として y 軸上に必ず存在すると考えても，波面収差を考える場合に一般性を失わない．その場合，式(3.20)および式(3.22)は，

$$\boldsymbol{r}_0 \cdot \boldsymbol{r}_0 = y^2 \tag{3.23}$$

$$\boldsymbol{r}_0 \cdot \boldsymbol{r} = r_0 r \cos(\theta) = yv' \tag{3.24}$$

となる．よって，共軸光学系における波面収差を冪級数展開することを考えると，その一般形式は，光学系の構成，物点位置により決められる係数 $a_0, b_0, b_1, \cdots$ を用いて，

$$W(0, y ; u', v') \equiv W(u'^2+v'^2, yv', y^2)$$
$$= a_0 + b_0 y^2 + b_1(u'^2+v'^2) + b_2 yv' + c_0 y^4 + c_1(u'^2+v'^2)^2$$
$$+ c_2 y^2 v'^2 + c_3 y^2 (u'^2+v'^2) + c_4 y^3 v' + c_5 yv'(u'^2+v'^2)$$
$$+ d_0 y^6 + d_1(u'^2+v'^2)^3 + d_2 y^3 v'^3 + \cdots \quad (3.25)$$

と表現することができる．式(3.25)を基にして，共軸光学系における様々なタイプの収差の分類が可能となる．また，式(3.25)は式(3.21)，式(3.23)，式(3.24)にある通り，物体高あるいは像高と，極座標表示された射出瞳面座標の光線通過位置を示す動径とその角度 θ によって表現することもできる．

ここで，式(3.25)における，変数のタイプのちがいにより分類される各項の内容について検討してみよう．まず，

$$W_0 = a_0 + b_0 y^2 + c_0 y^4 + d_0 y^6 + \cdots \quad (3.26)$$
$$W_2 = b_1(u'^2+v'^2) + b_2 yv' \quad (3.27)$$

を考える．

式(3.26)における項により表される収差は，y 座標つまり物点の位置のみにより決まり，光線が光学系を通過する際の瞳座標には依存しない．このことは，瞳のどの位置を通った光線も同じ波面収差を持つことを意味する．よって，参照球面と実際の波面は同心球面となっているはずである．この場合は，参照球面半径の取り方により波面収差は消える．通常，式(3.26)で表される量は収差とは呼ばれない．

式(3.27)における項は式(3.25)の W_0 における項以外の 2 次の項である．ここで上述の波面収差と光線収差の関係から，

$$\varDelta x = R\frac{\partial W_2}{\partial u'} = 2Rb_1 u' \qquad \varDelta y = R\frac{\partial W_2}{\partial v'} = 2Rb_1 v' + b_2 yR \quad (3.28)$$

よって，式(3.21)から，瞳上の動径 r を用いて，

$$(\varDelta x)^2 + (\varDelta y - b_2 yR)^2 = (2Rb_1 r)^2 \quad (3.29)$$

となる．式(3.29)より，瞳上に半径 r の円の軌跡を描く光線群は，像面上で r に比例する半径の円を描くことが理解できる（図3.5）．したがって，像面位置を適当に移動させることにより，収差円の半径を 0 にし，収差を消すことができる．これは焦点ずれの収差と呼ばれ，一般的な収差とは異なるものである．

さて，式(3.25)から，式(3.26)，式(3.27)に次ぐ低次の項，4 次の項をすべ

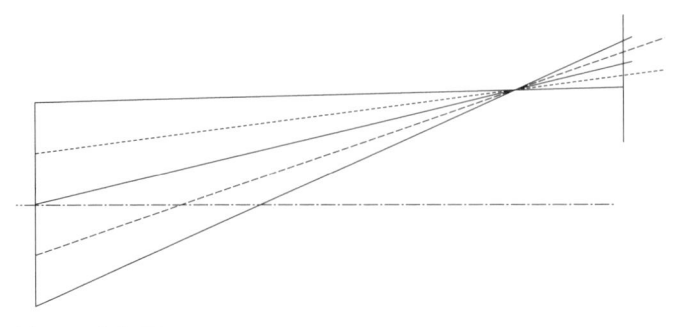

図 3.5 焦点ずれ

て書き出せば，
$$W_4 = c_1(u'^2+v'^2)^2 + c_2 y^2 v'^2 + c_3 y^2(u'^2+v'^2) + c_4 y^3 v' + c_5 y v'(u'^2+v'^2)$$
(3.30)

となる．

式(3.30)が，実際の収差を表す，最低次の項よりなる式である．収差は，5種類の係数を持つ4次の項より成り立っていて，4次の波面収差と呼ばれる．この波面収差を瞳座標で偏微分することにより，光線収差を導けば，

$$\Delta x = R\frac{\partial W_4}{\partial u'} = 4c_1 R(u'^2+v'^2)u' + 2c_3 Ry^2 u' + 2c_5 Ry u' v'$$
(3.31)

$$\Delta y = R\frac{\partial W_4}{\partial v'} = 4c_1 R(u'^2+v'^2)v' + 2c_2 Ry^2 v' + 2c_3 Ry^2 v'$$
$$+ c_4 Ry^3 + c_5 Ry(u'^2+v'^2) + 2c_5 Ry v'^2$$
(3.32)

となる．光線収差は物体位置，瞳座標の3次の項により表され，3次収差と呼ばれる．また，c_1からc_5までの5つの係数に付随して収差が分類される．これらをザイデル (Seidel) の5収差と呼ぶ．ここでは詳しく触れないが，光学系による結像現象に伴う収差は，多くの場合，このザイデルの5収差（球面収差・コマ収差・非点収差・像面湾曲収差・歪曲収差）に基づいて分類される．本来は，様々な形で複合して，複雑に実際の結像に現れる収差を要素に分離して個別に検討することができる．

式(3.25)においては，さらに高次の項が連続し存在していて，上記3次収差の場合と同様に，光線収差として5次の収差，7次の収差を考えることができる．光学系の開口，画角が大きくなれば，それらの影響も顕著になるが，高次

収差を扱うのに従い，項の数や収差の種類も非常に多くなって見通しも悪くなり，また係数の計算も複雑になるので，実際には5次収差までがシュワルツシルト (Schwarzschild) の9収差として一般的には利用されている．

3.2 波面収差による幾何光学的照度分布の検討

波面収差と光線収差の関係を表す式を用いれば，光束の集光密度を計算し，波面収差から像面上の照度分布を求めることが可能であり，任意の次数の任意の収差が存在する場合の照度分布を得ることができる．ここで得られる数式は，スポット・ダイヤグラムの様な計算機実験的な結果からではなく，幾何光学的強度の法則に基づく解析的な照度分布を直接表す．本節では3次，あるいは5次の球面収差を持つ光学系を例に取り，この理論的な幾何光学的照度分布を検討することにより，これらの収差固有の照度分布パターンを，また，幾何光学理論の限界などについて考えたい．

3.2.1 幾何光学的照度分布

3.1節の"波面収差"において述べた通り，波面収差 W と光線収差 Δx, Δy の関係は，瞳上の光線通過座標を (u', v')，参照球面の半径を R，像界の屈折率を1とすれば，

$$\Delta x = R \frac{\partial W}{\partial u'} \qquad \Delta y = R \frac{\partial W}{\partial v'} \tag{3.33}$$

となる．

ここで瞳面上に，図3.6にある様な頂点 A, B, C, D を持つ矩形状の微小面積 dS を考えよう．各点の座標を以下の通り定める．

$A(u', v')$ $B(u', v'+dv')$
$C(u'+du', v'+dv')$ $D(u'+du', v')$

すると，これら4点を通過した光線による，瞳上の4点に対応する像面上の4点を A', B', C', D' とし，像面上，無収差で点 A の像が存在すべき点を座標原点にとれば，明らかに式(3.33)より，点 A' の座標は，

$$A' : R\left(\frac{\partial W}{\partial u'}, \frac{\partial W}{\partial v'}\right) \tag{3.34}$$

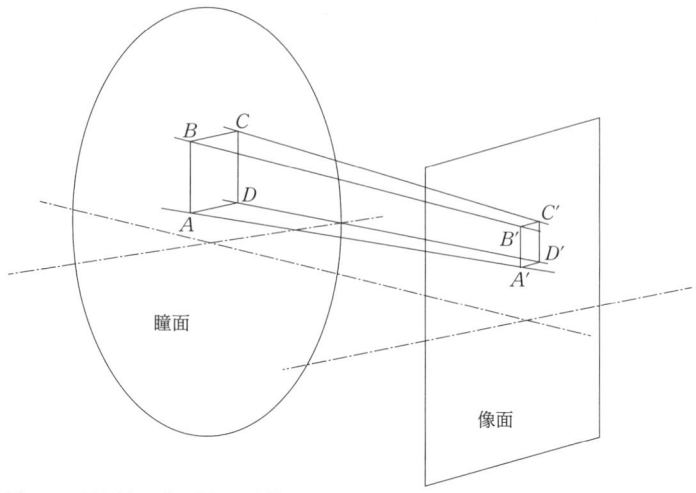

図 3.6 瞳面上と像面上の面積

である．また，点 D' の x 座標について考えると，それは瞳面上の u' の変化に対する，像面上での x 方向の変化の感度に，実際の瞳面上での微小移動量 du' が掛け合わされた量と，式(3.34)における x 座標が足されたものになるので，

$$x_{D'} = \frac{\partial}{\partial u'}\left(R\frac{\partial W}{\partial u'}\right)du' + R\frac{\partial W}{\partial u'}$$

また，y 方向については，u' の変化に対する y 方向の変化の感度に du' を掛けたものに，式(3.34)の y 座標を加えればよいので，

$$y_{D'} = \frac{\partial}{\partial u'}\left(R\frac{\partial W}{\partial v'}\right)du' + R\frac{\partial W}{\partial v'}$$

よって，点 D' の座標は，

$$D' : R\left(\frac{\partial W}{\partial u'} + \frac{\partial^2 W}{\partial u'^2}du',\ \frac{\partial W}{\partial v'} + \frac{\partial^2 W}{\partial u'\partial v'}du'\right) \tag{3.35}$$

同様に考えて点 B' についても，

$$B' : R\left(\frac{\partial W}{\partial u'} + \frac{\partial^2 W}{\partial u'\partial v'}dv',\ \frac{\partial W}{\partial v'} + \frac{\partial^2 W}{\partial v'^2}dv'\right) \tag{3.36}$$

また，点 C' の座標については，像面上 x および y 両成分にそれぞれ，du'，dv' の両変化の影響が現れるので，

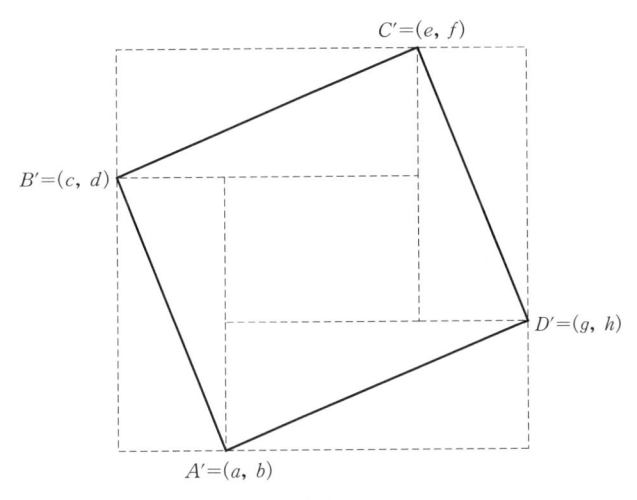

図3.7 座標による矩形の面積計算

$$C' : R\left(\frac{\partial W}{\partial u'} + \frac{\partial^2 W}{\partial u'^2}du' + \frac{\partial^2 W}{\partial u'\partial v'}dv',\ \frac{\partial W}{\partial v'} + \frac{\partial^2 W}{\partial u'\partial v'}du' + \frac{\partial^2 W}{\partial v'^2}dv'\right) \tag{3.37}$$

となる．さて，ここで図3.7にある様に矩形の4頂点の座標を定めるとき，図形の面積 dS' は，

$$dS' = \frac{1}{2}(g-a)(h-b) + \frac{1}{2}(a-c)(d-b) + \frac{1}{2}(e-c)(f-d)$$
$$+ \frac{1}{2}(g-e)(f-h) + (d-h)(e-a) \tag{3.38}$$

である．よって，式(3.34)〜式(3.37)を式(3.38)に代入し，計算していくと，

$$dS' = R^2\left\{\left(\frac{\partial^2 W}{\partial u'^2}\right)\left(\frac{\partial^2 W}{\partial v'^2}\right) - \left(\frac{\partial^2 W}{\partial u'\partial v'}\right)^2\right\}du'dv' \tag{3.39}$$

となる．また，瞳上面積 dS を通過するエネルギーを $I_p dS$ で表せば，像面上，面積 dS' における照度 I_g は，幾何光学的強度の法則より，

$$I_g = \frac{dS}{dS'}I_p \tag{3.40}$$

よって，式(3.39)他より，

$$I_g = \frac{I_p}{R^2}\left\{\left(\frac{\partial^2 W}{\partial u'^2}\right)\left(\frac{\partial^2 W}{\partial v'^2}\right) - \left(\frac{\partial^2 W}{\partial u'\partial v'}\right)^2\right\}^{-1} \tag{3.41}$$

となる．この式(3.41)が像面上の幾何光学的照度分布を表す式となる．

3.2.2　3次の球面収差と像面移動が存在する場合の幾何光学的照度分布

前節における波面収差の展開式,式(3.25)から,3次の球面収差と光軸方向の焦点ずれの収差の項を抜き出し,これらの収差のみ存在すると考えれば,こ

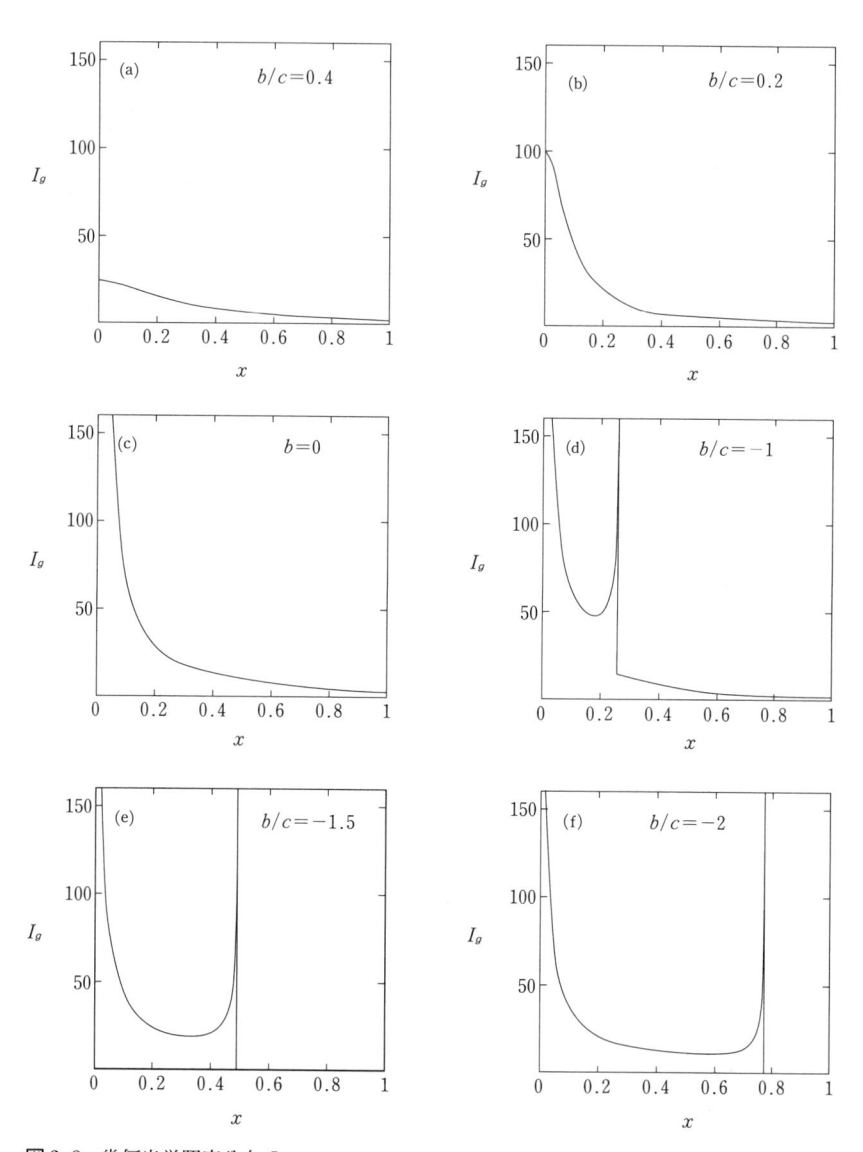

図3.8　幾何光学照度分布 I_g-x

のときの波面収差 W は,係数を簡潔のため c および b とすると,

$$W = c(u'^2 + v'^2)^2 + b(u'^2 + v'^2) \tag{3.42}$$

となる.右辺第1項が球面収差,第2項が焦点ずれの収差を表す.ここで,式(3.42)で表される収差が存在する場合の,像面上の結像による照度分布を,先ほど導いた式(3.41)を用いて計算してみよう.像面上,軸上結像の理想像点位置,つまり原点からの光線到着点の距離の成分を (x, y) とすれば,式(3.33)の波面収差と光線収差の関係から,

$$x(u', v') = R\frac{\partial W}{\partial u'} = R\{4c(u'^2 + v'^2)u' + 2bu'\} \tag{3.43}$$

$$y(u', v') = R\frac{\partial W}{\partial v'} = R\{4c(u'^2 + v'^2)v' + 2bv'\} \tag{3.44}$$

また,同様にして式(3.42)をさらに微分し,式(3.41)における照度分布式を求めると,

$$I_g = \frac{4I_p}{R^2}\{12c^2(u'^2 + v'^2)^2 + 8bc(u'^2 + v'^2) + b^2\}^{-1} \tag{3.45}$$

となる.瞳面上の座標 u' および v' を変化させて,式(3.43)〜式(3.45)より得られる照度分布を図示すると,図3.8(a)〜(f)となる.係数 b の中には観測面の移動量が含まれており,c を一定にして b が変化し,異なる像面位置において計算された照度分布がそれぞれの図に示されている.この場合には,c は正の値にとってあり,b の負の値の絶対値が大きくなると像面が光学系に近づく.図3.8においては,分布が光軸について回転対称なので回転軸から半分が描かれている.

3.2.3 照度の発散について

式(3.45)から明らかな様に,それぞれの図において,

$$12c^2(u'^2 + v'^2)^2 + 8bc(u'^2 + v'^2) + b^2 = 0 \tag{3.46}$$

のとき,照度は無限大に近づく.この場合は式(3.46)より,以下の関係が成り立っている.

$$u'^2 + v'^2 = \frac{-b}{6c} \tag{3.47}$$

$$u'^2 + v'^2 = \frac{-b}{2c} \tag{3.48}$$

ここで，瞳上の極座標を導入し，

$$u' = r\cos\theta \qquad v' = r\sin\theta \qquad r^2 = (u'^2 + v'^2)$$

と置いて，式(3.43)と式(3.44)より，辺々2乗して足し合わせれば，像面上に描かれる円の軌跡の方程式が得られて，

$$x^2 + y^2 = \left\{4Rc\left(r^3 + \frac{b}{2c}r\right)\right\}^2 \tag{3.49}$$

したがって，式(3.48)は画面中心部照度が無限大に発散している場合を表し，式(3.47)の場合は，像面上

$$x^2 + y^2 = \{4Rc(r^3 - 3r^2 \cdot r)\}^2 = (8Rcr^3)^2 = \left\{8Rc\left(\frac{-b}{6c}\right)^{\frac{3}{2}}\right\}^2 \tag{3.50}$$

より表される半径の円周上において照度は無限大となる．

また，像面上の動径 ρ

$$\rho = \sqrt{x^2 + y^2} = 4Rc\left(r^3 + \frac{b}{2c}r\right) \tag{3.51}$$

を考えると，両辺を r で微分して，

$$\frac{\partial \rho}{\partial r} = 4Rc\left(3r^2 + \frac{b}{2c}\right) \tag{3.52}$$

すると，式(3.47)は式(3.52)における

$$\frac{\partial \rho}{\partial r} = 0$$

の解であることが理解できる．つまり，瞳上座標の単調な変化に連れて像面上の光線到着点の座標も変化するが，その動きの方向がまさに逆転する，ごく微小な r の変化に対して動きが止まる位置においては，無限小の面積に有限の瞳面積からの有限なエネルギーを持つ光束が集まり，照度が無限大に発散する計算結果となる．もちろん，この様な結果は現実には起こらない．光の波としての性質のために，無限小の面積に有限のエネルギーを持った光束がすべて集光する様なことは起こらない．

これらの幾何光学的発散点においては，実際にも高い照度が観察できる．この様な計算には，そこからシンプルに分布の座標的イメージが得られ，大きな意味がある．しかしながら，いずれにしても幾何光学の理論的な限界は，こうした照度分布を考える際にも顕著となる．式(1.12)において，波長が限りなく0に近いとして幾何光学的近似を行った．しかし明暗のはっきりした光と影の

部分では，強度が急激に変わるので，式(1.12)における振幅 A が場所により大きく変化し，grad A が無視できないほどの値になる．さらに，本節の場合の様に高密度に光線が集中している場所においても，式(1.15)より，

$$\mathrm{div}(\mathrm{grad}\, L) = \varDelta L \tag{3.53}$$

となり，左辺は集光点を囲む微小体積の表面を通して集中・発散するエネルギーに比例した量を表し，式(1.12)における $\varDelta L$ が大きな値となり得，幾何光学的近似により場を表現できなくなる．

2.2節において触れた，光線追跡によるシミュレーション手法および光束法は，光源から射出する微小な立体角内の光束を追跡し，この光束が像面上に到達する際に生じる光斑の面積から像面照度を計算する手法で，上述の理論的導出における像面上の面積計算を，波面収差の微分からではなく光線追跡によって求めるものである．この幾何光学理論に忠実なシミュレーション手法においては，やはり上述の場合と同様にして，光斑の面積が非常に小さくなり，照度の発散が起こり得，この様な像面部分での定量的照度解析が困難になる．

一方，スポット・ダイヤグラムの発展型と考えられる粒子法においては，照度は像面上に設定された画素の有限な面積と，そこに到着する有限な光線エネルギーによって計算される．このことは，エネルギーが画素ごとに平均化されることを意味し，また，サンプル数も有限であるので，こうした発散は起こりにくい．

3.2.4　5次収差を考慮した幾何光学的照度分布

上記3次に加えて5次の球面収差が存在する場合の照度分布計算結果を図3.9(a)～(c)に示す．上述とほとんど同様な計算が行われるので詳しくは触れないが，基本となる波面収差 W は，

$$W = c(u'^2 + v'^2)^2 + d(u'^2 + v'^2)^3 + b(u'^2 + v'^2) \tag{3.54}$$

と表される．

この計算においては上述と同じ量の正の3次収差を用い，それにバランスする様に，負の5次収差を設定してある．図3.9においては，図3.8の場合と異なる比例定数を用いている．したがって，縦軸方向においては単純に比較できないが，横軸 x 座標は同スケールで描かれているので，3次収差のみの場合と

比べ，高照度部周辺に広がるフレアが減少し，フレアを抑えた状態での光の芯も細くなっていることが容易にわかる．

また，b が，近軸結像位置を超えて正方向に増加するとき（ボケていくとき），3次収差のみの場合には単調に分布の起伏が緩やかに変化していくのに比べ，中心部の変化は3次のみの場合とあまり変わらないが，負の5次収差が存在する場合にはその影響で周辺部に図3.9(a)における様な発散部を生じることが理解できる．

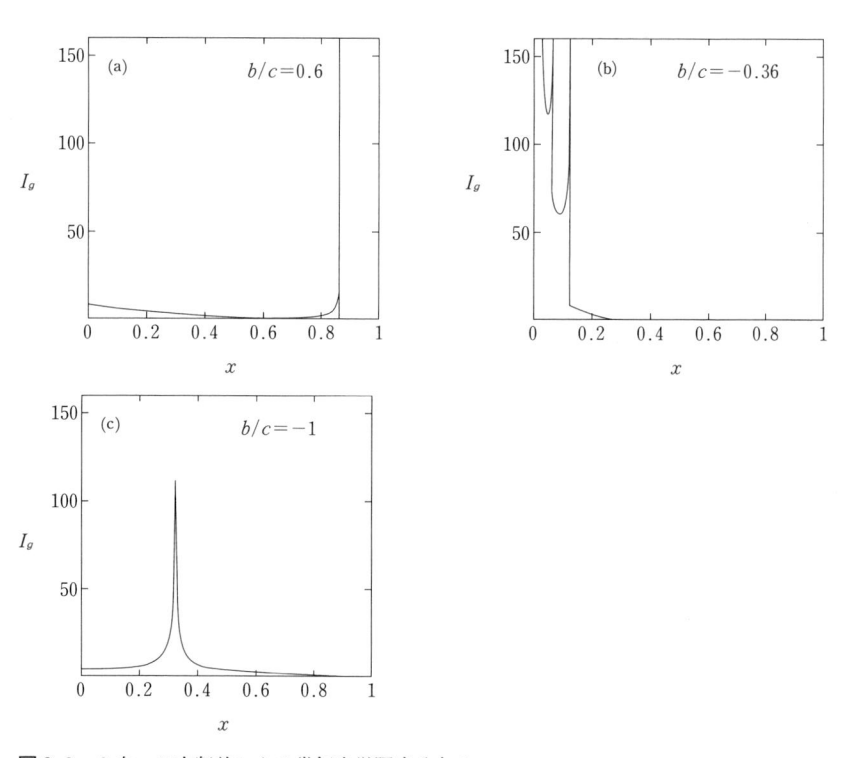

図3.9　3次・5次収差による幾何光学照度分布 I_g-x

第4章

OTF と画像評価

4.1 OTF について

　光学系の性能評価に際して，客観的，総合的，汎用的な画像に対する評価尺度が求められている．そこで，多く利用されるのが OTF (optical transfer function) あるいは MTF (moduler transfer function) と呼ばれる評価量である．高再現性が要求される光学系製作時の性能検査，あるいは多種多様な結像光学系の設計における性能評価において，OTF あるいはそこから導き出される MTF は，今のところ統一された基準をもたらす，最も重要な総合的評価尺度の1つである．

4.1.1　デルタ関数

　点光源などの大きさを持たない発光点，あるいは無限小の時間において生起する電気信号などのインパルスを表現する関数を定義しておけば，離散的なデータを扱うコンピュータによる様々な計算においても便利である．デルタ関数は様々な関数を用いて表現することが可能であるが，その1つの例として積分値1を持つガウス関数を，その積分値はそのままに，上方に伸ばし，その幅 ε を無限に細くした関数 $\delta(x)$ を考えると（図4.1），次式の被積分関数はガウス関数であり，

$$\int_{-\infty}^{\infty} \exp\left(-\frac{\pi x^2}{\varepsilon^2}\right) dx = \varepsilon$$

となるので，関数 $\delta(x)$ は以下の様に表現できる．

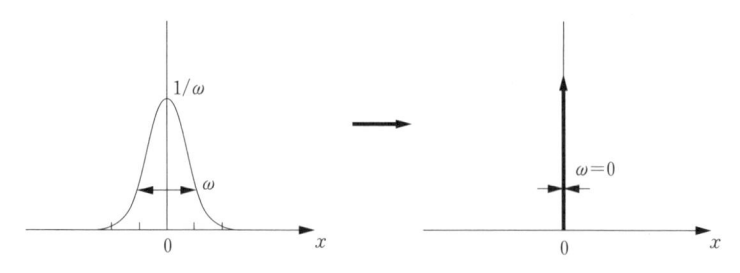

図 4.1 デルタ関数

$$\delta(x) = \lim_{\varepsilon \to 0} \frac{1}{\varepsilon} \exp\left(-\frac{\pi x^2}{\varepsilon^2}\right) \tag{4.1}$$

幅が無限に狭く，式(4.1)より，

$$\int_{-\infty}^{\infty} \delta(x) dx = 1 \tag{4.2}$$

なる性質を保存していて，原点においてはその値は無限大になる．この関数をディラック（Dirac）のデルタ関数（delta function）と呼び，インパルス関数として非常に重要な関数である．またデルタ関数は，aにおいて連続な関数$\varphi(x)$に対して，

$$\int_{-\infty}^{\infty} \delta(x-a) \varphi(x) dx = \varphi(a) \int_{-\infty}^{\infty} \delta(x-a) dx = \varphi(a) \tag{4.3}$$

なる関係を満たす．超越関数であるところのデルタ関数は，その$x=a$における値$\delta(0)$には本来は意味がなく，式(4.3)に代表される積分により関数$\varphi(x)$から$x=a$における値を抽出する機能として考えられてこそ，始めて意味を持つ．式(4.3)におけるδ関数は$x=a \sim a+\varepsilon$の微小な区間においてのみ値を持ち，また，εは微小な値なので$\varphi(x)$はこの区間で一定値をとると考えられる．よって，式(4.2)における関係が存在するので式(4.3)が成立すると理解できる．

この性質より，デルタ関数のフーリエ変換を考えると，$\mathcal{F}[\ ]$が，カッコ内の関数のフーリエ変換を表すものとして，

$$\mathcal{F}[\delta(x)] = \int_{-\infty}^{\infty} \delta(x) \exp(-2\pi i \nu x) dx = \exp(0) = 1 \tag{4.4}$$

となる．

4.1.2 OTF:点像の再現性について

　ここで,上記デルタ関数で光学系における点光源,あるいは被写体となる物点を表すこととしよう.すると式(4.4)から理解できるように,この点光源を表すデルタ関数は同じ強さと振幅を持った,連続的にその周波数が変化する無限の数の正弦波の重ね合わせで表現できる.もし仮にすべての領域の周波数において,強さを損なうことなく,位置ずれもなく,その完全な振幅を再現できる光学系が存在するとすれば,この光学系は点光源の完全な点像を結像させることができる.

　ところが実際の光学系においては,回折や収差の影響により点光源の像が大きさを持ってしまう.この大きさを持った強度分布をフーリエ変換すれば,一般的にそのスペクトルは周波数によって変化し,高周波成分の正弦波の振幅ほど大きく減衰していく.ある特定の周波数に着目すれば,光の強弱の強度分布を正弦波として捉えて,その任意な空間的周波数における正弦波格子像の,元の被写体正弦波格子との振幅比により,光学系の再現性能を定量化することができる.さらに,幅広い周波数領域に着目すれば,その光学系の特定の物点に対する結像性能を総合的に表現することが可能となる.

　そこで,光学系の再現能力を定量的に表す量として,任意の周波数におけるフーリエ・スペクトルを,ゼロ周波数におけるフーリエ・スペクトルで割って正規化したものが空間周波数伝達関数または,OTF (optical transfer function) として定義される.

　点像強度分布のフーリエ変換を全光量で正規化したものをOTFとして定義すれば,$I(x, y)$ を像面上の点像強度分布 (PSF: point spread function),s をサジタル方向の空間周波数,t をタンジェンシャル(メリディオナル)方向の空間周波数として,

$$\mathrm{OTF}(s, t) = \frac{\int_{-\infty}^{\infty}\int_{-\infty}^{\infty} I(x, y)\exp\{-2\pi i(sx+ty)\}dxdy}{\int_{-\infty}^{\infty}\int_{-\infty}^{\infty} I(x, y)dxdy} \quad (4.5)$$

となる.分母のOTF(0, 0)は構造がない場合の明るさを表している.この基調の上に高周波成分の波が重なり合ってくるので,平均すれば,このOTF(0, 0)が像の全光量を表している.より具体的には,分母の量はデルタ関数で表される点光源から光学系にとり込まれる光量であり,ここでの正規化とは,こ

の入力値を1とすることである．

OTFは点対点の結像関係を評価するものであって，画面上，光学系には複数の物点に対応するOTFが良好であることが要求される．そして同時に少なくとも，それらの点像の近傍における部分的なアイソプラナティズムの成立が，被写体全体の良好な結像のためには前提となる．

式(4.5)は一般的に複素数を表し，その絶対値をMTF（modulation transfer function）と呼び，位相をPTF（phase transfer function）と呼ぶ．

ここで，任意の周波数sを持つ正弦波格子に着目してみる．この正弦波格子模様に直角方向にx座標をとり，この方向の座標に対する物体の1次元の強度分布を考える．格子模様が乗る平均的バックグラウンドの明るさをa，正弦波格子の最大振幅をmとすれば，一般的に，物体の強度分布$O(x)$は，

$$O(x) = a + m \cos 2\pi s x \tag{4.6}$$

と表現できる．ここで，1次元における光学系の結像による線像強度分布を$I(x)$と記せば（線像強度分布については4.3節参照のこと），式(4.6)で表される被写体の，光学系による等倍結像の強度分布$P(x)$は，式(4.6)と$I(x)$が畳み込まれることによって（図4.2），

$$P(x) = \int_{-\infty}^{\infty} \{a + m \cos 2\pi s (x - x_i)\} I(x_i) dx_i \tag{4.7}$$

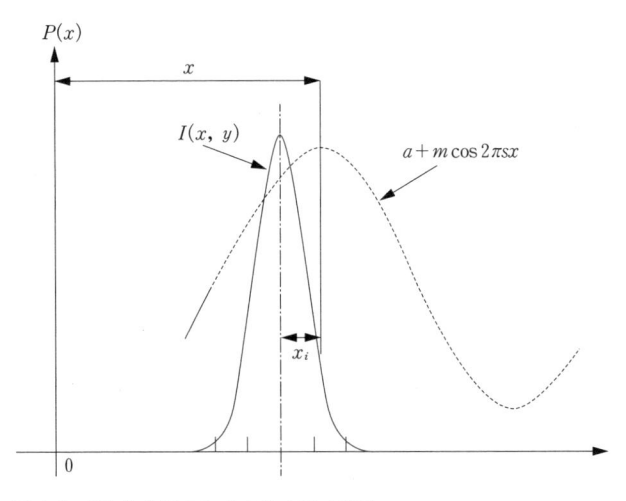

図4.2　$P(x)$を得るための畳み込み積分

となる．ここで，
$$\int_{-\infty}^{\infty} I(x_i) dx_i = 1 \tag{4.8}$$
として正規化すると，三角関数の加法定理から，
$$P(x) = a + m \int_{-\infty}^{\infty} \cos 2\pi s x \cdot \cos 2\pi s x_i \cdot I(x_i) dx_i$$
$$+ m \int_{-\infty}^{\infty} \sin 2\pi s x \cdot \sin 2\pi s x_i \cdot I(x_i) dx_i \tag{4.9}$$
である．さらに，
$$C = \int_{-\infty}^{\infty} \cos 2\pi s x_i \cdot I(x_i) dx_i \qquad S = \int_{-\infty}^{\infty} \sin 2\pi s x_i \cdot I(x_i) dx_i \tag{4.10}$$
と置けば，オイラーの公式より，
$$\exp(-2\pi i s x_i) = \cos(2\pi s x_i) - i \sin(2\pi s x_i) \tag{4.11}$$
なので，C および S は $I(x_i)$ のフーリエ変換のそれぞれ実部と虚部である．

式(4.10)より式(4.9)は，
$$P(x) = a + mC\left(\cos 2\pi s x + \frac{S}{C} \sin 2\pi s x\right)$$
となる．ここで $\tan \varphi = \dfrac{S}{C}$ と置けば，さらに，
$$P(x) = a + \frac{mC}{\cos \varphi}(\cos 2\pi s x \cdot \cos \varphi + \sin 2\pi s x \cdot \sin \varphi)$$
$$= a + \frac{mC}{\cos \varphi} \cos(2\pi s x - \varphi)$$
$$= a + mC\sqrt{1 + \tan^2 \varphi} \cdot \cos(2\pi s x - \varphi)$$
となり，よって，
$$P(x) = a + m\sqrt{C^2 + S^2} \cdot \cos(2\pi s x - \varphi) \tag{4.12}$$
となる．ただし，
$$\varphi = \tan^{-1} \frac{S}{C}$$
である．

この式(4.12)より，正弦波格子 $O(x)$ の像 $P(x)$ は，やはり正弦波格子であり，その周波数は物体と同じであるが，振幅が元の $\sqrt{C^2 + S^2}$ 倍になり，位置が初期位相項 φ の影響分だけ横に移動していることがわかる（図4.3）．元信号とのピークのずれ量，つまり $P(x)$ における原点から位相が0の位置までの

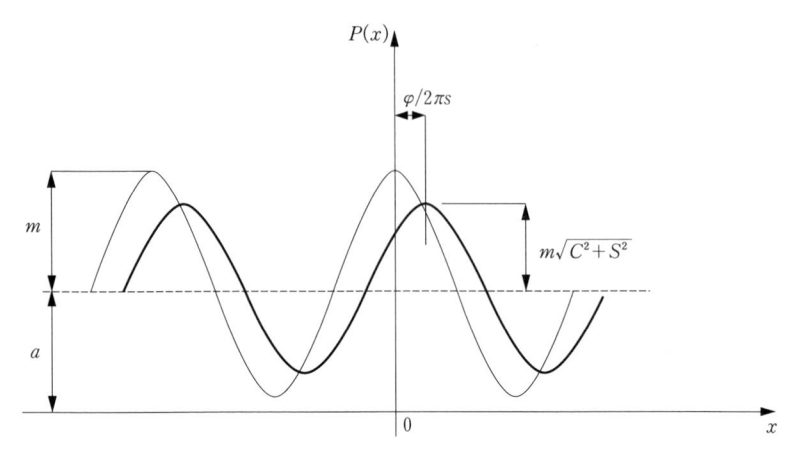

図4.3 正弦波格子物体（細線）とその像（太線）

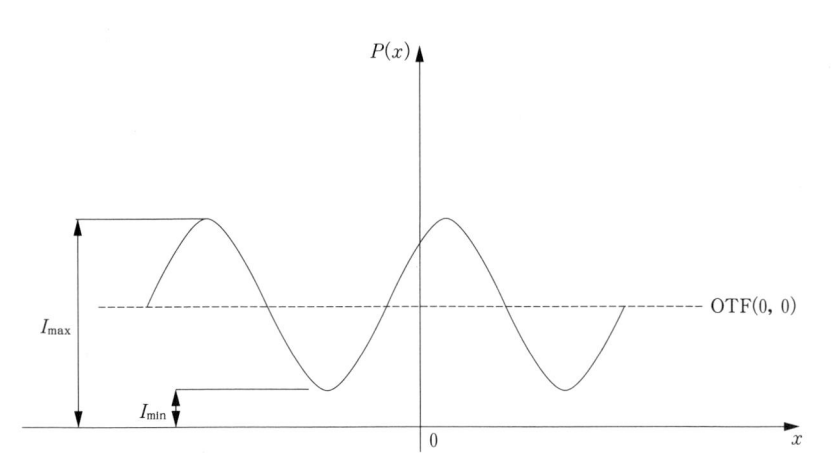

図4.4 コントラストの定義

距離は，$2\pi s x - \varphi = 0$ より，

$$x = \frac{\varphi}{2\pi s} \tag{4.13}$$

となる．明らかに，式(4.10)と式(4.11)から，$\sqrt{C^2+S^2}$ は上述の1次元における MTF であり，φ は PTF そのものである．

像の周期内の最大強度を $I_{\max}$，最小強度を $I_{\min}$ とすれば，結像のコントラス

ト（contrast）あるいはモジュレーション（modulation）C_t は以下の様に定義される（図 4.4）．

$$C_t = \frac{I_{\max} - I_{\min}}{I_{\max} + I_{\min}} \tag{4.14}$$

この定義は，以下の様に，バックグラウンドの平均的明るさと，像強度の振幅の比を表しており，

$$C_t = \frac{\frac{1}{2}(I_{\max} - I_{\min})}{I_{\min} + \frac{1}{2}(I_{\max} - I_{\min})}$$

この式は光量の絶対値に左右されず，結像の鮮明さを表す．図 4.3 における正弦波物体と像におけるコントラストの比を式(4.14)から計算すると，

$$\frac{C_t[P(x)]}{C_t[O(x)]} = \frac{m}{a}\sqrt{C^2 + S^2} \Big/ \frac{m}{a}$$

となり結果は MTF そのものを表す．

4.1.3　スポット・ダイヤグラムによる幾何光学的 OTF の計算

　幾何光学的にしろ，波動光学的にしろ，いずれかの手段で像面上の点像強度分布 $I(x, y)$ が得られれば，式(4.5)により OTF を計算することができる．ここでは，本書においてここまでにたびたび取り扱ってきたスポット・ダイヤグラムを用いて，大きな頻度で光学設計に用いられている，いわゆる幾何光学的 OTF，$\text{OTF}_G(s, t)$ を算出する方法について考えよう．

　ここで光学系の瞳の面積を A として，瞳上の単位面積を通過するエネルギーを均一に 1 とすれば，光学系を透過する全光量は A であり，スポット・ダイヤグラムより得られる強度分布を $I_p(x, y)$ とすると，式(4.5)より

$$\text{OTF}_G(s, t) = \frac{1}{A} \int_{-\infty}^{\infty} \int_{-\infty}^{\infty} I_p(x, y) \exp\{-2\pi i(sx + ty)\} dx dy \tag{4.15}$$

である．ところが，瞳上座標 (u, v) を導入し，瞳上の微小面積 dS_p が像面上の微小面積 dS_i に投影されるとすれば（図 4.5），瞳上の単位面積を通過するエネルギーは 1 であるので，幾何光学的な強度の法則より，

$$I_p(x, y) = dS_p/dS_i \qquad dS_p = du dv \qquad dS_i = dx dy$$

と考えることができる．これらを式(4.15)に代入して，

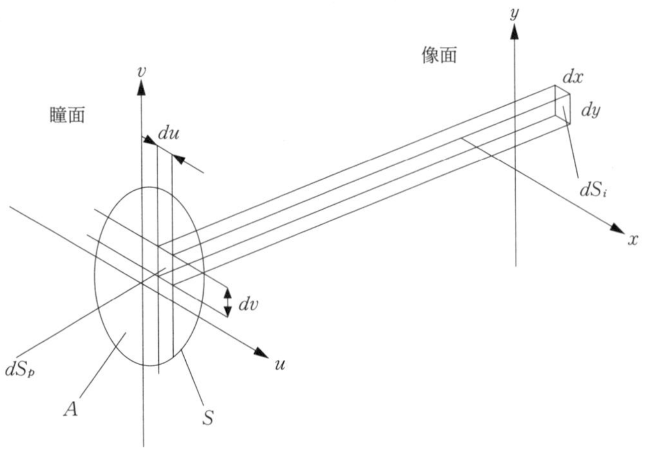

図 4.5 スポット・ダイヤグラムによる幾何光学的強度分布

$$\text{OTF}_G(s, t) = \frac{1}{A}\iint_S \exp[-2\pi i\{s\cdot x(u, v)+t\cdot y(u, v)\}]dudv \quad (4.16)$$

となる.ただしこのとき,幾何光学的近似が成立することが条件であり,3.2.3項で触れた様な状況においては,幾何光学的 OTF による評価は不適切である.また,1.2.3項において幾何光学的強度の法則を導く際には,式(1.77)と式(1.78)において,rot E_0 および rot H_0 の項を 0 と考えることが幾何光学的近似のための条件であった.ここで,例えば rot E_0 を計算する際に,

$$\frac{\partial E_{0y}}{\partial x} \approx \left(\frac{\Delta E_{0y}}{\Delta x}\right)_{\Delta x \to \lambda}$$

と近似して,$|\text{grad}\,L|$ を 1 のオーダーと一般的に置くとき,式(1.78)の近似が良好に成り立つためには,z 成分のみを考えれば波長オーダーの座標変化に対して,

$$|E_0| \gg |\Delta E_{0y}-\Delta E_{0x}|_{\Delta x, \Delta y\to\lambda}$$

なる条件が必要になる.つまり既述の通り集光位置,明暗の境界において不適切な結果をもたらすだけではなく,波面に微小な凹凸が存在する場合にも E_0 の方向が変化し,幾何光学的 OTF の精度は低下する可能性がある.

さて,式(4.16)において u と v は瞳上においてのみ定義されるわけであるから,積分範囲 S は瞳の形状を表している.また,像面上の光線到達点の座

標 (x, y) は，物点位置が定まれば光線の瞳通過座標のみにより決まるので，式(4.16)において x と y をそれぞれ u と v の関数として表した．

ここで，瞳面を N 個の等面積の矩形に分割して，j 番目の格子の頂点を通過する光線の像面到着座標を (x_j, y_j) とし，$A=Ndudv$ と置いて式(4.16)の積分を $\sum$ を用いて離散的に表すと，

$$\text{OTF}_G(s, t) = \frac{1}{Ndudv} \sum_{j=1}^{N} \exp\{-2\pi i(sx_j+ty_j)\} dudv \tag{4.17}$$

よって，

$$\text{OTF}_G(s, t) = \frac{1}{N} \sum_{j=1}^{N} \exp\{-2\pi i(sx_j+ty_j)\} \tag{4.18}$$

となる．この式(4.18)式を基にして幾何光学的 OTF を計算することができる．

また，相対的な強度分布をデルタ関数で表されるエネルギーの塊として，

$$I_P(x, y) = \sum_{k=1}^{N} \delta(x-x_k)\delta(y-y_k) \tag{4.19}$$

と表現しても式(4.18)を得ることができる (5.3.3項参照)．

4.1.4 幾何光学的 MTF の計算方法

式(4.11)と同様なオイラーの公式より，式(4.18)における cos 成分，sin 成分を別々に表せば，

$$R_C = \frac{1}{N}\sum_{j=1}^{N}\cos\{2\pi(sx_j+ty_j)\} \qquad R_S = \frac{1}{N}\sum_{j=1}^{N}\sin\{2\pi(sx_j+ty_j)\} \tag{4.20}$$

となる．このとき，

$$\text{OTF}_G = R_C - iR_S \tag{4.21}$$

であり，絶対値である MTF は，

$$\text{MTF} = \sqrt{R_C^2 + R_S^2} \tag{4.22}$$

PTF は，

$$\text{PTF} = \tan^{-1}\frac{R_S}{R_C} \tag{4.23}$$

である．図4.6に2次元的に示す通り，(s, t) で表される様々な方位に対する MTF を計算することができる．

また，多くの場合 MTF は互いに直交するサジタル方向，タンジェンシャル（メリディオナル）方向それぞれにおいて単独で計算されるので，例えばタン

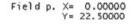

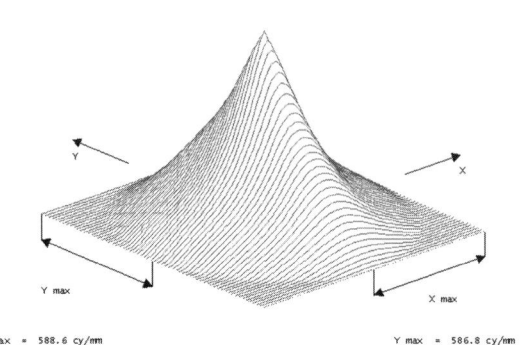

図 4.6　MTF-空間周波数 2 次元図（Kidger Optics, Sigma 2100 による）

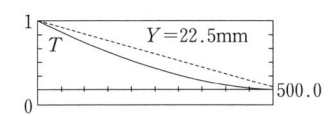

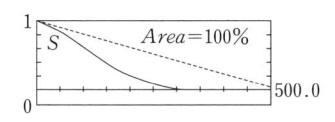

図 4.7　MTF-空間周波数 1 次元図．点線は回折を考慮した場合の MTF の理想的最高値を表す．左はメリディオナル方向，右はサジタル方向に対するもの．

ジェンシャル方向のみ考えれば，式(4.20)は，

$$R_C = \frac{1}{N}\sum_{j=1}^{N}\cos(2\pi t y_j) \qquad R_S = \frac{1}{N}\sum_{j=1}^{N}\sin(2\pi t y_j) \tag{4.24}$$

とすることができる．サジタル方向についても同様にして結果が得られる訳であるが，回転対称性を持った一般的な光学系の場合，サジタル方向においては強度分布には線対称性が存在するので，スペクトルの sin 成分は存在しない．このことは sin 波そのものが原点における線対称性を持たないことからも理解できる．よって，この様な場合のサジタル方向についての MTF は，

$$\mathrm{MTF}_S = \frac{1}{N}\sum_{j=1}^{N}\cos(2\pi s x_j) \tag{4.25}$$

とすることができる．この様に計算された実際のレンズの s および t 方向の 1 次元的 MTF 図を図 4.7 に示す．

4.2 MTF と PTF

 光学系の総合性能評価尺度として,実際に MTF は非常に重要な役目を担っている.ところが,この MTF という値は,特定の振動数において正弦波状強度分布を持つ被写体結像の,正弦波振幅の減衰率を表したものであり,より多くの情報を含む OTF の絶対値を表しているに過ぎない.ゆえに,様々な振動数を持つ正弦波の合成により成り立っているであろう一般的な被写体の結像を検討する場合には,MTF だけによる取り扱いでは不十分な面も存在する.本節では正弦波格子よりも,より一般的な被写体として明暗のエッジを考え,PTF を含む OTF による,その結像の評価について考えたい.

4.2.1 エッジ像の評価

 前節においては,まず,被写体面上における細かい情報の存在識別能力が光学系の性能を表すとし,正弦波的に明暗が変化する正弦波格子物体の光学系による結像について考えた.単位長さ中に存在する,明暗で一対の正弦波格子結像による縦縞の組の数により,解像力が空間周波数として表現される.そして,その空間周波数を持つ正弦波格子像の OTF が計算され,基の正弦波と比較し

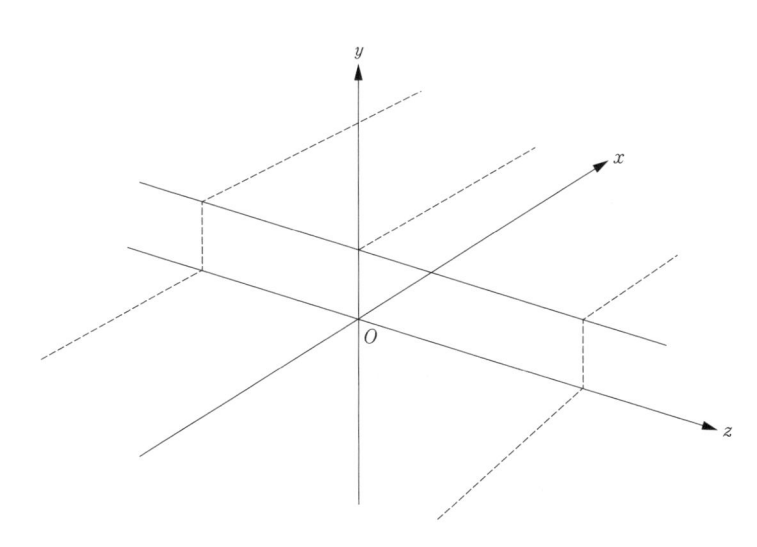

図 4.8 明暗の分布がエッジ状の被写体

た振幅の減衰，つまりコントラストの減衰の割合を変調伝達関数 MTF として得ることができた．

　光学系が，この様な意味での結像能力を一定のレベルで持つということは重要であり，また定量的にその能力を知ることは結像の評価のためにも非常に重要である．しかしながら，当然のこととして，この様な個別の正弦波格子状の被写体の識別能力のみが光学系に対して求められるすべてではない．例えば，図 4.8 に示した様な被写体を考えよう．中央に明暗のエッジが存在する 2 つの領域，図でいえば $x=0$ を境に被写体は明るい所と暗い所，つまり白い所と黒い所に別れている．この様なエッジ像は，画像を構成する要素の中でも非常に根本的なものであるとも考えられる．

　エッジ像における直角に切り立った"波"には無限に細かい正弦波の成分が含まれ，光学系が収差を持つことにより，それらの内の高周波成分のコントラストが下がり，エッジの結像は図 4.9 に示した様に鈍ったものとなる．この様なエッジ・境界は当然，解像検査に用いる解像チャートにも存在する．しかし，明暗の縞の存在識別能力のみを考える場合には，矩形の波形は正弦波に置き換えられ，その正弦波の振幅減衰のみが注目され，それらの要素の位相がずれることによるエッジ像の鈍り具合については，あまり考慮されない．

　確かに，高周波領域における正弦波の MTF が高ければ高いほど，エッジの再現には有利であることは明らかではあるが，それが，エッジの再現を満足に行うための必要十分条件でないことは，OTF 式よりも明らかである．なぜならば，様々な振動数を持つ正弦波が合成され，エッジの像が再現されると考えれば，光学系の収差を持った結像により，それら要素正弦波の位置が多少なりとも像面内でシフトしてしまうからである．この位相のずれを位相伝達関数

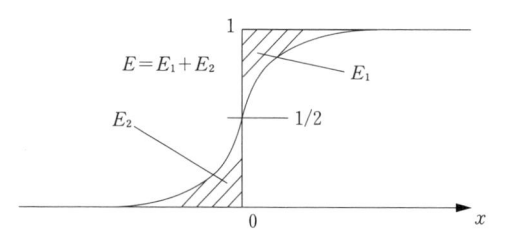

図 4.9　エッジ像と不鮮鋭面積 E

PTFと呼んだ．要素正弦波それぞれの強度としての再現はMTFで表されるが，これらの波が合成されて成立する軸外の点像やエッジ像などの再現性に対しては，PTFが影響力を持ってくる可能性がある．細かいものの認識能力とは別に，エッジあるいは点像の再現能力，もしくは表現能力とも呼ばれるべきレンズの特質が，技術的にも存在している．

以下のところで，光学系の結像によりエッジ像の立ち上がりが鈍くなることと，OTFとの関係について，少し詳しく検討してみよう．

4.2.2 エッジ像の強度分布

図4.9におけるようにエッジが結像しているとする．本来，幾何光学的に無収差の場合の理想的なエッジ像と，実際のエッジ像を，理想的なエッジの高さの1/2のところで交わるように置いて（後述する様に，この理想的なエッジ像と実際のエッジ像の位置関係は，線像の強度分布関数の測定規準位置に依存する），それらにより挟まれた斜線の部分の面積をEとする．等しい条件の元で，様々な光学系の結像により異なる面積Eの大小を，エッジの再現能力の評価尺度と考えることができる．当然，Eはできるだけ小さい値をとることが望まれる訳である．ここで，エッジの高さを1とした場合の，評価尺度EとOTF計算より得られるMTF，そしてPTFとの関係を求めてみよう．以下の面積Eの導出方法は参考文献[59]による．

高さ1のエッジを表すエッジ関数と，エッジに水平な方向の線状の被写体の光学系による結像の強度分布（LSF：line spread function）関数$L(x)$の畳み込み積分によりエッジ像分布は得られるはずである．ここでは上記面積Eを得るための計算の都合上，エッジを表す関数として$\mathrm{sgn}(x)$関数（シグナム関数）を用いる．この場合この関数は，xが正のとき$+1$を，負のとき-1をとる関数であり，$x=0$のとき不連続となりエッジを形成する．畳み込み積分を$*$で表現すれば，$\mathrm{sgn}(x)$をエッジ関数$n(x)$として

$$P(x) = n(x) * L(x) \tag{4.26}$$

と表せる．この畳み込み積分の様子を図4.10に示す．

一般的には式(4.26)における畳み込みの結果，$P(x)$は非対称な関数となる．エッジ像の最大値の1/2の高さの所を，エッジ被写体の1/2の高さの位置に合わせて，像と被写体を重ねて考えれば，$P(x)$は原点$(0, 0)$を通過し図4.10

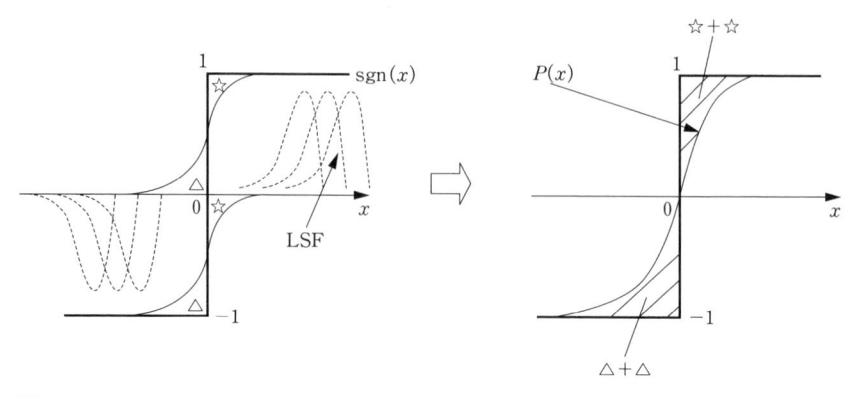

図 4.10 LSF の畳み込みと $P(x)$

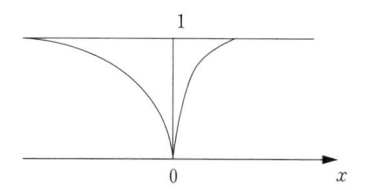

図 4.11 関数 $n(x)\{n(x)-P(x)\}$

で斜線の $\mathrm{sgn}(x)$ と $P(x)$ とに囲まれる面積が $2E$ となる．したがって，積分の結果をxが負の領域でも正にするために $n(x)$ を乗じて（図 4.11），

$$E=\frac{1}{2}\int_{-\infty}^{\infty}n(x)\{n(x)-P(x)\}dx \tag{4.27}$$

とする．

ところで，畳み込み定理により，フーリエ変換を $\mathcal{F}[\ ]$ として表せば，

$$\mathcal{F}[n(x)*L(x)]=\mathcal{F}[n(x)]\cdot\mathcal{F}[L(x)] \tag{4.28}$$

となる．

2 関数の畳み込み積分のフーリエ変換は，おのおのの関数のフーリエ変換の積となる性質がある．$L(x)$ のフーリエ変換は OTF であり（4.3節参照），空間周波数を ν として $\psi(\nu)$ と置き，

$$\mathcal{F}[n(x)]=\mathcal{F}[\mathrm{sgn}(x)]=\frac{1}{i\pi\nu} \tag{4.29}$$

であるので，式(4.26)より，

$$\mathfrak{F}[P(x)] = \frac{\psi(\nu)}{i\pi\nu} \qquad (4.30)$$

となる．さらに，フーリエ変換のパワー定理（Power Theorem）より，任意の2関数 f_1 と f_2 について，これらの関数のフーリエ変換をそれぞれ F_1 および F_2 とし，右肩に * で複素共役を表すとすれば，

$$\int_{-\infty}^{\infty} f_1(x) f_2^*(x) dx = \int_{-\infty}^{\infty} F_1(\nu) F_2^*(\nu) d\nu \qquad (4.31)$$

なる関係が成り立つ．よって，$n(x) - P(x)$ は実数であるから，式(4.27)より，

$$2E = \int_{-\infty}^{\infty} n(x) \{n(x) - P(x)\}^* dx = \int_{-\infty}^{\infty} \frac{1}{i\pi\nu} \left\{ \frac{1}{i\pi\nu} - \frac{\psi(\nu)}{i\pi\nu} \right\}^* d\nu \qquad (4.32)$$

また，上述の通り，OTFの絶対値 MTF を R_ν，位相 PTF を φ_ν として，

$$\psi(\nu) = R_\nu \exp\{i\varphi_\nu\} = R_\nu \cos\varphi_\nu + i R_\nu \sin\varphi_\nu \qquad (4.33)$$

と表せば，式(4.32)は，

$$2E = \int_{-\infty}^{\infty} \frac{1}{i\pi\nu} \left\{ \frac{-i(1 - R_\nu \cos\varphi_\nu)}{\pi\nu} - \frac{R_\nu \sin\varphi_\nu}{\pi\nu} \right\}^* d\nu$$

$$= \frac{1}{\pi^2} \int_{-\infty}^{\infty} \frac{1}{\nu^2} (1 - R_\nu \cos\varphi_\nu) d\nu + \frac{i}{\pi^2} \int_{-\infty}^{\infty} \frac{1}{\nu^2} R_\nu \sin\varphi_\nu d\nu \qquad (4.34)$$

となる．

ところで，$\psi(\nu)$ は実関数 $L(x)$ のフーリエ変換であり，その場合フーリエ変換の対称性から，それぞれ ν についての式(4.33)右辺の実数部は偶関数，虚数部は奇関数となる．また，$1/\nu^2$ は偶関数であり，式(4.34)右辺の第1の積分内の被積分関数は偶関数，第2の積分内の被積分関数は奇関数と考えることができる．奇関数の $-\infty$ から ∞ までの積分は0になり，偶関数は面積が直線 $\nu = 0$ に対し線対称に存在するので，式(4.34)より，

$$E = \frac{1}{\pi^2} \int_0^{\infty} \frac{1}{\nu^2} (1 - R_\nu \cos\varphi_\nu) d\nu \qquad (4.35)$$

なる結果が導ける．この式(4.35)からも明らかな様に，MTFであるところの R_ν だけでなく，PTF，φ_ν もエッジ像の結像に大きな影響を与える可能性があることが理解できる．また，積分内の分母に周波数の2乗の項が存在するので，E の値に対しては比較的低い周波数領域における MTF および PTF が大きな影響を持つことがわかる．低周波数領域の MTF がエッジの鈍化に直接大きな影響があるであろうことは直感的にも予測できるが，それでは仮に MTF

に減少がない場合,低周波領域での位相の変化,つまり PTF の変化は点像あるいは線像強度分布にどの様な影響を与えるのであろうか? この変化は MTF の評価のみでは認識できず,しかし式 (4.35) によれば,画像を構成する重要な要素,エッジ像の結像には,確実に影響を与える.

ここで,4.1 節で取り上げたデルタ関数の 1 次元における結像,線像強度分布について考えよう.デルタ関数をフーリエ変換すると実数 1 になり,フーリエ級数的には振幅 1 の cos 波を無限に足し合わせていくことにより再現される.図 4.12 (a) には 55 種類の振幅 1 の cos 波が,位相差もなく足し合わされた様子が示されている.デルタ関数の性質により,また,サンプル数の問題で,非常に不完全なものではあるが,この図を一応,位相の変化に対する影響を概観するために理想的な線像強度分布図と考えよう.そして,図 (a) における各要素正弦波の振幅を変えずに,つまり MTF はそのままにして,低い周波数の正弦波にのみ位相ずれが生じた場合を図 (b) に示す.さらに図 (c) には,図 (b) においてより高い周波数領域に位相ずれが生じた場合の強度分布を示す.

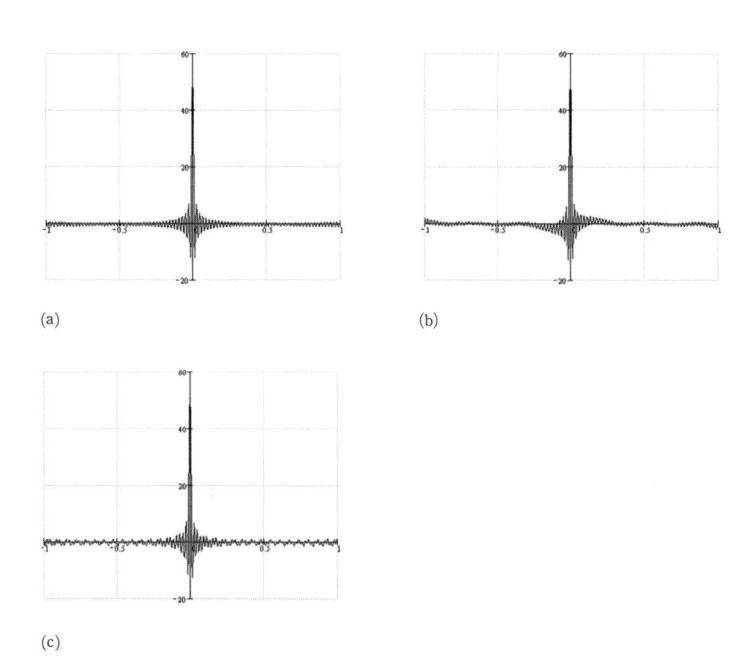

(a)

(b)

(c)

図 4.12 位相の変化の影響

エッジ像の形成に大きな影響力を持つ場合の図(b)においては，注意して見れば，ピークの脇に非対称な収差成分が発生しているのがわかる．この部分は比較的なだらかに横に広がっていて，一般的に"フレア"などと呼ばれる分布形状に近い．この様な非対称性が顕著な分布の原因となる収差としては，コマ収差，倍率の色収差等があげられる．確かに，低周波数の MTF が下がることによってもフレアは生起する現象であるが，しかしながら重要なのは，図(b)で起きている種類のフレアは MTF の値とはまったく無関係に存在し得るという事実である．

4.2.3 OTF 計算における基準座標について

上記の OTF 計算においては，線像の断面における強度分布 $L(x)$ の原点をどこにとるかによって，その結果に変化が起きる．実際のコンピュータ計算においては，4.1 節に示した様に，光線追跡の結果による像面上，光線到着点のプロット，スポット・ダイヤグラムにおける各点と適切な原点の距離を測ることにより，関数として $L(x)$ が得られる．画面中央部における様に，$L(x)$ に対称性がある場合には問題にならないが，軸外結像において非対称性のコマ収差，倍率の色収差，あるいは歪曲収差などが顕著な場合には，この原点位置の決定は容易ではない．ちなみにエッジの結像の場合には $L(x)$ の原点の取り方によって図 4.13 における様なエッジ像と元のエッジ関数との間にズレを生じる．

ここで，計算基準座標が移動した場合の OTF の変化について考えよう．$L(x)$ のフーリエ変換により OTF は，係数を省略して，

$$\psi(\nu) = \int_{-\infty}^{\infty} L(x) \exp(-i2\pi x\nu) dx \tag{4.36}$$

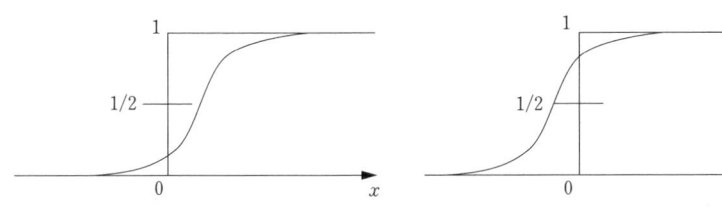

図 4.13 異なる原点によるエッジ像

であり，$L(x)$ の計算基準座標が，距離 g 移動したとすると，

$$\psi'(\nu) = \int_{-\infty}^{\infty} L(x+g)\exp(-i2\pi x\nu)dx$$
$$= \int_{-\infty}^{\infty} L(x)\exp\{-i2\pi\nu(x-g)\}dx = \exp(i2\pi\nu g)\psi(\nu)$$

よって，式(4.33)における複素表示でOTFを表せば，

$$\psi'(\nu) = R_\nu \exp\{i(\varphi_\nu + 2\pi\nu g)\} \tag{4.37}$$

となる．よって，原点の移動によりMTF：R_ν は変化せず，位相，PTFが $2\pi\nu g$ だけ変化することがわかる．

　一般的に光学設計・評価においてはMTFのみが重要視される傾向にある．上述のようにMTFは座標の取り方に影響を受けないので，基準座標は，設計主波長の絞りの中心を通過した光線の像面上到着座標，理想的像位置，あるいはスポット・ダイヤグラムの重心位置などが任意に選定される場合が多い．また，基準座標により値が変化してしまうことが，PTFが評価量としてあまり用いられない一因であるとも考えられる．適切な基準座標の設定の仕方が提案され，その理論的根拠が明確にならない限りは，PTFの役立て方も定まらない．

4.2.4　エッジ像評価における基準座標移動の影響

　さてここで，ここまで考えてきた，エッジの結像においての基準座標の移動の影響について考えてみよう．この影響を，式(4.35)における面積 E において検証する．

　式(4.35)を導いた際に，像の高さの1/2の座標と，エッジ関数の高さ1/2の

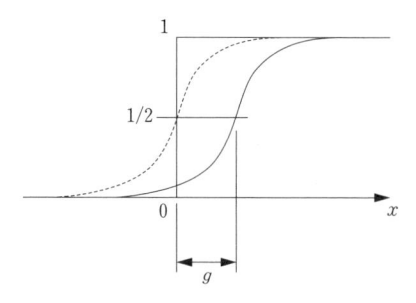

図 4.14　原点の移動

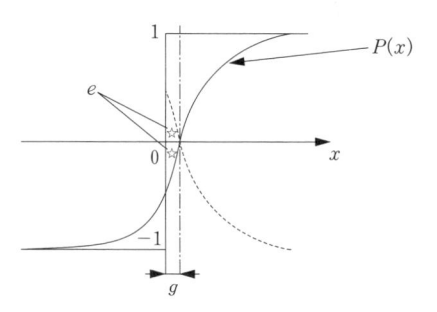

図 4.15　原点移動後の $P(x)$

座標を一致させたが，これらの座標点が距離 g 離れて存在する場合を考えよう（図4.14）．畳み込みされた関数 $P(x)$ は図4.15における様に，原点を通過しない．したがって，式(4.35)の導出方法をそのまま用いると，図4.15における面積 e の分，$2E$ の値に誤差が出る．簡潔な式(4.35)は，g を 0 とする $L(x)$ の原点設定によって成立している．それでは，どの様にして，図4.15における距離 g ズレている基準の $L(x)$ から，正しい E の値を導くことができるのであろうか？ それは畳み込み後，面積 E を囲む関数 $\mathrm{sgn}(x)$ を g 移動することによって可能である．つまり，

$$2E=\int_{-\infty}^{\infty}n(x-g)\{n(x-g)-P(x)\}dx \tag{4.38}$$

である．ここで，フーリエ変換のシフト則により，

$$\mathcal{F}[n(x-g)]=\exp(-i2\pi g\nu)\mathcal{F}[n(x)] \tag{4.39}$$

なので，OTF の指数表示を行い，式(4.32)を導くのと同様に，畳み込み定理，パワー定理を用いて，

$$\begin{aligned}
2E &= \int_{-\infty}^{\infty}\frac{\exp(-i2\pi g\nu)}{i\pi\nu}\left\{\frac{\exp(-i2\pi g\nu)}{i\pi\nu}-\frac{R_\nu\exp(i\varphi_\nu)}{i\pi\nu}\right\}^* d\nu \\
&= \int_{-\infty}^{\infty}\left\{\frac{1}{\pi^2\nu^2}-\frac{R_\nu\exp\{-i(\varphi_\nu+2\pi g\nu)\}}{\pi^2\nu^2}\right\}d\nu \\
&= \frac{1}{\pi^2}\int_{-\infty}^{\infty}\frac{1}{\nu^2}[1-R_\nu\{\cos(2\pi g\nu)\cos\varphi_\nu-i\sin(2\pi g\nu)\cos\varphi_\nu \\
&\quad -i\cos(2\pi g\nu)\sin\varphi_\nu-\sin(2\pi g\nu)\sin\varphi_\nu\}]d\nu
\end{aligned} \tag{4.40}$$

とする．すると，式(4.40)の右辺における奇関数の積分が消えて偶関数となるので，

$$E=\frac{1}{\pi^2}\int_0^{\infty}\frac{1}{\nu^2}[1-R_\nu\{\cos(2\pi g\nu)\cos\varphi_\nu-\sin(2\pi g\nu)\sin\varphi_\nu\}]d\nu \tag{4.41}$$

となる．$L(x)$ 測定のための原点座標の変化によっても，この式(4.41)によって，エッジ像およびエッジ関数それぞれが高さ $1/2$ のところで交わる場合の座標系における，面積 E を計算することができる．

4.2.5 エッジ像とエッジ関数の配置の意味

簡潔な式(4.35)を利用するためには，エッジ像の高さ $1/2$ の座標と，理想的なエッジ像を表すエッジ関数の高さ $1/2$ の座標が重なるようにエッジ像を配置

する必要があることが理解できた．この条件はLSF：$L(x)$ を計算する際の，基準点の適切な選び方により満足される．この適切な $L(x)$ 計算の基準点について考えよう．

図 4.10 において，sgn 関数と $L(x)$ により x 軸を挟んで上下で行われる畳み込みの様子を，比較するために上下方向を揃えて表示する（図 4.16）．それぞれには，最初に畳み込まれる関数 $L(x')$ が表されている．この $L(x')$ が図 4.16 における正方向(a)，負方(b)に畳み込まれていくことになる．また，この最初に配置された $L(x')$ 上の $x=0$ における位置，エッジと重なる位置が $L(x)$ を得るための原点となる．

エッジと x 軸により切り取られる，第 2 象限上(a)および第 1 象限上(b)の面積を図にある様にそれぞれ A および A' とすれば，$x=0$ 点における畳み込みの結果，$h(0)$ と $h'(0)$ には面積 A および A' のみが影響を与え

$$h(0)=A \qquad h'(0)=A' \tag{4.42}$$

と表せる．また，sgn$(x)\times$sgn$(x)*L(x)$ なる畳み込みを，図 4.16 (a)と(b)の 2 つの畳み込みの要素に分割して考えることもできるので，$h(0)=h'(0)$ となる．ゆえに，式(4.42)より $A=A'$ であり，$L(x)$ の原点となるのは，$L(x)$ の

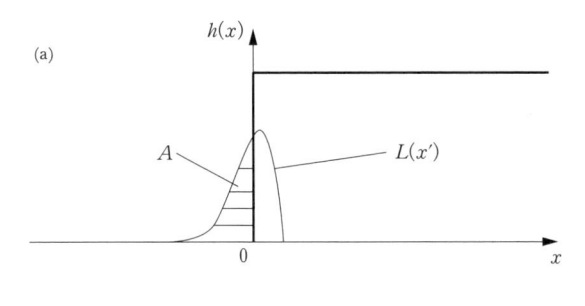

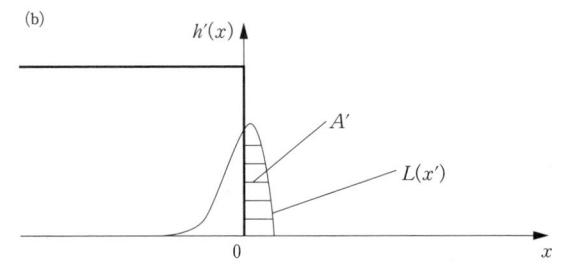

図 4.16　エッジ面積計算のための LSF の原点

面積を，その点を含みx軸に直交する直線で2等分する点，つまり強度の2等分点であることが理解できる．

前節から，そして式(4.35)と式(4.41)を比較して明らかなように，$L(x)$の測定基準原点を強度の2等分点とすることによって，つまりOTF計算の基準を強度の2等分点にとることによって，PTFのエッジ結像における影響は非常に簡潔に表される．参考文献[36]においても紹介されている通り，参考文献[59]の中で提唱されているこの原点設定の方法は，PTFを有効に利用するためのOTF計算の基準としては非常に合理的なものである．

また，式(4.35)における$R_\nu \cos\varphi_\nu$なる値は，エッジ像の面積Eに直接大きな影響を与える重要な量である．したがって，適切な原点設定により式(4.35)が成立し，式(4.35)においては$R_\nu \cos\varphi_\nu$の値が最大値1に近づくことにより，好ましいエッジ評価のための面積Eが得られることになる．

4.3　OTFによる画像の評価法

MTFとPTFなどの値により，光学系の性能は多面的かつ総合的に表現される．OTFで光学系の性能を考えることは，線像あるいは点像強度分布のフーリエ変換がOTFであるので，これらの強度分布で性能を考えることに他ならない．

ところがOTFは，強度分布の多様な形状に基づく総合的で多面的な評価量であるがゆえに，その情報量も多く，その読み取り方によっては，ひとつの光学系に対する結像性能の良否の判断も異なる可能性もある．

そこで必要とされるのが，OTF曲線が低周波領域から高周波領域に至る間，どの様な図形を描けば，どの様に画像の基本構成要素と考えられる被写体の結像が得られるのかという，具体的な像評価のための指針である．

これまでに触れた，エッジ像の形成する不鋭面積をOTFによって表示することも，確かに，エッジ被写体を重要な画像の構成要素と考えたとき，この被写体の結像の良否をOTFという客観的な値を用いて具体的に表す指針となる．ここでは，この様なOTFを用いた画像の評価法について，さらに考えたい．

4.3.1 低周波数領域重視の評価法

エッジ像における面積 E(図4.9)の導出については前節の通りであり,空間周波数 ν においての,それぞれ MTF と PTF である,R_ν と φ_ν の関数として,

$$E = \frac{1}{\pi^2} \int_0^\infty \frac{1}{\nu^2}(1 - R_\nu \cos \varphi_\nu) d\nu \tag{4.43}$$

とすることができた.

ここでの導出方法は主に Leitz 社の H. Marx[59] によるものであるが,これと類似したエッジ結像による画像の評価法は他にも存在する.実は,放射線撮影技術の分野においては,X 線などの放射線により造られるエッジ像の式 (4.43) におけるのと同様の面積 E を測定し,その結像の鮮鋭度(visibility)を示すことが,ニトカ法(Nitka method)と呼ばれ行われている.その際,E は不鋭面積と呼ばれる.

また,エッジ結像の勾配(gradient)を測定し,その2乗平均によりエッジ像の立ち上がりや鋭さを表現するアキュータンス(acutance)と呼ばれる量も存在する.一般的な写真フィルム上においてのエッジ像の濃度変化に対してこの量が求められる場合が多い.

図 4.17 にある様に,D を濃度,x をフィルム上の座標として,それらの N 個の区間の微小変化量から,傾きの2乗平均を得る.

$$\bar{G}_n^2 = \frac{1}{N} \sum_{n=1}^N \left(\frac{\Delta D}{\Delta x}\right)_n^2 \tag{4.44}$$

この値を用いて,アキュータンスは,

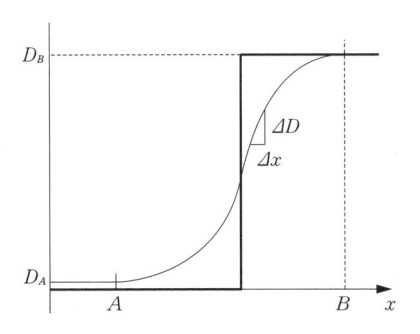

図 4.17 アキュータンスの定義

$$A_c = \frac{\overline{G_n^2}}{D_B - D_A} \tag{4.45}$$

として定義される．目視による鮮鋭度の感覚的評価との一致が良いとされている．

もし，エッジ像の平均傾きが得られれば，その場合の平均傾きを持つ近似的，直線的なエッジ像が仮定でき，これまで取り上げてきたエッジ像面積 E と同様の面積を求めることができる．アキュータンスを高めることは，このエッジの不鮮鋭面積を減少させることに他ならず，面積 E を求める評価法と直接的な繋がりを持っている．

いずれにしても，エッジ像による評価においては，周波数 ν の2乗の逆数を含む式(4.43)より明らかな様に，R_ν の値も ν の変化と共に急激に減少するので，前節で触れた通り，低周波領域においてのMTFとPTFが大きな影響力を持つ．すなわち，不鮮鋭面積やアキュータンスなどは低周波数領域重視の評価量であることがわかる．そして，解像力の高いレンズと，エッジ像が鮮鋭なアキュータンスの高いレンズとは必ずしも一致しないということにもなる．

この様に，写真レンズの画像においては低周波領域のMTF（あるいはPTF）をコントロールすることも重要であると理解できるが，解像チャートを読み取る目視解像検査では，解像しているかしていないかが問題となるので，被検光学系の持つ最大解像能力付近の周波数領域のみに注目が集まってしまう．そこで，光学設計過程において，あるいは製品検査過程においても，OTF計算そしてMTF検査により，製品の中周波数以下の領域でのMTFがコントロールされ得ることには大きな意味がある．

4.3.2 PSF，LSFとエッジ像強度分布の関係

これまでに詳しく触れていなかった，点像強度分布（PSF），線像強度分布（LSF），そしてエッジ像強度分布（ESF：edge spread function）の関係について触れる．

実際の測定においては，厳密な点光源あるいは線光源が得難く，PSFやLSFの値を測ることは難しい．しかしエッジ像は，刃先の鋭いナイフ・エッジ状の遮光物を用いることにより，比較的簡単に得ることができる．この事情は，照明系を含む結像系の，照明特性に影響を受ける結像性能評価シミュレー

ション（OTF計算）においても，有効光線を得る効率の観点からすると同様である．また，一般的な光学設計過程においては，幾何光学的にはスポット・ダイヤグラムを用いてOTF計算が行われるが，スポット・ダイヤグラムから得られるものはPSFである．したがって，OTFあるいはエッジ像面積を考える場合にもPSFとLSF，そしてESFの関係を知ることは有用であろう．

物体の理想像の強度分布を$O(x, y)$で表せば，点像強度分布$\mathrm{PSF}(x, y)$を持つ光学系による結像の強度分布は，$O(x, y)$とPSFの畳み込みの結果として，

$$I(x, y) = \iint_{-\infty}^{\infty} O(x-x_i, y-y_i) \mathrm{PSF}(x_i, y_i) dx_i dy_i \tag{4.46}$$

と表せる．ここで，理想像Oがy方向にのみ長さを持つ線光源の像であるとすると，x方向には構造を持たないので，デルタ関数を用いて，

$$O(x_i, y_i) = \delta(x_i) \tag{4.47}$$

と置ける．よって式(4.46)より，

$$I(x) = \iint_{-\infty}^{\infty} \delta(x-x_i) \mathrm{PSF}(x_i, y_i) dx_i dy_i \tag{4.48}$$

ここで$X_i = x - x_i$と変数変換して，$f(X_i)\delta(X_i) = f(0)\delta(X_i)$なるデルタ関数の性質を用いると，

$$I(x) = \int_{-\infty}^{\infty} \delta(X_i) dX_i \cdot \int_{-\infty}^{\infty} \mathrm{PSF}(x, y_i) dy_i$$

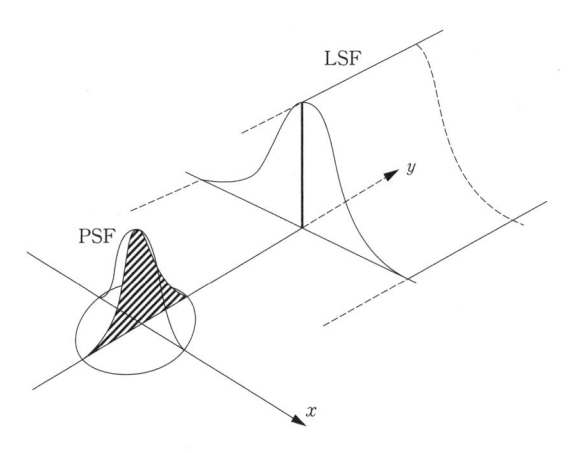

図4.18 PSFとLSFの関係

さらに、デルタ関数の積分が1となるので

$$= \int_{-\infty}^{\infty} \mathrm{PSF}(x, y_i) dy_i \tag{4.49}$$

となる。この式(4.49)が線像強度分布 LSF(x) と定義される。つまり、図4.18に示す様に、PSF(x, y) の $x=a$ における断面積が、LSF(x) の $x=a$ における高さとなる。

さて、ここで、空間周波数を s および t として、OTF の定義を考えれば、

$$\mathrm{OTF}(s, t) = \frac{\iint_{-\infty}^{\infty} \mathrm{PSF}(x, y) \exp\{-i2\pi(sx+ty)\} dxdy}{\iint_{-\infty}^{\infty} \mathrm{PSF}(x, y) dxdy} \tag{4.50}$$

である。よって、式(4.50)において $y=y_i$ と置き、式(4.49)の LSF(x) の定義を代入すると、y 方向の周波数的構造がなく $t=0$ とできて、

$$\mathrm{OTF}(s) = \frac{\int_{-\infty}^{\infty} \mathrm{LSF}(x) \exp(-i2\pi sx) dx}{\int_{-\infty}^{\infty} \mathrm{LSF}(x) dx} \tag{4.51}$$

となる。

また、cos, sin 成分ごとに考えると、

$$\left. \begin{array}{l} C = \iint_{-\infty}^{\infty} \mathrm{PSF}(x, y) \cos 2\pi sx\, dxdy \\ S = \iint_{-\infty}^{\infty} \mathrm{PSF}(x, y) \sin 2\pi sx\, dxdy \end{array} \right\} \tag{4.52}$$

として、あるいは式(4.49)より、式(4.52)を以下の様に LSF を用いて、

$$\left. \begin{array}{l} C = \int_{-\infty}^{\infty} \mathrm{LSF}(x) \cos 2\pi sx\, dx \\ S = \int_{-\infty}^{\infty} \mathrm{LSF}(x) \sin 2\pi sx\, dx \end{array} \right\} \tag{4.53}$$

と置くことにより、式(4.51)右辺の分母を1と正規化して、s 方向に対するOTF は、

$$\mathrm{OTF}(s) = C - iS$$

となる。ただし、4.1節の"OTF について"におけるのと同様に、

$$\mathrm{MTF}(s) = \sqrt{C^2 + S^2} \qquad \mathrm{PTF}(s) = \tan^{-1} \frac{S}{C}$$

である。

さらに、ここで、エッジ像と LSF の関係を考えるために、理想的なエッジ

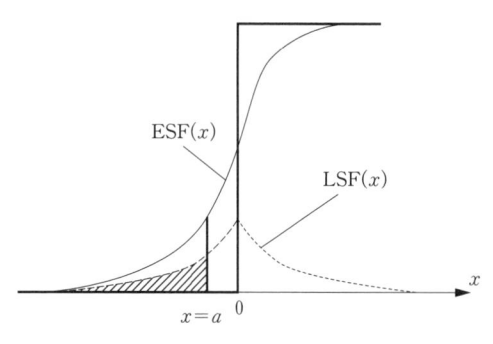

図 4.19 LSF と ESF の関係

像を表すエッジ関数として階段関数（step function）を用いれば，

$\text{step}(x)=1 \quad (x \geqq 0)$

$\text{step}(x)=0 \quad (x<0)$

であり，エッジ像の強度分布 ESF(x) は，階段関数と LSF の畳み込みにより表されるので，

$$\text{ESF}(x)=\int_{-\infty}^{\infty}\text{step}(x_k)\text{LSF}(x-x_k)dx_k \tag{4.54}$$

上記，階段関数の性質より，積分範囲が変り，

$$=\int_{0}^{\infty}\text{LSF}(x-x_k)dx_k \tag{4.55}$$

ここで，さらに $x_i=x-x_k$ と変数を変換すれば，

$$=\int_{-\infty}^{x}\text{LSF}(x_i)dx_i \tag{4.56}$$

となり，図 4.19 にある様に，LSF(x) の $-\infty$ から $x=a$ までの面積が ESF(x) の $x=a$ における高さとなる．

逆にここで，

$$\text{LSF}(x_i)=\frac{d\{G(x_i)\}}{dx_i}$$

なる関数 $G(x_i)$ を考えると，式(4.56)より $G(x)=\text{ESF}(x)$ となり，以下の結果が得られる．

$$\text{LSF}(x)=\frac{d\{\text{ESF}(x)\}}{dx} \tag{4.57}$$

この様に式(4.57)を用いて，ESF の測定結果から（あるいはシミュレーション結果から），LSF を導くことができる．LSF(x) は ESF(x) の同座標にお

ける傾きに等しい．

4.3.3 LSFとアキュータンス，不鋭面積 E の関係

アキュータンスはエッジ像の傾きから直接得られる値なので，式(4.57)の関係から，式(4.44)と式(4.45)より，長さ P の区間 AB において $\Delta x \to 0$ として連続化して考えれば，$D_B - D_A = 1$ と置いて，

$$A_c \approx \overline{G^2} = \frac{1}{P}\int_A^B \{\text{LSF}(x)\}^2 dx \tag{4.58}$$

式(4.58)は，微小区間を連続化して考えた場合のアキュータンスがLSF値の2乗の平均値と比例関係にあることを表している．また，さらに上述した様に，1つの目安として，傾きの平均値のみからエッジ形状を捉えると，エッジ像の高さを1，そして高さ1/2点を挟んで元のエッジ像の傾斜の対称性がある程度保たれているという前提のもとで，平均的エッジ像とエッジ関数により囲まれる2つの3角形の面積で面積 E を近似して，式(4.57)の関係から，

$$E \approx \frac{1}{\dfrac{4}{P}\int_A^B \text{LSF}(x)dx} \tag{4.59}$$

とすることもできよう．この様な近似の範囲では，E はLSFの平均値そのものに反比例することがわかる．

これら2つの評価量 A_c と E において重要な意味を持つLSFの平均値の変化は，その中に存在する光源からのエネルギーは一定であると考えられるので，有効なレスポンスを持つLSFの実効的な範囲・幅に大きく依存する．つまり，図4.20(a)にあるような先鋭な部分を含みつつも，中間部・下部にフレアを持ち，広がっている分布のLSFよりも，同図(b)におけるように鋭さはなくとも

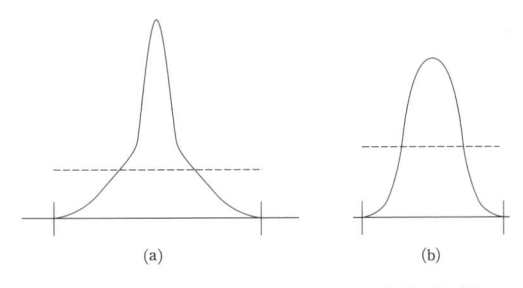

図4.20 異なるLSFのタイプとその平均値（点線）

全体が狭い範囲に収まっているタイプの LSF の方が平均値は高くなり，上記のアキュータンスや不鋭面積 E などの値により良い結果をもたらすことがわかる．これらの評価量は，強度の横への広がりに敏感に反応する，中程度以下の周波数領域を重視した評価法における量であることが改めて理解できる．

ちなみに，この様な光線の集中具合を理解するために，強度分布中心からの距離（半径）を変数として，その円の中に，全体に対するどのくらいの割合のエネルギーが含まれるかを表示したものが，エンサークルド・エナジー・プロット (encircled energy plot) である．

4.3.4 高周波領域重視の評価法

実際の光学系においては波動光学的な回折の影響で，たとえ光学系による収差が存在しなくとも，PSF は有限の広がりを持ち，最大強度は有限となる．この無収差の場合の PSF の中心強度と，収差により理想的なものよりさらに低下しているはずであろう実際の PSF の中心強度との比をストレール・ディフィニション (Strehl Definition) と呼ぶ．以下，SD と省略して記すこととする．式(4.50)の OTF の定義より，

$$A = \iint_{-\infty}^{\infty} \mathrm{PSF}(x, y) dx dy$$

と置いて，フーリエ逆変換すると，

$$\mathrm{PSF}(x, y) = A \iint_{-\infty}^{\infty} \mathrm{OTF}(s, t) \exp\{i 2\pi (sx + ty)\} ds dt \tag{4.60}$$

よって，PSF(x, y) の中心強度が $x=0$, $y=0$ において得られるとすると，式(4.60)より，

$$\mathrm{PSF}(0, 0) = A \iint_{-\infty}^{\infty} \mathrm{OTF}(s, t) ds dt \tag{4.61}$$

が導かれ，OTF の積分が PSF の中心強度となる．よって，無収差のときの OTF の積分値を B とすれば，

$$\mathrm{SD} = \frac{1}{B} \iint_{-\infty}^{\infty} \mathrm{OTF}(s, t) ds dt \tag{4.62}$$

となる．

式(4.43)と比較して明らかなように，光学系の OTF は一般的に高周波成分において変化が激しい．したがって，低周波および高周波域において積分の際

のウェイトが存在しない，式(4.62)で表される SD は，強度の高さ方向の変化に注目した解像力評価と同様の，高周波領域に重きを置く結像性能の高い光学系のための評価法であることが理解できる．これは，前節における評価法とは対照的である．

この様に，使用目的により異なる光学系の特性に適応する，いくつかの評価法が存在する．

4.4 デジタル画像と OTF

OTF は，被写体，あるいはフィルム，撮像素子などについても定義することが可能である．そして，線形性が保たれる系においては，それぞれの部位の独立した OTF の積として，全体の出力値の OTF を得ることができる．本節では，この様な光学系の重要な構成要素の1つとして，結像を読み取り，情報として記録・伝達する受光部を取り上げ，その特性，全系への影響を OTF を通して検討しよう．

また，その中では，フィルムなどに比べ，より受光部の構造性が顕著であり，それが出力値に大きな影響をもたらす CCD や CMOS 等に代表される固体撮像素子により得られるサンプリング画像について主に検討する．

4.4.1 CCD による画像

ここで上述の通り，監視用，画像処理用などの工業用用途においてのみならず，民生用のビデオカメラやデジタルスチルカメラに至るまでの多岐にわたる用途において用いられ，現在のデジタル画像を考える上で非常に重要な役割をはたしている固体撮像素子による画像の再現や伝達について，CCD (charge coupled device) を例にとり幾何光学的な側面から考えてみよう．

最も簡単に考えると，CCD は図 4.21 にある様な構造をしており，CCD 素子面全体に画素が規則的に配置されている．そしてそれら画素の中央に光を直接受ける受光部フォト・ダイオードが存在している．画素面積に対する受光部面積の割合を開口率と呼ぶ．図にある様に，受光部（開口部）は1辺の長さ w の正方形とし，画素が一辺の長さ P の正方形であるとすると，開口率は，

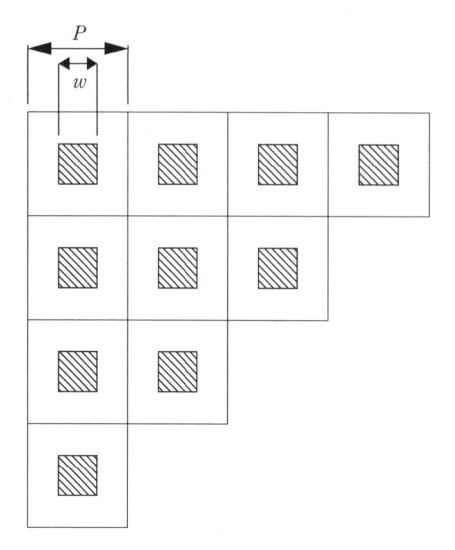

図 4.21 CCD の概念図

$$\frac{w^2}{P^2}$$

と表せる．当然，P は画素の中心と中心の距離，つまり受光部の並びのピッチでもある．

撮像素子上の光学系による結像が，1次元的な走査により電気信号に変換され，また画像に再構成されると考え，ここでは単純に1次元的に取り込まれる画像について考察しよう．図 4.22(a)にある様に光学系による結像の照度分布を $g(x)$ とすると，CCD の幅 w の有効受光部の並びを表す関数 $c(x)$（図 4.22(b)）により，この $g(x)$ が切り取られる．この様子が図 4.22(c)である．ところが，実際には受光部内においては結像の細部の情報は存在せず，受光量の平均値がこの受光部の出力する情報となり，図 4.22(e)における $f(x)$ が適当な CCD からの出力信号を表す．

ここで，以下に述べる考え方に沿って $f(x)$ を導こう．多数の受光部におけるそれぞれの受光量は，開口そのものを表す関数 $a(x)$ と $g(x)$ の積の関数の積分で表すことができる（図 4.22(d)）．最終的には，最大値を1と正規化したスペクトル分布を導きたいので，その場合に比例定数は省略でき，ここでの積分値は，サンプリング範囲における照度の平均値を表すと考えることも可能で

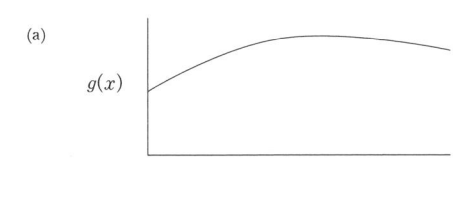

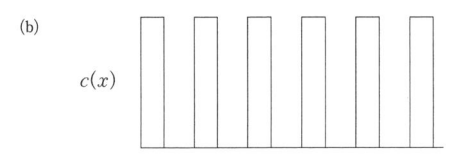

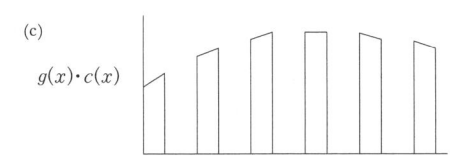

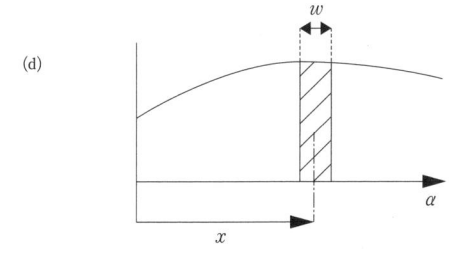

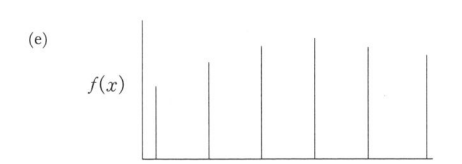

4.4 デジタル画像とOTF ——— 161

(a) $g(x)$

(b) $c(x)$

(c) $g(x) \cdot c(x)$

(d) w, x, a

(e) $f(x)$

図 4.22 CCD 開口によるサンプリング

ある．積分変数を a と置けば，中心が x の位置に存在する 1 つの開口の受光量を表す関数 $d(x)$ は，

$$d(x) = \int_{-\infty}^{\infty} g(a) a(a-x) da$$

とすることができる．この $d(x)$ は，2つの実関数 $g(x)$ と $a(x)$ の相関関数そのものであって，2実関数の相互相関関数を以下の様に表す．

$$d(x)=\int_{-\infty}^{\infty}g(\alpha)a(\alpha-x)d\alpha=g(x)\star a(x)$$

よって，CCDによりサンプリングされた画像を表す $f(x)$ は，開口部中心が存在する位置に，間隔 P でそれぞれ位置するデルタ関数の並びの関数 $b(x)$ と，上記 $d(x)$ の積により以下の様に表現できる．

$$f(x)=\{g(x)\star a(x)\}\cdot b(x) \tag{4.63}$$

ここで，$g(x)$ を点光源に対応する点像強度分布と考え，さらに式(4.63)のフーリエ変換を行い，CCDの影響を含んだ画像のOTF，$F(\nu)$ を導こう．例えば，$g(x)$ のフーリエ変換を $G(\nu)$，$b(x)$ のフーリエ変換を $B(\nu)$ として表せば，フーリエ変換により，

$$g(x)\cdot b(x)\Longleftrightarrow G(\nu)*B(\nu)$$

あるいは，この場合，関数右肩の＊は複素共役を表すとして，

$$\mathcal{F}[g(x)\star a(x)]=G(\nu)\cdot A^*(\nu)$$

となり，式(4.63)より，

$$F(\nu)=\{G(\nu)\cdot A^*(\nu)\}*B(\nu) \tag{4.64}$$

となる．ここで，$A(\nu)$ は開口部を表す関数 $a(x)$ のフーリエ変換であり，この場合は，単純に幅 w の矩形関数（遇関数）を想定しよう．図4.23における様な矩形関数は，

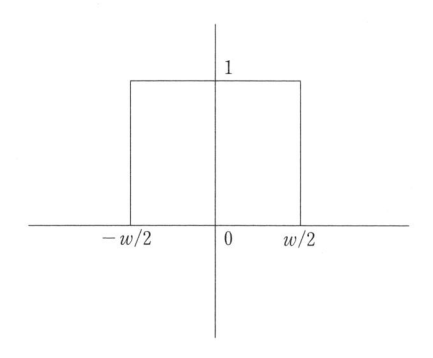

図4.23　矩形関数 $w(x)$

$$a(x) = \text{rect}\left(\frac{x}{w}\right) = \begin{cases} 1 & (|x/w| \leq 0.5 \text{ のとき}) \\ 0 & (\text{それ以外の場合}) \end{cases}$$

と表現することができ，また，そのフーリエ変換は，

$$\mathcal{F}\left[\text{rect}\left(\frac{x}{w}\right)\right] = A(\nu) = |w|\text{sinc}(w\nu) \tag{4.65}$$

となる．ここで sinc 関数は，

$$\text{sinc}(w\nu) = \frac{\sin(\pi w\nu)}{\pi w\nu} \tag{4.66}$$

と定義される．さらに，式(4.63)における関数 $b(x)$ は comb（櫛）関数として知られ，

$$b(x) = \sum_{n=-\infty}^{\infty} \delta(x - nP) = \frac{1}{|P|}\text{comb}\left(\frac{x}{P}\right) \tag{4.67}$$

と表される．そしてこの関数のフーリエ変換は，

$$\mathcal{F}[b(x)] = B(\nu) = \text{comb}(P\nu) \tag{4.68}$$

となり，よって，式(4.65)および式(4.68)より，式(4.64)は以下の様に表すことができる．

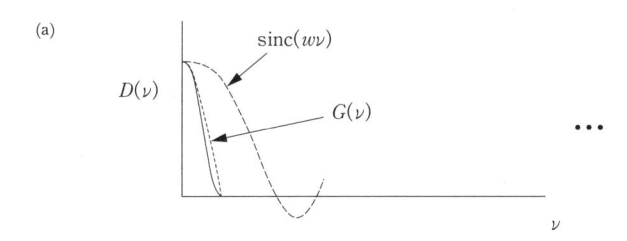

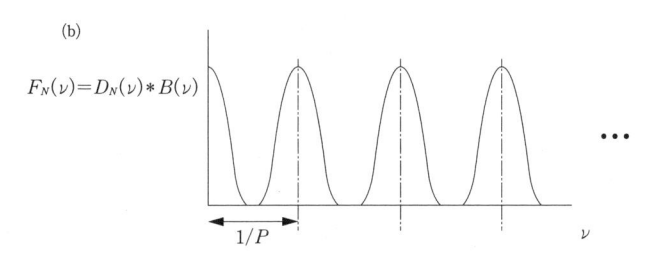

図 4.24 CCD による OTF

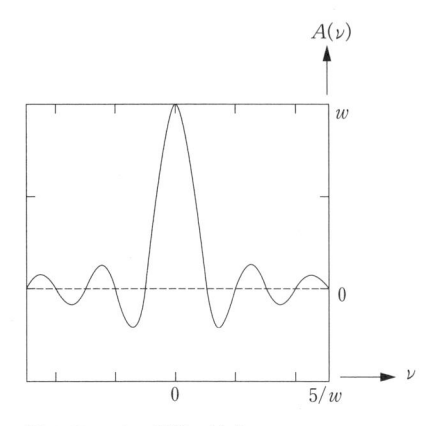

図 4.25 sinc 関数 $A(\nu)$

$$F(\nu)=|w|\{G(\nu)\cdot\mathrm{sinc}(w\nu)\}*\mathrm{comb}(P\nu) \tag{4.69}$$

sinc 関数は図 4.25 において表され，式 (4.69) の中括弧内の関数を $D(\nu)$ と置けば，この関数は図 4.24(a) の様になる．また，OTF の定義に従い $f(x)$ に含まれる全光量を 1 に正規化して新たに $F_N(\nu)$ を考えれば，やはり正規化した $G_N(\nu)$ を用いて式 (4.69) から，

$$\mathrm{OTF}(\nu)=F_N(\nu)=\frac{F(\nu)}{F(0)}=\frac{F(\nu)}{|w|\cdot G(0)}=\{G_N(\nu)\cdot\mathrm{sinc}(w\nu)\}*\mathrm{comb}(P\nu) \tag{4.70}$$

となる．$F_N(\nu)$ は式 (4.70) の通り，$D_N(\nu)$ と $B(\nu)$ が畳み込みされることにより図 4.24(b) にあるように表現される．

4.4.2 サンプリング定理

式 (4.66) における sinc 関数は，

$$\left.\begin{array}{l}\mathrm{sinc}(0)=1\\ \mathrm{sinc}(n)=0 \quad (n\text{ は } 0\text{ でない整数})\end{array}\right\} \tag{4.71}$$

となる関数であるが，ここで式 (4.71) の関係，つまり式 (4.66) において $\nu=0$ となる場合の sinc 関数の値について少し触れる．この問題は，

$$\lim_{x\to 0}\frac{\sin x}{x}=1 \tag{4.72}$$

を証明することに他ならないが，この様に考えることができる．

ラジアンとはそもそも，半径 1 の円の円周上の x の長さの弧に対応する中心角の大きさを x で表したものである．したがって図 4.26 にある様な，半径 1 の円における長さ $2x$ の円弧を考えた場合の，この弧に対応する弦の長さが $2\sin x$ となる．x が非常に小さな値となり 0 に近づく場合の，これらの弧と弦の長さの比を考えれば，式 (4.72) を証明することができる．

図 4.26 にある様に A, B, C の各点をとれば，AC および BC はそれぞれ A と B で円に接する接線の一部である．x が 0 に近づく過程で，円弧の長さは $\overline{AB}$ と $(\overline{AC}+\overline{CB})$ の長さの間の値をとるので，x が $0<x<\pi/2$ の区間で変化すると考えると，

$$0 < \sin x < x < \tan x \tag{4.73}$$

式 (4.73) の辺々を $\sin x$ で割って，逆数をとれば，

$$1 > \frac{\sin x}{x} > \cos x \tag{4.74}$$

また，式 (4.73) よりも明らかな通り，

$$\lim_{x \to 0} \sin x = 0$$

であり，

$$\cos^2 x = 1 - \sin^2 x \quad \text{なので} \quad \lim_{x \to 0} \cos x = 1$$

よって，式 (4.74) より式 (4.72) が証明される．

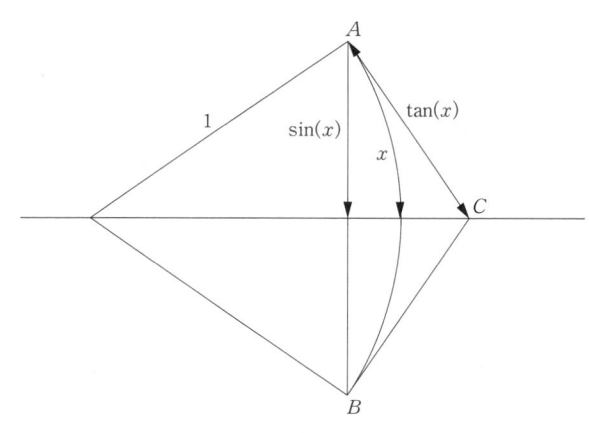

図 4.26　sinc 関数の収束

さて，ここで本題に戻って受光部を表す関数のフーリエ変換である sinc 関数を考えると，幅 w が大きくなれば式(4.69)における sinc 関数の幅は狭くなり，$G(\nu)$ を圧縮する度合いが強くなる．逆に w が小さくなれば sinc 関数の幅は大きくなる．w が仮に無限に小さな値をとると考えれば，sinc 関数の幅は無限大になり，$G(\nu)$ そのものが $F(\nu)$ を構成する．ここで表されている関数は，照度分布を間隔 P を持つ複数の測定点においてサンプリングされた，離散的な分布関数のフーリエ変換にあたる．

間隔が $1/P$ でデルタ関数が連続する comb 関数を考えよう．それぞれのデルタ関数に，被サンプリング信号であるところの連続分布 $g(x)$ のフーリエ変換 $G(\nu)$ が畳み込みされていると言うことは，このサンプリングされた信号から，何らかの手段で（例えば $F(\nu)$ の一山を切り取る様なフィルタリング，つまり関数を掛ける様な手段によれば）完全に元の信号の情報 $G(\nu)$ を取り出し，$g(x)$ を再現できるということになる．ところが，この完全な再現のためには条件がある．

照度分布の周波数帯域，つまり細かい情報の含まれ方と，サンプリング間隔 P はまったく独立して変化し得るものであって，周波数領域では関数 $G(\nu)$ の幅と comb 関数の櫛の間隔 $1/P$ の間には何の相関関係もない．それゆえ，図 4.27 で表されるような $G(\nu)$ の幅に比べて櫛の間隔が狭すぎ，隣同士の $G(\nu)$ が重なり合う現象も起こり得る．この様な場合には，$1/(2P)$ 以上の高周波の信号が隣の山に重なり $G(\nu)$ を完全に取り出すのが如何にしても不可能になる．つまり完全に信号が再生されるためには，$G(\nu)$ の周波数幅を $2B$ とすれば，

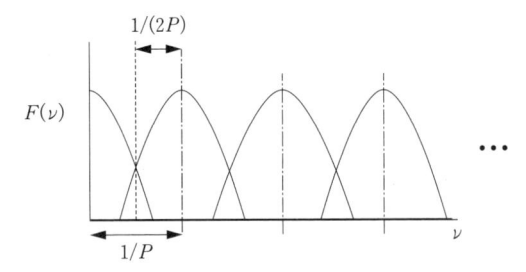

図 4.27 エリアジング

$$B \leq \frac{1}{2P} \tag{4.75}$$

なる関係が成立することが必要になる．この条件下で信号の完全な復元が可能なことをサンプリング定理という．また，式(4.75)で表される周波数をナイキスト(Nyquist)周波数と呼ぶ．

式(4.75)からは，サンプリングの間隔が狭ければ狭いほど，より高い周波数成分を含む信号を再生できるという，非常に常識的な内容が導ける．しかしCCDの画素の様に，ある一定のサンプリング間隔が定まっていて，式(4.75)のサンプリング条件が充たされない場合には，ナイキスト周波数以上の高周波成分のみが影響を受けるのではなく，重なり分の影響がナイキスト周波数以下の低周波領域にも及ぶことになり，画像としては大きなダメージを被ることになる．この事態を防ぐためには，唯一，式(4.75)が成り立つ様にBを抑える方法しかないのである．この方法を周波数帯域制限と呼ぶ．

CCD素子などを用いた光学系の場合には，高解像力を持つ結像系による細かすぎる画像を水晶の複屈折性，あるいは回折現象を利用したローパス・フィルターなどにより，空間周波数帯域制限が一般的に行われている．したがってCCD用光学系に求められる解像力は，大きく式(4.75)で表されるナイキスト周波数，そしてローパス・フィルターの性質に影響を受ける．

4.4.3 OTFの劣化

CCDに取り込まれる直前の分布としては，完璧な周波数帯域制限の前提からすると，ナイキスト周波数以上の情報は存在しても意味がないことが理解できた．この様な高周波成分の情報は除去される必要がある．つまり，CCDカメラの場合は，その画素ピッチが結像系のもたらすOTFの劣化に，直接的にはローパス・フィルターの影響として関与している．結像系以外には，このOTF劣化に対する影響の他に，電気回路の周波数特性，あるいは画像補正，圧縮，強調の内容などによってデジタル画像のOTFは変化する．

さらに，無視できないOTFの劣化がCCDの開口部で起きる．前節でサンプリング定理を考えた折りには，開口の幅wを無限小と考えたので，$F(\nu)$において$B(\nu)$のそれぞれの櫛の歯の部分に置かれる$G(\nu)$をそのまま取り出すことができた．ところが，実際のCCDにおいては，この開口部は当然有限な

大きさを持っているので，OTF あるいは $F_N(\nu)$ は式(4.70)の様に表現される．ここで示される通り，開口の幅 w が存在することによって，復元に用いられる $F_N(\nu)$ の $\nu=0$ を含む中心の一山だけ考え，これを関数 $G'_N(\nu)$ とすれば，

$$G'_N(\nu) = G_N(\nu) \cdot \text{sinc}(w\nu) \qquad (4.76)$$

となり，sinc 関数との積として原信号の OTF が劣化することが理解できる．

　開口幅 w が小さくなれば，sinc 関数の幅が広くなり OTF への影響は少なくなる．サンプリング理論より，サンプリング間隔が小さくなれば，すなわち単位面積当たりの CCD 画素数が増加すれば，解像力が向上することは常識的な結論であるが，同じ画素サイズであれば，開口率が増すことにより OTF は劣化してしまう．そして，この劣化の相対的な割合は，決して小さくはない．

　例えば，1/2 inch で 130 万画素の CCD を考えれば，画素サイズは約 5 μm として，式(4.75)よりナイキスト周波数は約 100 本/mm となる．ここで，開口率を 50% と仮に置けば，w は約 3.5 μm となる．よって式(4.69)より，ナイキスト周波数 100 本/mm 付近における開口の影響のみを表す sinc 関数の値は，peak に対して 81%，50 本/mm 付近においては 95% の値となり，仮にナイキスト周波数以上のみを急激に遮断できる理想的なローパス・フィルターが存在するとしても，光学系による OTF が元の信号に対し，この様に劣化することが理解できる．

　ここで，周波数 ν の変化に伴う開口による OTF の劣化を，ナイキスト周波数に関連づけて，より簡潔に表現しよう．サンプリング間隔 P と開口幅 w の比を，

$$a = \frac{w}{P}$$

と表せば，ナイキスト周波数の定義式(4.75)より，

$$P = \frac{1}{2B}$$

となるので，式(4.76)は，

$$\frac{G'(\nu)}{G(\nu)} = \text{sinc}\left(\frac{a}{2} \cdot \frac{\nu}{B}\right) \qquad (4.77)$$

と表せる．a が 1 と 0.5 の場合の式(4.77)による，ナイキスト周波数で正規化した周波数と開口による OTF の関係を図 4.28 に示す．

　この様に，開口率を大きくすることは OTF 評価の観点からすれば好ましく

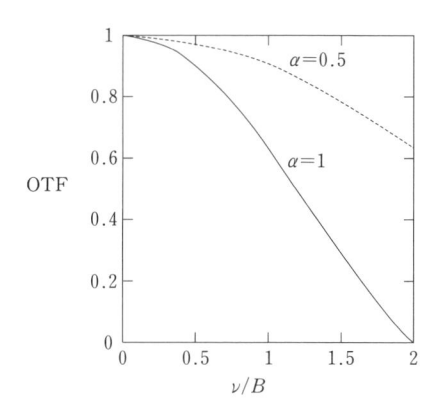

図 4.28 CCD 開口による OTF の劣化

ないが，より多くのエネルギーをそれぞれのフォトダイオードに導くことができ，効率的には有利となり，より小型化する傾向にある CCD 素子における高開口率化は不可欠となる．近年，この効率性の面から，またより微細になる CCD 構造に伴い，斜め入射光の受光率を上げるためにも，それぞれの CCD 画素直前に微小なレンズが設けられている場合も多い．この様な場合は実質的な受光部の大きさが不変でも，フォトダイオードへの集光に寄与するレンズの有効な面積から，より大きな開口率が実現されていると考えて便宜上差し支えない．上記計算あるいは図 4.28 などから開口率を 100% と置けば，その場合の OTF の劣化は決して無視できない割合となることが理解できる．

4.5 銀塩フィルムとサンプリング素子の画素数

　古典的な銀塩フィルム写真画像と電子画像は，当然，本質的に異なるものであり，それらの画質を簡単に比較することは難しい．まず，CCD や CMOS 等による画像がサンプリングされた信号であることによる，空間周波数帯域制限の問題の他にも，信号がデジタル化されることによる量子化の問題が起きる．これは，具体的には，光の強さを離散的な値で記録することに起因する問題であって，その離散値のレベル設定の細かさが不十分であれば，銀塩写真と比較した場合，白から黒までの間の階調変化の不連続性，不自然さとして現れる．しかし，ここでは主に画素数のみに注目して，OTF の示すフィルムと CCD

やCMOS等のサンプリング撮像素子（以下代表してCCD）の持つ解像能力とコントラストに対する光学的な特徴についての検討を行おう．

4.5.1 CCD素子と写真フィルムのOTFによる比較

図4.29における実線は，ISO 200の代表的な35 mmサイズモノクロ写真フィルムのOTF曲線である．このフィルムのOTF曲線と，CCDのOTF曲線の比較により，これらの曲線の形状が近づくために必要とされるCCDの画素数を検討しよう．

ところが，一概にOTF，あるいはその絶対値であるところのMTFといっても2次元座標上の曲線として示されるもので，これらの曲線を全体で一致させて考えることは困難である．そこでここでは適当な代表点に注目し，そこでのレスポンスが，フィルムの場合と等しくなるようなCCDのOTFを得るための条件を導こう．こうして得られる画素間隔で，写真フィルムと同じ広さをCCD画素が充たせば，この架空のCCDは注目する空間周波数（点）におけるOTF計算値に関してはフィルムと同等の結像性能を持つと考えることができよう．

ここで，簡単にCCDに用いられる光学的ローパス・フィルター（以下

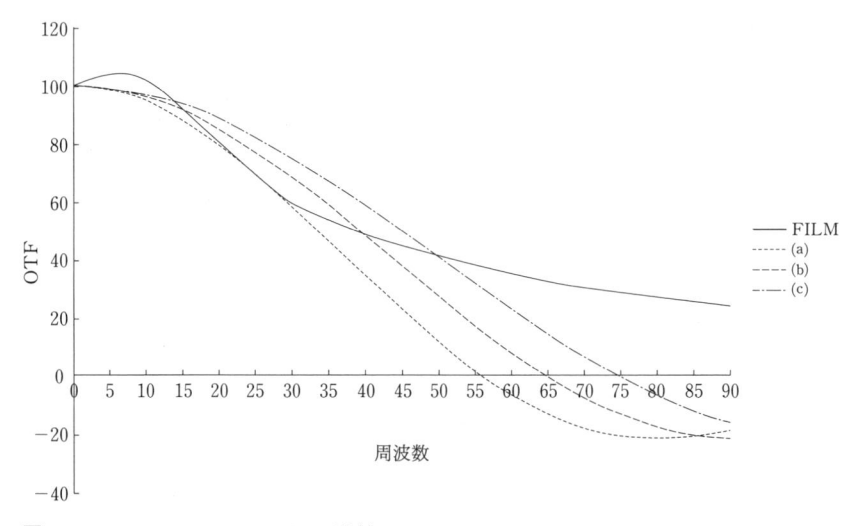

図 4.29 フィルムとCCDのOTF曲線

OLPF) について触れておこう．この様な場合の OLPF の役目とは，CCD のサンプリング周期 P により決まるナイキスト周波数 B は，

$$B=\frac{1}{2P} \tag{4.78}$$

と表されるが，画像に悪影響を与えるエリアジングを防ぐために，この B 以上の周波数をカットすることにあった．実際には，光の偏光成分により屈折率が異なる水晶の複屈折性や回折現象を応用して解像力を落とす方法が用いられるが，前者の水晶の複屈折性を利用するものが CCD 素子に対しては代表的である．ナイキスト周波数においてレスポンスが急激に落ちる理想的なフィルターとはかなり異なり，この OLPF は正弦波状の連続的な周波数特性を示す．ナイキスト周波数において最初に 0 となる OLPF の OTF，$L_p(\nu)$ は，

$$L_p(\nu)=\cos(\pi P\nu) \tag{4.79}$$

と表される．この $L_p(\nu)$ と，CCD のサンプリング開口による OTF の劣化を表す sinc 関数が掛け合わされ，1 次元における CCD 自身の OTF，$H(\nu)$ は以下の様に表される．

$$H(\nu)=\cos(\pi P\nu)\operatorname{sinc}(w\nu) \tag{4.80}$$

式 (4.80) で得られる CCD の OTF と，図 4.29 のフィルムの OTF が，あるポイント，空間周波数で交わるようにサンプリング間隔 P を決めることにより，上記の架空の CCD 画素数について検討する．

ここでまず，写真レンズ設計において重要な 30 本/mm（白黒縞の組が 1 mm に 30 組存在する）付近に注目して P の値について考えてみよう．このときのレスポンスは約 60% 程度であるとすると，仮に 1 次元の開口率を 100% とし，式 (4.80) 上の w を P と置けば，その場合式 (4.80) は，

$$H(\nu)=\frac{1}{\pi P\nu}\cos(\pi P\nu)\sin(\pi P\nu)=\frac{1}{2\pi P\nu}\sin(2\pi P\nu)=\operatorname{sinc}(2P\nu) \tag{4.81}$$

となる．

この式 (4.81) から，この条件を充たす P の値は約 0.0089 mm となる．ちなみにこのとき，ナイキスト周波数は 56 本/mm である．もし，この画素間隔 P を維持して，単純に画素を 35 mm 版フィルムの大きさ（36×24 mm）に敷き詰めるとすれば，1090 万画素必要となる（図 4.29 鎖線(a)）．また図 4.30 に，

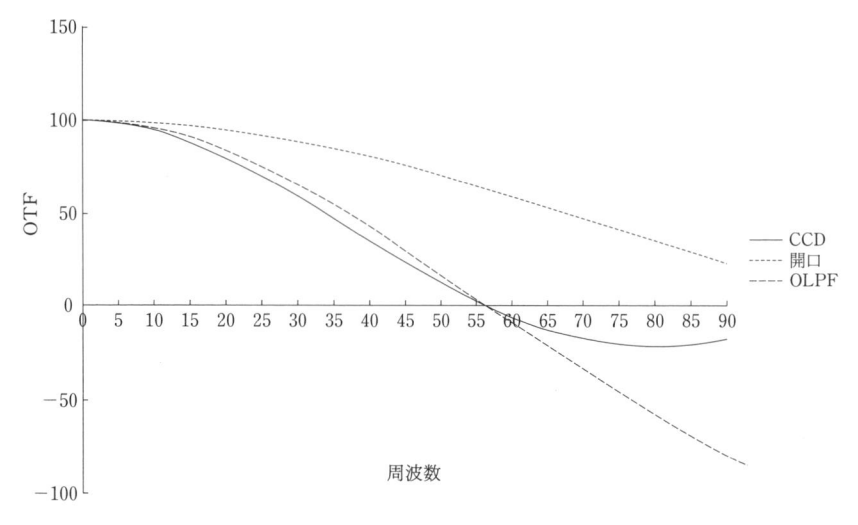

図 4.30 OLPF と開口の OTF の掛け合わせによる CCD のレスポンス（実線）

式(4.80)による，OLPF と開口の OTF が掛け合わされて CCD のレスポンス（実線）が得られる様子を示す．

さらに，空間周波数 40 本/mm と 50 本/mm のところで同様の計算を行うと，それぞれの場合 P は，0.0077 mm, 0.0067 mm, 約 1460 万画素，1920 万画素必要となる．これらの状況における CCD とフィルムの OTF 曲線を，図 4.29 の鎖線(b)および(c)に示す．

ここで考察した値は白黒フィルムに対するものであり，CCD もモノクロの場合を対応させて考えなければならない．また，ISO 200 における値でもあり，他のフィルム感度においては事情も異なる．さらに，フィルム性能に代わる仮のフィルムサイズ CCD における画素数のみに注目していて，後述する CCD のサイズの変化についてはここでは触れてはいない．

4.5.2　周波数帯域制限の他の方法

ここまでは，一般的な水晶板による OLPF を仮定して話を進めてきた．しかし，異なる光学的特徴を持つ OLPF も実用化され，素子の構造，画像処理の面からも様々なエリアジング対策が行われている．OLPF により，ナイキスト周波数上でそれ以上の高周波を完全に遮断することが，偽色や偽解像など

のエリアジング対策のためには理想的ではあるが，ナイキスト周波数以下の領域における解像力向上のために，サンプリング周波数近くまで遮断周波数を高めに設定し，サンプリング段階ではエリアジングをある程度残存させ，画像処理なども含めて総合的にバランスを取るというやり方も一般的である．

　ちなみに，OLPF に依存せずに適切な帯域制限を行う工夫の1つに以下の様なものがある．ここで，図 4.31 にある様に1次元的に CCD 素子が間隔 P で並ぶライン・センサー状の装置を考えよう．このとき，1次元的な開口率は 100%と置く．つまり開口幅 w と P が等しいとしよう．この様な素子でスキャンすることにより原稿・被写体を読み取っていくシステムは非常に一般的なものである．既述の通り，ライン・センサーが1列並んでいるだけではナイキスト周波数は式 (4.78) により決められ，サンプリング周波数の 1/2 になる．ところが，ここで図 4.31 にある様に，2列目のライン・センサーを，1番目のものとは 1/2 画素（$=P/2$）だけ位置をスキャン方向とは垂直にずらして配置すると考えてみよう．このとき，画素単位のスキャンは図の画素図中に示された順序で処理されるとすることができるので，開口の大きさはそのままで，サンプリング間隔は $P/2$ になったと考えることができる．これは，1次元の開口率が 200%になったのと同じことである．すると，開口の OTF を表す sinc 関数の最初の0点の位置が $1/P$ になり，新しいナイキスト周波数と一致する．

　ここで，サンプリングされた原画像 $g(x)$ のスペクトルは，定数係数を省いて，

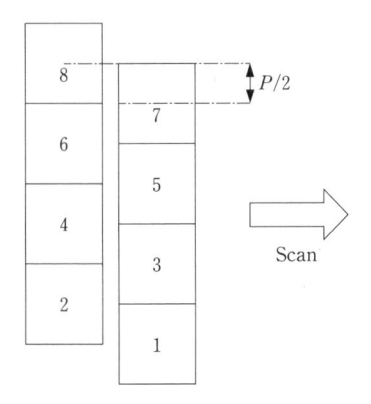

図 4.31 画素ずらしスキャンの概念図

$$F(\nu)=\{G(\nu)\cdot\mathrm{sinc}(w\nu)\}*\mathrm{comb}(P\nu) \tag{4.82}$$

となるので，式(4.82)の中括弧内に注目すると，このままで開口のフーリエ変換，sinc関数により原画像の適切な周波数帯域制限が可能なことが理解できる．$P=w$の条件では，ここでは開口のMTFがそのままCCDのMTFを表すことになる．いずれにしても，ローパス・フィルター機能としての条件は，$1/P$において最初の0ポイントを設定すれば良く，$1/2P$の通常の場合に比べ，像の鮮鋭度に対し非常に有利になる．この様な考え方は，2次元CCD素子の場合には複数枚のCCDを用いたり，あるいは機械的に位置を変化（マイクロ・スキャニング）させたりして"画素ずらし"の技術として利用されている．

この様な現実的な事情あるいは可能性から，ある程度のエリアジングの残存を考慮して，今度はOLPFを外し，

$$H(\nu)=\mathrm{sinc}(P\nu) \tag{4.83}$$

として，必要画素数の検討がKriss[56]により行われている．ここではフィルムとCCDのMTFがレスポンス50％で一致する様に，空間周波数$\nu_{0.5}$において式(4.83)よりCCDのサンプリング間隔Pが決められている．図4.29においては$\nu_{0.5}\fallingdotseq 39$(本/mm)，$P\fallingdotseq 0.0155$(mm)であり，必要画素数は約360万画素になる．ところが，ここでのナイキスト周波数は約32(本/mm)であって上記$\nu_{0.5}$の値に達していない．つまりこの検討においては，レスポンス50％でOTFを一致させることは2つのOTF曲線をより低い周波数領域全体で近づけるための操作であり，決して$\nu_{0.5}$においてフィルムとCCDの性能が同等となることを検討するためのものではない．図4.29における曲線(b)はここでのCCD-OTF曲線と非常に近いものであるが，この曲線にナイキスト周波数より緩い遮断周波数（$2B$程度，あるいはそれ以上）のOLPF特性が掛け合わされれば，CCD-OTFは0から30(本/mm)の範囲でフィルム-OTFに接近していく．

これとは別にThomas[67]により，フィルムとCCDの2つのOTFの重ね合わせ方についての異なるモデルが提唱されている．そこでは，上記と同様の$\nu_{0.5}$を用いて直接サンプリング理論から，

$$P=\frac{1}{2\nu_{0.5}} \tag{4.84}$$

としてPを決める．$P=0.0128$となり，530万程度の必要画素が計算される．

この評価手法においては，CCD 開口における遮断周波数 $2B$ を持つ OTF が，ナイキスト周波数 B 付近の，やや高い周波数で遮断を行う OLPF-OTF と乗ぜられ，やはり上述と同様の範囲での 2 つの OTF の接近を想定している．OLPF の遮断が厳しい分，やや高めの画素数が得られる．

ところで，カラーフィルムに匹敵するためには，ここでは単純に比較はできないが，理想的には 3 つの感色層を再現するために 3 枚の素子が必要になる．もしくは，ここでの数字の 3 倍程度の画素数を持つ素子が必要になる．しかし，現実には波長による影響力の違いなどから，あるいは画素配置や画像処理などの工夫により必ずしも 3 倍の画素数を用いない場合が多い．

いずれにしても，これまでに得られた画素数はかなり大きな数字の様に見えるが，現行の市販フィルム・スキャナーにおいては 2700 dpi（dots par inch）は極く一般的な仕様であって，この場合，35 mm フィルムを読み取ると画素数は約 1000 万にも達する．ワンショットで一括してエリア・センサーによって画像を読み取れ，そして，それを迅速に処理・記録する能力を実現し，実際の写真撮影において有用な機動性を持ったカメラ・システムを構築するためにこそ，光学系，撮像素子，処理系などに高度な技術が求められている．

4.5.3 CCD の大きさについて

上記の検討は画素数のみに対するものであり，写真フィルムを単純に画素により構成されるものに置き換えた場合を考えている．実際には CCD の有効面積が大きいほど飽和電荷量の増大が可能になるなど，画素サイズは電子技術的な性能に大きな影響を与える．そして，異なる画素サイズの素子に同じ F ナンバーの光学系を用いた場合を考えると，像面上の照度こそは等しくなるが，単位画素に取り込まれるエネルギーは有効画素面積に比例して変化する．

ところが，小型化・低価格化のために，普及タイプのデジタル・カメラにおいては，CCD 素子全体の小型化が望まれている．基本的な解像力の改善のためには，これまで触れた通り，画素数を増やす以外に方法はないので，CCD 素子はより高密度なものになっていく．上述の通り，画素の感度が低下すると同時に，撮影レンズ性能に大きな負荷がかかることとなる．

もし，23×16 mm に 255 万画素存在するとすれば，画素間隔 P は約 0.012 mm となる．ナイキスト周波数は約 42 本/mm である．しかし，この画素数

が普及機の 1/2 inch CCD に存在するとなると，P は 0.0035 mm となり，ナイキスト周波数は約 143 本/mm となる．したがって，この高密度な画素の集積を生かす高解像能力がレンズに求められることになる．

さらに，ある程度以上解像力が高くなると，結像性能に光の波動性による回折の影響を無視できなくなる．画素の精密さに対応できる光学系の性能を確認するためには，波動光学的な評価が必要になる．

また，通常の写真撮影の様な一般的な状態で，レンズの F ナンバーを F とし，波長を λ とすれば，無収差光学系においても回折による限界解像本数（遮断周波数）ν_c は，

$$\nu_c = \frac{1}{\lambda F} \tag{4.85}$$

として表される．ここで，λ=586 nm と置いて，この単波長に対してすべての画素が用いられると考え，上記の値 ν_c=143 本/mm となる F 値を計算すると約 F12 であり，この絞り値で 143 本/mm の OTF は 0 になってしまう．光学系が無収差であっても，この遮断周波数に向かって OTF はほぼ直線的に 0 に近づいていくので，ν_c 近辺の周波数領域においても回折の影響は大きい．

この様に，最小絞り値は画素サイズが縮小されるたびに明るい値になり，絞り込みが不可能になってくるが，受光画素面積が m 倍に変化すると，式 (4.85) より遮断 F ナンバーは $\sqrt{m}$ 倍になり，上記考察の通り限界口径比における 1 画素に到達するエネルギーは変化しない．

4.6 電子画像の再構成とエリアジング

CCD 素子の画素間隔により決まるナイキスト周波数以上の成分が，像において制限されていれば，偽信号を生み出すエリアジングは起きない．しかし，これまでに触れた様に，ナイキスト周波数における完全な周波数帯域制限による解像力の低下を避けるための処置により，また，デジタル化された画像から連続的な画像を再び取り出すための再構成（reconstruction）フィルターにも理想的なものは存在しないので，出力画像に不適当な高周波数成分ノイズあるいはエリアジングの影響が残り得る．本節ではこの様な離散的サンプリング画像特有のノイズ，偽信号の混入した画像について検討したい．さらに，再構成

4.6 電子画像の再構成とエリアジング —— 177

以降の画像の出力装置，そして最終的な受光光学系，つまり目等の画像システム全体に対する影響についても言及する．

4.6.1 画像の再構成

光学系の結像による連続的な画像 $g(x)$ が，間隔 P で幅 w の受光部により1次元的にサンプリングされる場合，そのサンプリングされた強度分布のフーリエ変換は，$G(\nu)$ を $g(x)$ のフーリエ変換として，

$$F(\nu)=\{G(\nu)\cdot\mathrm{sinc}(w\nu)\}*\mathrm{comb}(P\nu) \tag{4.86}$$

と表すことが可能であった．ここでは $F(\nu)$ と $G(\nu)$ をそれぞれ，それらの強度分布の全光量を1とし，正規化したスペクトル分布とみなそう．したがって式(4.86)は式(4.70)と等価である．

さて，仮に受光部幅が無限に小さく，点におけるサンプリングが可能であるとすれば，式(4.86)は，

$$F(\nu)=G(\nu)*\mathrm{comb}(P\nu) \tag{4.87}$$

とすることができる．このときの様子を図4.32に示す．デジタル化されるときの強度の離散値化による誤差を考えなければ，この信号から出力信号として，連続な分布が取り出される．このデジタルデータの可視化のための画像の再構成（reconstruction）は，リコンストラクション・フィルター（以降，RCFと記す）により，図4.32の周波数領域で考えれば，中心の0次のレスポンスを一山切り出すことにより実現され，連続信号の完全なフーリエ周波数成分が得られる．この信号を逆フーリエ変換すれば，完全な照度分布信号が再現できるはずである．理想的な周波数領域での矩形フィルターを考えれば，再構成される信号は，

$$F'(\nu)=\{G(\nu)*\mathrm{comb}(P\nu)\}\cdot\mathrm{rect}(P\nu) \tag{4.88}$$

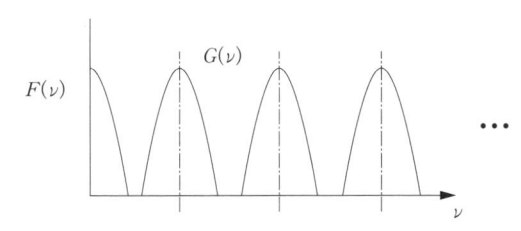

図 4.32 サンプリング信号のフーリエ変換

である．このとき，各次数の $G(\nu-n/P)$ がそれぞれ重なり合わないことが完全な再現のためのサンプリング条件であり，そのためにはナイキスト周波数以上の周波数が元信号に含まれていないことが条件であった．実空間領域では，畳み込み定理に基づいて式(4.88)は逆フーリエ変換され，rect 関数のフーリエ変換は sinc 関数になるので，$f'(x)$ も全光量で正規化すれば，

$$f'(x) = \left\{ g(x) \cdot \mathrm{comb}\left(\frac{x}{P}\right) \right\} * \mathrm{sinc}\left(\frac{x}{P}\right) \tag{4.89}$$

となる．

　サンプリングされた離散的なデータの，それぞれの画素の位置に sinc 関数を掛け込んで，サンプリング・データを内挿する形で関数が連続化され，そして完全に復元されることが理解できる（図4.33）．この作業を画像の再構成と呼ぶが，式(4.89)の操作が，実際に実空間領域の照度分布信号に対して電気的に行われることになる．この再構成，そして RCF についてここで少し考えたい．

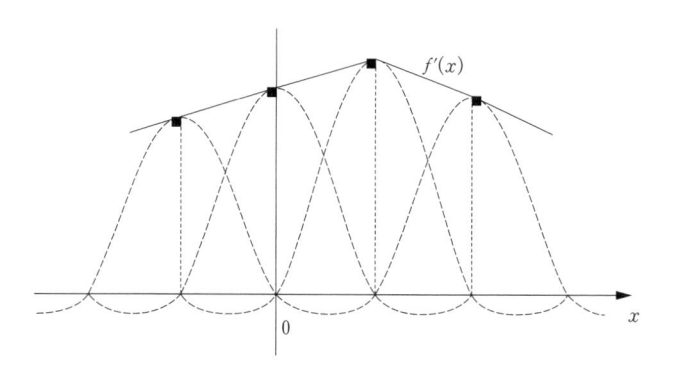

図 4.33　sinc 関数による補完

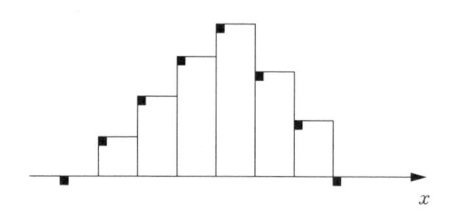

図 4.34　単純なリコンストラクション・フィルター

4.6 電子画像の再構成とエリアジング ——— 179

　上述の場合はサンプリング定理に基づく理想的な RCF について考えたが，本来リコンストラクトとは，数字のみで成り立つデジタルデータを用いた可視的な照度分布モデルの再構築の意味であるので，その性能の良否は別として，様々なタイプのものが考えられる．例えば図 4.34 に示すように，ある強度が次の観測点まで維持される様なタイプが単純な例としてあげられる．

　RCF の理想的なものは，式 (4.89) にある畳み込みであり，そこでの sinc 関数は負と正の強度の部分を持ち，これらが減衰しながら交互に無限に続くものなので，そう単純には実現できない．データが量子化されてしまうこと，処理時間の短縮などの事柄を考え合せると，(a) のタイプのフィルターもノイズを含むが，サンプリング間隔が狭まれば精度を増し非常に実際的なものとなる．

　この RCF において式 (4.89) におけるのと同様に考えると，以下のように実空間領域でサンプリング・データに矩形 (rect) 関数が畳み込みされることになる．

$$f'(x) = \left\{ g(x) \cdot \mathrm{comb}\left(\frac{x}{P}\right) \right\} * \mathrm{rect}\left(\frac{x}{P}\right) \tag{4.90}$$

すると，周波数領域では，式 (4.90) の中括弧内のフーリエ変換を $F(\nu)$ と置くと，

$$F'(\nu) = F(\nu) \cdot \mathrm{sinc}(P\nu) \tag{4.91}$$

となり，sinc 関数が $F(\nu)$ に掛けられ信号が取り出されることになる．明らかにカット・オフ (cut-off) は適切に行われず，主要信号部以外の高周波成分が減衰しながら無限に残存している．これが，実空間領域での階段状の不円滑性をもたらす周波数成分である．この様な現象はこうして，適切なナイキスト周波数帯域制限下においても起こり，エリアジングとは異なるものであり，RCF の不備による．

4.6.2　CRT，プリンタそして観察者による再構成

　ここまではほとんど，サンプリング信号までの段階，あるいは電気的再構成の段階までの話題に終始してきたが，ここで，簡単に画像の出力側の CRT やプリンタなど，そして観察者の目について，これらも RCF としての観点から触れてみたい．

　画像の出力装置は，CRT にしろプリンタにしろ，一般的には一定の間隔で

存在する定まった位置を中心に，任意の強度を持つ分布を配置することにより，画像を形成していると考えられる．この操作は CCD が光学系による結像を切り取ることとほとんど同様に表現できる．再構成された信号を $f'(x)$，ディスプレイの出力分布を $f''(x)$ とし，CRT の画素間隔を P' とすれば，

$$f''(x)=\left\{f'(x)\cdot\mathrm{comb}\left(\frac{x}{P'}\right)\right\}*h(x) \tag{4.92}$$

である．ここで，関数 $h(x)$ はディスプレイの定位置におけるスポットの広がりを表し，CCD 上の場合の画素の大きさを含めた，画素の受光感度分布に相当する．式(4.92)をフーリエ変換すると，

$$F''(\nu)=\{F'(\nu)*\mathrm{comb}(P'\nu)\}\cdot H(\nu) \tag{4.93}$$

となる．$h(x)$ はデバイスにより様々である．一般的に CRT はガウス分布，プリンタでは使用される用紙によりガウス分布であったり矩形分布であったりと異なる．スポットの大きさが大きくなれば，それだけ周波数領域での $H(\nu)$ の幅が狭くなり，式(4.93)の中括弧になる高周波の高次レスポンス部分を抑えやすくなる．この傾向は，解像力はある程度落ちるが，画面が本来持っている格子状の細かい画素による模様が目立たなくなることを意味している．逆にスポット径が小さくなれば $H(\nu)$ は幅広くなり高次成分を制限せず，格子構造が顕著になる（図 4.35(a)）．この様に，ディスプレイの画素形状は一種の RCF として機能している．

さらに，最終的にこのディスプレイにおける画像を，通常は人間が観察する

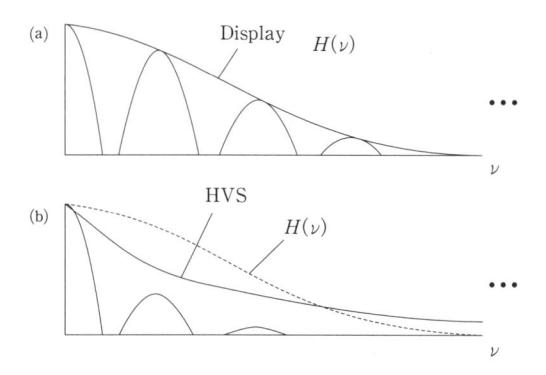

図 4.35　出力装置（ディスプレイ）と目（VHS）による画像の再構成

ことになる．この人間の目による観察系を HVS (human visual system) と呼ぶこともできる．HVS における，見かけの単位角度内に含まれる白黒チャートの周波数の変化に対する MTF 値が一般的に測定されている．目視の距離が定まれば，単位長さにおける周波数に対する MTF として換算可能である．そして，この値がさらなる RCF として掛け合わされる（図 4.35(b)）．適当な距離がディスプレイから観察者までの間でとられれば，MTF 曲線の減衰が急になり，ローパス・フィルターとしての役割を果たす．観察者の目には，ディスプレイの格子構造は感知されない．ところが観察者がディスプレイに近づけば，MTF 曲線はなだらかになり，高次成分を十分に圧迫できなくなる．すると高周波成分により格子構造が認識されてしまう．

4.6.3　サンプリング画像におけるアイソプラナティズム

アイソプラナティズムとは，これまでに触れた様に，OTF 評価が意味を持つ，そして OTF 同志の掛け算あるいは畳み込み積分などが意味を持つ，線形性成立のための条件である．簡単に述べれば，一般的に点光源像が光学系を透過後得られる点像強度分布 PSF が点光源の位置の違いにより変化しないことをいう．一般的な結像光学系においては，収差などの影響で，このアイソプラナティックな条件が画像全体で満たされている訳ではないが，点光源の移動による PSF の変化が実質的に無視できる領域，つまり測定・製造誤差の範囲に含まれる領域をアイソプラナティック領域と限定し，線形性を仮定している（アイソプラナティック・パッチ）．この線形性が重要な理由は，PSF_1 と物体強度分布 $g_0(x)$ が畳み込みされ，光学系による出力値としての像強度分布 $g(x)$ が計算され得るからである．

$$g(x) = g_0(x) * PSF_1(x) \tag{4.94}$$

光学系固有の性質である PSF が，点光源の位置によりその値を変化させないことがまず，シンプルな表現（式(4.94)）成立のための前提であることは明らかである．そして，ここでの PSF に寄与する全光量を常に 1 とすれば，式(4.94)はフーリエ変換され，畳み込み定理により，

$$G(\nu) = G_0(\nu) \cdot OTF_1(\nu) \tag{4.95}$$

と表現される．アイソプラナティズムが成立していれば OTF により画像のスペクトルが得られ，強度分布全体の評価が可能なことが理解できる．この様に

OTF評価においてはアイソプラナティズムの成立は前提条件となる。さらに、式(4.94)の$g(x)$が適当なスリガラス等（あるいはCCD素子、フィルム上）に結像して、2番目の光学的要素の被写体となれば、式(4.94)の$g(x)$との畳み込みにより、ここまでのシステム全体による出力照度分布が得られる。これはフーリエ周波数領域では、

$$G_{SYS}(\nu) = G_0(\nu) \cdot \mathrm{OTF}_1(\nu) \cdot \mathrm{OTF}_2(\nu) \tag{4.96}$$

となり、システム全体のスペクトルを得ることができる。システム全体のOTFは$g_0(x)$にデルタ関数を用いると考えれば良いので、デルタ関数のフーリエ変換は定数1となり、さらに光学的要素が同じような繋がりを保つときも、

$$\mathrm{OTF}_{SYS}(\nu) = \mathrm{OTF}_1(\nu) \cdot \mathrm{OTF}_2(\nu) \cdots \tag{4.97}$$

として、個別のOTFの単純な積でシステム全体のOTFを得ることができる。

ところが、もしアイソプラナティズムという前提が崩れれば、このOTFの重要な性質が失われてしまうことになる。そして、その様な事態がサンプリング画像には起こり得る。

まず、図4.36(a)にある様に、CCD表面上に点光源の光学系による結像PSF_1が得られているとする。ここでは、この像を図のように、簡便のため幅0、つまり点でサンプリングすると考える。サンプリング間隔はPで、サンプリング関数（comb関数）とPSFの位置関係を表す量φを導入し、comb関数をデルタ関数の列で表せば、サンプリング後の離散的なPSFとして$f(x)$を考えると、

$$f(x) = \mathrm{PSF}_1(x) \left\{ \sum_k \delta(x - \varphi - kP) \right\} \tag{4.98}$$

ここで式(4.98)の中括弧内をcomb関数と考えて式(4.98)のフーリエ変換をとると、係数を省略して、

$$F(\nu) = \mathrm{OTF}_1(\nu) * \left\{ \sum_k \delta\left(\nu - \frac{k}{P}\right) \exp(i 2\pi \varphi \nu) \right\} \tag{4.99}$$

さらに、右辺の畳み込みを実行すると、

$$F(\nu) = \sum_k \mathrm{OTF}_1\left(\nu - \frac{k}{P}\right) \exp\left(i 2\pi \varphi \frac{k}{P}\right) \tag{4.100}$$

となる。式(4.100)はサンプリング画像のOTFにおいて、光学系のOTF_1が、その中心が順次k/Pの位置に複製され並ぶことを、そしてそれらのOTF_1の複製の位相は$2\pi\varphi(k/P)$ずれたものになることを表している。k次のOTF_1

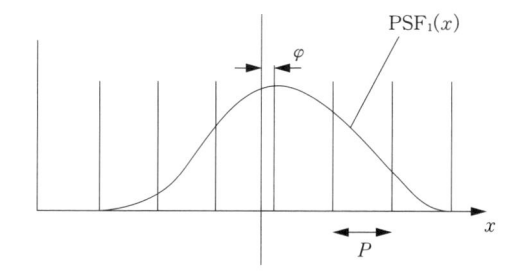

4.6 電子画像の再構成とエリアジング ━━━ 183

(a) 点光源像とサンプリング位置の変化

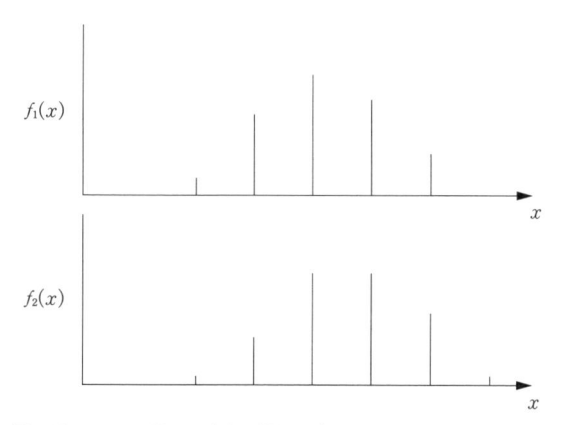

(b) 同じ形のPSFに対し，点光源位置が変化したときのサンプリング分布の変化

図 4.36

の複製の形成する平面は，ν 軸を回転軸として実数平面から $2\pi\varphi(k/P)$ 傾いたものとなる．

ここで，さらに上述した様な何らかの形の RCF により画像が再構成されることを考えると，このフィルターの OTF を OTF_2 と置けば，

$$F'(\nu)=F(\nu)\cdot\mathrm{OTF}_2(\nu) \tag{4.101}$$

として，ここで考えるべきシステムを通じてのフーリエ・スペクトル $F'(\nu)$ を表すことができる．OTF の絶対値の MTF で示せば，図 4.35 において理解できる様に，RCF が完璧なローパス・フィルターの役割を果たしていないとすると，k の 1 次以降の成分が残ることになる．この様な 0 次以外の項が残る場合，式(4.100)中の exp の項から明らかなように，例えサンプリング間隔が

十分に細かく,隣合う次数同士の OTF が混濁しない,エリアジングが存在しない状態でも,システムの OTF およびその逆フーリエ変換であるシステムの PSF は,PSF_1 とサンプリング点との位置関係 φ に依存することになる.つまり,点光源の位置が若干変化した場合に,像面上のサンプリング点は固定されているので,φ が変化し出力の PSF が変化することを意味する.これは,一般的なアイソプラナティズムに反するものであり,式(4.97)のような簡潔な関係が成立しない.実空間領域で画像の再構成が行われないときは図 4.36(b) に示されていて,明らかにサンプリングの結果の離散的な PSF の形状が,φ の変化により異なる.また,これらの分布に sinc 関数の様な完全な RCF ではない,式(4.100)における 1 次以降の項の残る不完全な,しかし一般的な RCF が用いられた場合,1 次以降の残存画像高周波成分の影響が,分布上の比較的細かな凹凸として現れる.これらは正しくない信号である.そして,これらのサンプリングされ再構成された PSF の形状は,サンプリング位置が相対的に移動し φ が変化するのに伴い変化する.

 PSF が変化してしまうアイソプラナティズムの破綻により,ナイキスト周波数上,間隔 P で波長 $2P$ の正弦波像のサンプリングを行う場合には,図 4.37 に示すような不都合が起こる.図 4.37(a)の場合には完全な RCF によって正弦波が再現し得るが,被サンプリング像とサンプリング点の位置関係 φ が $P/2$ 変化した図 4.37(b)の場合,サンプリングされた信号が一定値となり正弦波の復元が不可能になる.サンプリングされた画像のフーリエ・スペクトルは,式(4.99)の右辺の OTF_1 を,この場合の正弦波関数のフーリエ変換に置き換えることによりそのまま得られる.正弦波のフーリエ変換対は,

$$\cos\left(\frac{\pi x}{P}\right) \Longleftrightarrow \frac{1}{2}\left\{\delta\left(\nu - \frac{1}{2P}\right) + \delta\left(\nu + \frac{1}{2P}\right)\right\}$$

と表される.よって式(4.100)から,$\varphi=0$ の場合には位相項がゼロになり,ν 軸周りの回転がなくデルタ関数は強め合う.ところが,$\varphi=P/2$ のときには図 4.38 に示すように k の次数が増えるに従い位相が π 変化して 180 度づつ回転角が異なる 2 つのデルタ関数が同じ ν 座標上に存在することになり,それらは打ち消し合う.したがって,$\varphi=0$ の場合と異なり,いかなる RCF によっても振動を取り出せなくなる.これはナイキスト境界線上でのエリアジングによる現象と考えることができる.

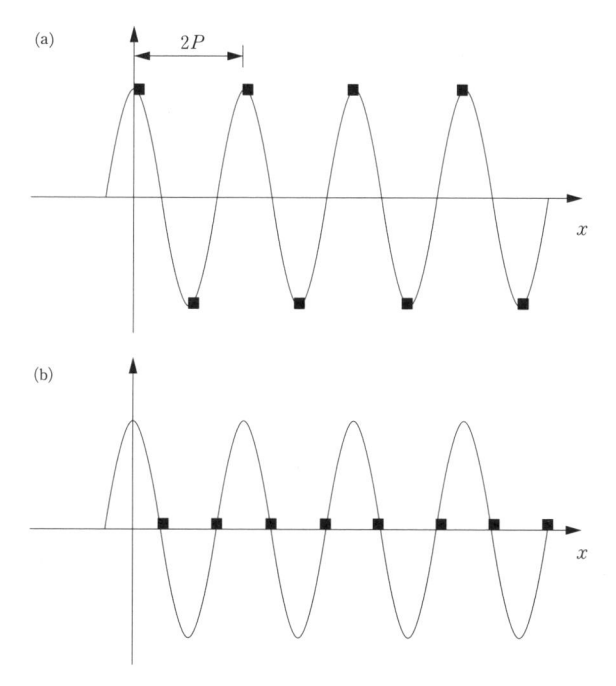

図 4.37 正弦波像のサンプリング

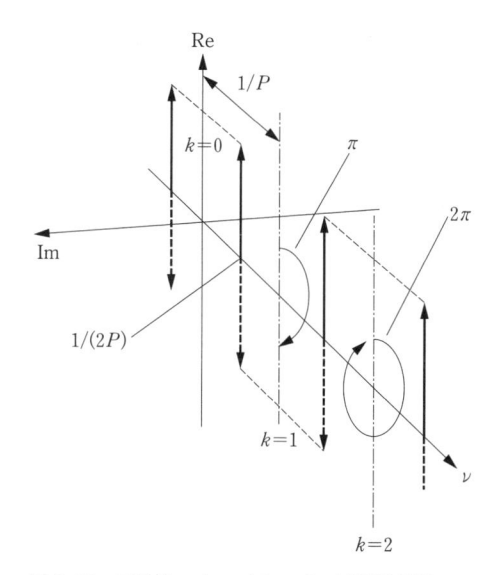

図 4.38 正弦波のサンプリング，周波数領域

さて今度は，OTFの導出に戻って，光学系による信号に周波数帯域制限が十分には行われておらず，明らかなエリアジングが存在する場合を考えよう（参考文献[70]による）．ここで，OTF_1 が周波数 ν_{c1} まで存在し，$\nu_{c1}<1/p$ とする．そして，RCF が k の2次以上の成分の影響を完全に制限するものであるという一般的・実際的な場合を考えれば，式(4.99)および式(4.100)より，OTF_2 を RCF のものとして，

$$F'(\nu)=\left\{OTF_1(\nu)+OTF_1\left(\nu-\frac{1}{P}\right)\exp(i2\pi\varphi/P)\right\}OTF_2(\nu) \quad (4.102)$$

と表せる．ここでそれぞれの OTF をその絶対値 MTF と位相 PTF を用いて表現すれば，

$$OTF(\nu)=MTF(\nu)\cdot\exp\{iPTF(\nu)\} \quad (4.103)$$

となるので，式(4.103)の表現を用いて式(4.102)を表し，辺々の絶対値をとりシステムの MTF を計算すれば，

$$|F'(\nu)|=\left[MTF_1^2(\nu)+MTF_1^2\left(\nu-\frac{1}{P}\right)+2MTF_1(\nu)MTF_1\left(\nu-\frac{1}{P}\right)\right.$$
$$\left.\times\cos\left\{PTF_1(\nu)-PTF_1\left(\nu-\frac{1}{P}\right)+\frac{2\pi\varphi}{P}\right\}\right]^{\frac{1}{2}}MTF_2(\nu)$$
$$(4.104)$$

エリアジングは周波数 $1/P-\nu_{c1}$ から ν_{c1} の間に存在し，式(4.104)の中の cos は -1 から 1 までの値をとり得るので，ν に対応するシステム MTF の最大値，最小値を考えると，

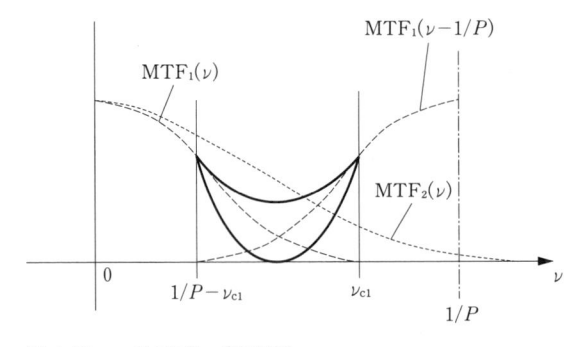

図 4.39 エリアジングの領域

$$|F'(\nu)|_{\max} = \left|\left\{\mathrm{MTF}_1(\nu) + \mathrm{MTF}_1\left(\nu - \frac{1}{P}\right)\right\} \mathrm{MTF}_2(\nu)\right| \qquad (4.105)$$

$$|F'(\nu)|_{\min} = \left|\left\{\mathrm{MTF}_1(\nu) - \mathrm{MTF}_1\left(\nu - \frac{1}{P}\right)\right\} \mathrm{MTF}_2(\nu)\right| \qquad (4.106)$$

となる．したがって，これらの式により示される図4.39にある様な範囲で，φの変化によりエリアジングされた信号が変化し，結像のOTF：$G(\nu)$のMTFだけでなく，PTFも少なからず影響を与えることが理解できる．またこのmaxとmin値に囲まれた領域の面積を計算し，信号全体の面積で正規化することによって，エリアジングの程度を相対的・定量的に表現することができる．

　上記のRCFの不十分さにより線形性が保たれない場合にも，また，一般的な程度のエリアジングにより線形性が保たれない場合にも，PSFのフーリエ・スペクトルOTFがφに依存しない，あるいはエリアジングに影響を受けない周波数領域が存在する．この領域においては式(4.95)あるいは式(4.96)に示されるような画像の再現が可能であり，OTFの積の概念が成立する．

第5章
照明系シミュレーション技術

5.1 照明光学系評価のためのモンテカルロ法の応用

　近年，照明系の設計段階においてのコンピュータによる精密なシミュレーションの必要性が様々な分野において高まっている．そこで従来の光学設計ソフトウェアにおける，結像系を主な対象とした評価機能をさらに拡張し，より多様化した照明系評価に，より適合した手法・機能が強く求められる．その中から，コンピュータ・グラフィックス用レンダリングソフト，照明シミュレータ，そして照明光学系評価機能を持つ光学設計ソフトウェアの光源モデリング・モデュール等に多く用いられている"モンテカルロ法"（Monte-Carlo Method）を特に重要な手法の1つとして紹介し，その内容について解説する．

5.1.1 モンテカルロ法とは
　現代的な意味におけるモンテカルロ法の研究は，フォン・ノイマン（Von Neumann）らの核分裂における中性子の拡散現象のシミュレーションへの応用に端を発するといわれる．

　モンテカルロ法とは，多くの場合，電子計算機等により発生される擬似乱数を用いてランダムな事象を解析，あるいは決定論的な事象においても確率論的に表現され得たその事象を解析するための，乱数の取り扱いに関する技法である．偶発性の強い現象の任意のシステムへの影響は，現象の素過程を支配する確率法則が得られれば，その確率を基に分布する乱数を用いてシミュレートすることが可能となる．

　例えば，これはモンテカルロ法という名の由来にも関係するようであるが，

カジノのルーレットのような賭け事の場合には，いつ，どの様な数字が出るのかは通常だれにもわからない．しかし，何らかの目的のために，このカジノに起きている現象のシミュレートを行うとすれば，ことルーレットの出目に関しては，そのルーレットにおける各目の出現する確率（確率分布）を反映した疑似乱数を発生させ，次々にこの乱数の指示する出目を決定していくことにより，シミュレートが可能である．実際の出来事も試行回数が増すにつれて，その結果は予想される確率分布に大数の法則に従って近づいていくからである．

また，決定論的事象の解析の一例として良く取り上げられるものに円周率の計算がある．2組の0から1に均一に分布する疑似乱数列により，図5.1にある様な2次元座標上に多数の点を発生させる．疑似乱数により決定されたこれらの座標を x_i および y_i とする．ここで原点を中心とした半径1の円の方程式を考えると，

$$x^2 + y^2 = 1$$

である．乱数列は0から1の間に発生されるので，それらの表す点は図5.1における面積1の正方形の内部に常に均一に分布する．点の総数を N としよう．これらの点のうち，円の内部に存在するもの，すなわち，

$$x_i^2 + y_i^2 < 1$$

なる条件を満たす点の総数を M としよう．各点は図形内に均一に分布しているので，正方形と4分の1円の面積比は N/M で表される．よって，

$$\pi = \frac{M}{N} \times 4$$

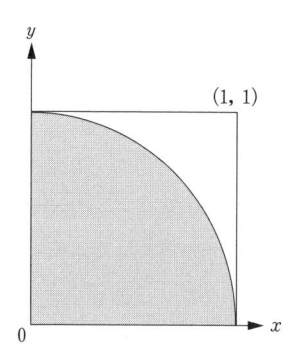

図5.1 モンテカルロ法による円周率の計算

として円周率を計算することができる．発生される点の数が増すに従い，その精度が向上していくことはいうまでもない．

この円周率計算におけるモンテカルロ法の応用を，定積分値計算への応用として一般的に表現すれば，次なる定積分によって考えることができる．

$$I = \int_0^1 f(x)dx \quad (0 \leq f(x) \leq 1)$$

ここで，区間 [0, 1] に一様に分布する乱数 i と j をとる．このとき確率変数 P を次の様に定義すると，

$$P = \begin{cases} 1 & (f(i) \geq j) \\ 0 & \end{cases}$$

P の期待値 $Ev(P)$ は積分値 I に等しい．つまりコンピュータにより独立した擬似乱数 (i, j) を N 個ずつそれぞれ区間 [0, 1] に一様に発生させ，上記条件を満たす回数を M とすれば近似的な積分値は以下のように求められる．

$$I = \frac{M}{N}$$

ここで N を増やしていけば I は真の期待値に近づいていく．

上述した例は非常に単純な例であり，その解決には乱数の発生を持ち込むまでもなく，その他の有効な手段が存在する．しかし，より事態が複雑な複合的な事象を考える場合，決定論的な応用として多次元的な多重定積分を解く場合などにはコンピュータの計算能力を生かしたモンテカルロ法は有効な手法となる．

5.1.2　モンテカルロ法の照明光学系シミュレーションへの基本的応用

ここでモンテカルロ法を応用し，面積を持つインコヒーレント（incoherent）な光源から光線を発生させ，被照明面における幾何光学的な放射照度分布を求めるシミュレーションの一例をその手順に沿って示そう．照度計算の基本については，これまでに本書において述べた通りである．

① 疑似乱数の発生分布を決定する．
② 光源面上に，擬似乱数により光線の発生する座標 $Q(x, y)$ を決定し，点光源を設ける．
③ 同様に擬似乱数により点光源 Q からの光線の射出角度 l および m を決定し，この方向に1本の光線を発生させる．

このとき，擬似乱数の分布を光源の物理特性を反映する様に設定し，光線発生のためのパラメータ x, y, l, m がそれぞれ独立してこの分布に従い，決定される．

こうして，均等なエネルギーを持つ光線の位置的・方向的な発生密度によって，光源の持つ指向性や発散度の分布を表現することが可能となる．

また，照度計算結果には直接関係しないが，スポット・ダイヤグラムにおいてしばしば観察される，光線を規則的に射出することによる無意味な幾何学的模様を生じないのもモンテカルロ法の特徴である（図5.2，図5.3）．

④ 発生された光線が被照明面に至るまで光線追跡が実行される．
⑤ 被照明面上の任意の微小区分に到達する光線本数がカウントされ加算される．
⑥ 上記②から⑤までの過程が任意の回数繰り返される（図5.4）．
⑦ 放射照度を計算する．

光源の所望の範囲・方位の空間に放射する全放射束を Φ，被照明面上の微小区分 K の面積を dA，光源を取り囲む所望の放射可能な全空間に発生された光線本数を N 本とすると，微小区分 K における放射照度 E は，

$$E = \frac{\Phi}{NdA}\left\{\sum_{j=1}^{N} G_j\right\} \tag{5.1}$$

ただし，

$$G_j = \begin{cases} 1 & （光線 j が dA 内に到達した場合） \\ 0 & （その他の場合） \end{cases}$$

となり，微小立体角中の放射束を初期設定する必要がない．各単独の光線が表すエネルギーは Φ/N となる．それゆえ，設定された光線本数に達する以前に計算を中止しても，適当な光線本数が有効であれば正常な計算が行われる．再び計算を続行することも可能である．また，周期が長く一様性の高い擬似乱数を用いるとすれば，同一の光源面上の座標 $Q(x, y)$ を2回以上発生するケースは稀であり，光源面上に総光線本数 N と同数の点光源，同数の射出方向が定義されることになり，複雑な形状の面光源・立体光源特性の再現に適している．

ちなみにモンテカルロ法を用いない粒子法による評価おいては放射照度は，

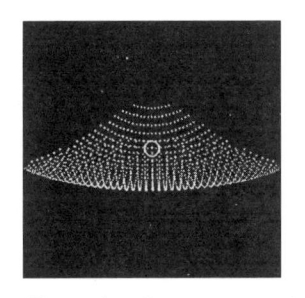

5.1 照明光学系評価のためのモンテカルロ法の応用 ──── 193

図5.2 規則的なピッチで発生した光線のスポット・ダイヤグラム

図5.3 モンテカルロ法によるスポット・ダイヤグラム．図5.2と同じ光学系に対して計算されているが，計算モジュールが同一でないため，スケールが多少異なっている．

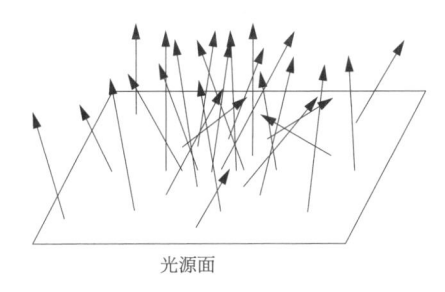

光源面

図5.4 モンテカルロ法による光線の射出

$$E = \frac{1}{dA}\left\{\sum_{j=1}^{N} G_j \Delta \Phi_j\right\} \tag{5.2}$$

と計算される．それぞれの光線は $\Delta\Phi_j$ なるそれぞれに異なる放射束を表している．そのため，光源のモデリングにおいて，この放射束の分割を行う作業が場合によっては非常に複雑になる．また計算のために必要なメモリー量も光線数の増加に比例して増えていく．

5.1.3 モンテカルロ法による光源のモデリング

平面上に2次元的な広がりを持つ光源，あるいは面光源が組み合わされて立体的な形状を持つような面発光光源のモデリングについて述べる．

具体的には多数の点光源を置いて光源の形状を模す訳であるが，上述した様に，この点光源の配置・発生にモンテカルロ法を用いる．面光源の放射発散度の分布に則り，擬似乱数により面光源上に点光源を配置する．この場合，一様

乱数に何らかの変換を加え，任意分布の乱数を発生させる．変換法は種々，存在する．

さらに光源の放射強度分布に則り発生させた擬似乱数により，点光源からの光線の射出方位を決定する．完全拡散面光源を例にとるならば，逆変換法により以下のように乱数は定義される．

I_{e0} を面光源の法線方向の放射強度とすれば，完全拡散面光源においては法線に対して θ の角度をなす方向への放射強度 I_e は，

$$I_e = I_{e0} \cos\theta \tag{5.3}$$

と表される．ここで，半径1の点光源を中心とする半球を考え，光線の射出角度を図5.5の様に座標 (φ, θ) で表現する．また，φ が0から 2π まで変化するとき，θ が $d\theta$ 微小変化することにより，球表面に発生する帯 S を考える．この帯の面積を ΔS とすれば，

$$\Delta S = 2\pi \sin\theta d\theta \tag{5.4}$$

である．

完全拡散面光源であることを考慮して，式(5.3)から相等しい放射束を表す1本の光線が代表する立体角は，球の半径は1なので球上の表面積 Δa と等しくなり，$\theta = 0$ のときの表面積を A として，

$$\Delta a = \frac{A}{\cos\theta}$$

と表すことができる．ここで，A は光線追跡本数により決まる任意の定数な

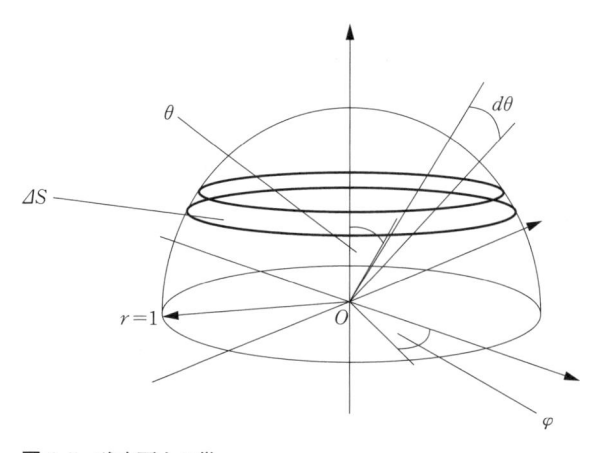

図5.5 球表面上の帯

ので $A=1$ と置く．するとこの場合，球中心から射出する光線が区域 S を通過する度数は，

$$N(\theta) = \frac{\Delta S}{\Delta a} = 2\pi \sin\theta d\theta \cos\theta \tag{5.5}$$

よって，$0 < \theta < \frac{\pi}{2}$ における光線出現の全度数を N とすれば，

$$N = 2\pi \int_0^{\frac{\pi}{2}} \sin\theta \cos\theta d\theta \tag{5.6}$$

となる．

ゆえに，$a < \theta < b$ で表される輪帯に光線が出現する確率 $P(a, b)$ を以下のように表現することができる．

$$P(a, b) = \frac{2\pi \int_a^b \sin\theta \cos\theta d\theta}{N} \tag{5.7}$$

さて，ここで区間 $[0, 1]$ に一様に分布する疑似乱数列中の1つの乱数を x とし，この乱数が基となり発生される，光源モデリングのための任意の分布を持つ乱数列中の1つの乱数を y としよう．x は何らかの数学的処理を受けて，条件を満たす y となるから，この事情を，

$$y = f(x) \quad \text{あるいは} \quad x = F(y)$$

と表現しよう．この場合，x と y を光源からの光線放射角度のパラメータとすれば，x は 0 から 1 の間に，y は 0 から $\pi/2$ の間に存在するので，$x = F(y)$ を図 5.6 にある様な関数として考えることができる．

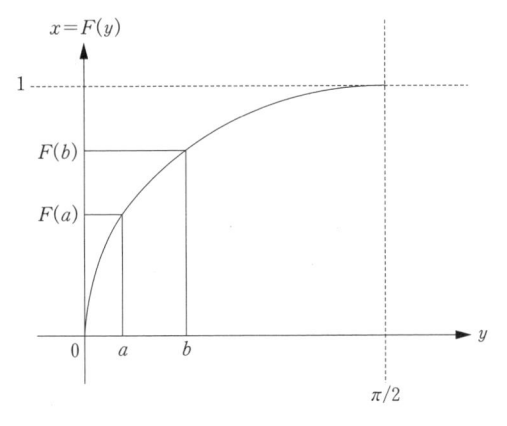

図 5.6　累積分布関数

もし，この区間に一様に分布する乱数列中の1つの乱数が x として発生されるとすると，この乱数が $a<y<b$ の区間に新たな y 系列の乱数を生む確率 $P(a, b)$ は，

$$P(a, b) = F(b) - F(a) \tag{5.8}$$

となる．ところが，完全拡散光源におけるこの確率は式(5.7)において得られていて，

$$P(a, b) = \frac{2\pi}{N}\left(\int_0^b \sin\theta\cos\theta d\theta - \int_0^a \sin\theta\cos\theta d\theta\right) \tag{5.9}$$

と考えることができるので明らかに，$a=0$, $b=y$ と置いて，

$$P(0, y) = F(y) = \frac{2\pi}{N}\int_0^y \sin\theta\cos\theta d\theta \tag{5.10}$$

となる．

この $F(y)$ を累積分布関数と呼ぶ．さて，$F(y)$ を区間 $[0, 1]$ における一様乱数列中の x と置いて，式(5.10)を計算していくと，

$$x = \sin^2 y = \frac{1}{2}(1 - \cos 2y) \tag{5.11}$$

よって，所望の条件を満たす乱数列は以下の様に求められ，θ が決定される．

$$y(=\theta) = \frac{1}{2}\cos^{-1}(1-2x) \tag{5.12}$$

また，φ に対しての分布は一様なので，φ は以下の Y により決定される．

$$Y(=\varphi) = 2\pi X \tag{5.13}$$

ここで述べた計算の基礎となるコンピュータ上の一様な擬似乱数は算術計算によるもので，本当の意味での乱数ではなく，非常に長い周期を持つ規則的な数列である．大量の光線による精度の高い照明計算に対応するための十分な周期の長さ，一様性，ランダム性などの点における擬似乱数発生機構の性能についての検討も重要である．

5.1.4 拡散・吸収のシミュレーション

モンテカルロ法は光学系内部の拡散面，吸収フィルター，内面反射などのシミュレーションにも有用である．媒質の境界面を通過する際の透過，反射，拡散，吸収のエネルギーの比率により光線の状態が確率的に1つに選択される．光線はあくまでも1つの粒子の様に振る舞う．ここで，もし拡散光になれば，

5.1 照明光学系評価のためのモンテカルロ法の応用 —— 197

拡散面の特性として任意に定義された確率分布により,乱数を発生させて拡散方向を決定する.また,吸収されるとなれば光線追跡はその段階で中止される.

拡散面の特性を表現するに際し,基本的には上述した光源の定義における射出方位決定の場合と同様に,拡散方向の分布特性に従い擬似乱数を発生させ,光線の射出方位が制御される.ここで,拡散光と非拡散光の割合,また,完全拡散光と非拡散光の射出方向を中心に分布する指向性を持つ,拡散光とのエネルギー比を定量化することにより,多様な拡散面の特性を表現することができる.

モンテカルロ法の拡散とは,1本の光線の表すエネルギーを変化させることなく,媒質の境界面において通常の屈折・反射作用により決められる光路から光線の進行方向を変化させることに過ぎないが,多数の光線が拡散面に達することにより,所望の拡散分布状態がシミュレートされる.そのため,光学系中に多数の拡散面を設定することも可能となり,また,ゴースト等の内面反射のシミュレーションにおいても各光学要素に希な反射の確率を与えることにより反射回数の制限を設ける必要がない(図5.7).照明光学系評価における拡散の取り扱いについては,後述する.

本来,モンテカルロ法には,乱数の統計的性質を事象の解析のために利用して,さらにコンピュータを合理的に利用していくための技法としての意味も含まれている.そのために,後述するインポータンス・サンプリング等の計算効率化のための種々の方法が存在し利用されている.これらをさらに幅広く研

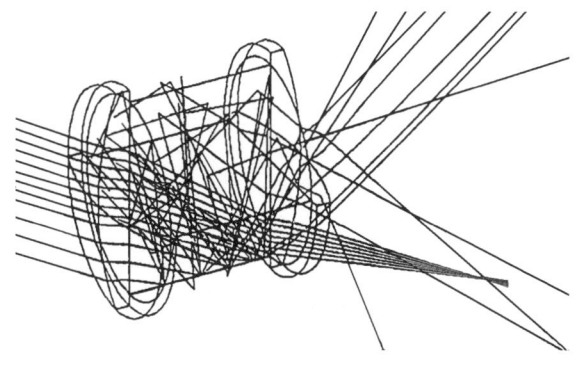

図5.7 モンテカルロ法を用いたノンシークエンシャルな内面反射のシミュレーション(その光路図)

究・応用することにより光学系計算におけるモンテカルロ法の重要性もさらに高まると思われる．

また，精度や速度とは違った観点からモンテカルロ法を捉えると，そのプログラムの書きやすさにも大きな利点がある様に思われる．光線，あるは波面の強度に均等なウエイトを用いることは，ウエイトが積分の外に出ることを意味し，アルゴリズムはシンプルになり，拡散，吸収，複数の光学系との結合などの設定も容易になる．この簡素性は，より複雑な評価のためのソフトウェアの拡張性・発展性に大きな意味を持つ．

5.2 照明計算の精度について

一般的な結像光学系の評価における点像の照度計算精度を考える場合には，系統誤差（systematic error）の要素となる，そのシミュレーションの背景にある光学理論の精度，光源の再現性などが重要である．ところが，光が被照明面上の広い範囲に到達する照明光学系のシミュレーションにおいては，有限個の光線サンプルを用いて行われる計算そのものが，広域に及ぶ多数の被照明面上の画素数との関わりにおいて持つ統計誤差（statistical error）が非常に際立ったものとなる．

本節ではこの統計誤差を主に取り上げる．

5.2.1 2項分布

シミュレーション上，光源から射出した任意の光線が，光線追跡により，被照明面上の照度計算のための特定の区域・画素に到着する確率を P としよう．光線の全発生本数を n，つまり独立試行回数を n とすれば，1回の試行において画素に光線が到着する確率と到着しない確率の和は1になる．よって，試行中の定まった順番で x 本の光線が，この画素に到達する確率は，

$$P^x(1-P)^{n-x}$$

である．

また，n 回中 x 回到着するのにも様々な順番が考えられる．この到着の仕方の数は，異なる n 個のものから x 個を選ぶ組み合わせの数となるので，n 本射出された光線のうち，特定の画素に x 本到着する確率 $f(x)$ は，

$$f(x) = C_{n,x} P^x (1-P)^{n-x} \tag{5.14}$$

であり，この分布を2項分布と呼ぶ．

5.2.2 ポアソン分布

　式(5.1)により，一応，光線の画素への到着本数を確率的に表現でき，そこから分散などの統計的な誤差を知るための数量を得ることもできる．しかし，一般的に照明計算においては画素の数は非常に多数であり，1本の光線が特定の画素に到着する確率は非常に低いものと考えられる．そのため，光線の本数，つまり独立試行回数 n も自ずと非常に大きな数となる．この様な極限的な2項分布はポアソン（Poisson）分布として知られている．ポアソン分布を導入することにより，統計的な誤差をより簡潔に捉えることができる．

　飛来する粒子を多数のチャンネルごとのカウンターで検出する様な一定時間にランダムに起きる事象の確率分布も，その独立試行回数，チャンネル数を増すことにより2項分布の極限としてのポアソン分布に従う．

　さて，2項分布においては期待値としての平均値 μ は，

$$\mu = nP$$

として表される．照度計算の場合であれば，特定の画素にこのくらいの本数の光線が到着するであろうと期待される値である．この式を変形して，式(5.14)に代入すれば，

$$f(x) = \frac{n!}{x!(n-x)!} \left(\frac{\mu}{n}\right)^x \left(1-\frac{\mu}{n}\right)^{n-x}$$

$$= \frac{\mu^x}{x!} \left(1-\frac{1}{n}\right)\left(1-\frac{2}{n}\right)\cdots\left(1-\frac{x-1}{n}\right)\left\{\left(1-\frac{\mu}{n}\right)^{\frac{-n}{\mu}}\right\}^{-\mu}\left(1-\frac{\mu}{n}\right)^{-x}$$

ここで，試行回数が非常に大きな数であるとし $n \to \infty$ とすると，光線の到着本数 x とその平均値 μ は有限の値と考えられるので，

$$f(x) = \frac{\mu^x}{x!} \left\{\lim_{n \to \infty}\left(1-\frac{\mu}{n}\right)^{\frac{-n}{\mu}}\right\}^{-\mu}$$

である．ここで，

$$\lim_{n \to \infty}\left(1 \pm \frac{1}{n}\right)^n = e^{\pm 1}$$

となるので，

$$f(x) = \frac{\mu^x}{x!} e^{-\mu} \tag{5.15}$$

となる．この式(5.15)で表される分布をポアソン分布と呼ぶ．

被照明面上の任意の区域・画素に任意の本数の光線が到着する確率は，この式(5.15)より検討できるはずである．

5.2.3 平均値と分散，標準偏差

統計的に用いられる平均値とは，期待値と同義であり以下の様に定義される．

$$\mu = \sum_{x=0}^{\infty} x f(x) \tag{5.16}$$

照度計算において x は，画素が光線の受け入れ本数としてとり得るすべての値（0と正の整数すべて）を表している．$f(x)$ は光線が画素に x 回飛来する確率を表す．したがってここではポアソン分布を表している．すべての事象に対しては，

$$\sum_{x=0}^{\infty} f(x) = 1 \tag{5.17}$$

となる．

また，分散とは以下の様に定義される．

$$\sigma^2 = \sum_{x=0}^{\infty} (x - \mu)^2 f(x) \tag{5.18}$$

式(5.16)からも明らかな様に，分散とは平均値 μ と実際に飛来した光線本数との差の2乗の期待値，つまり平均値からの誤差の2乗の平均値である．

多数回の試行について考えると，平均値 μ を挟んで実際の値はばらついて存在するのであるが，これらの値全体の平均値 μ からの離れ方を μ と同じ次元で表現したのが σ であり，これを標準偏差と呼ぶ．

さて，式(5.18)を展開すると，式(5.16)および式(5.17)より，

$$\sigma^2 = \sum_{x=0}^{\infty} x^2 f(x) - 2\mu^2 + \mu^2$$

式(5.15)を代入して整理すると，$n=0$ の項が消えて，

$$\sigma^2 = \sum_{x=1}^{\infty} \frac{x}{(x-1)!} \mu^x e^{-\mu} - \mu^2$$

$$= \mu e^{-\mu} \sum_{x=1}^{\infty} \frac{\mu^{x-1}}{(x-1)!} + \mu^2 e^{-\mu} \sum_{x=2}^{\infty} \frac{\mu^{x-2}}{(x-2)!} - \mu^2$$

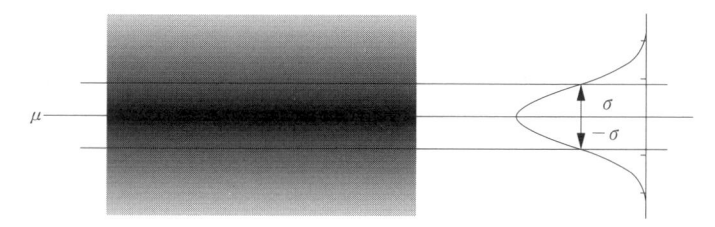

図5.8 ガウス分布と標準偏差

第1項，第2項の和は e^μ の級数展開なので，

$$\sigma^2 = \mu \tag{5.19}$$

となり，ポアソン分布においては，その平均値 μ と分散 σ^2 が等しいことが理解できる．

また，さらに平均値 μ の大きなポアソン分布は大数の法則から，平均値 μ，分散 σ^2 のガウス分布に漸近していくと考えられる（図5.8）．事象の起こる頻度に基づくポアソン分布を，その平均値 μ が大きくなるとき，分布が見かけ上は連続的となり，ガウス（Gaussian）分布と近似することができ，平均値 μ から画素がある離れた値を持つ確率を，確率分布図上の面積の比として表すことができる．

ガウス分布においては，平均値 μ から $\pm\sigma$ の範囲の事象が起こる確率が 68.3％，$\mu\pm2\sigma$ の範囲では 95.5％，$\mu\pm3\sigma$ の範囲では 99.7％ となる．

5.2.4 照度計算精度の考え方

ここで，照度計算の精度を考えるために，誤差のない理想的な照度シミュレーションを仮定しよう．そして，その照度分布において照度の変化が非常に少ない領域を考える．この領域の各区分・画素に飛来した光線の数は均一に平均値 μ をとるとする（図5.9）．

この理想的なシミュレーションによる分布と実際のシミュレーションによる分布の誤差が，その際の光線発生本数の不十分さによる偏りとして生じるものとし，領域全体に飛来する光線の総本数は変化しないと仮定する．つまり，実際のシミュレーションにおいても，この領域内の各区分における光線到達本数の平均値 μ が保たれると考える．すると理想的なシミュレーションによる照

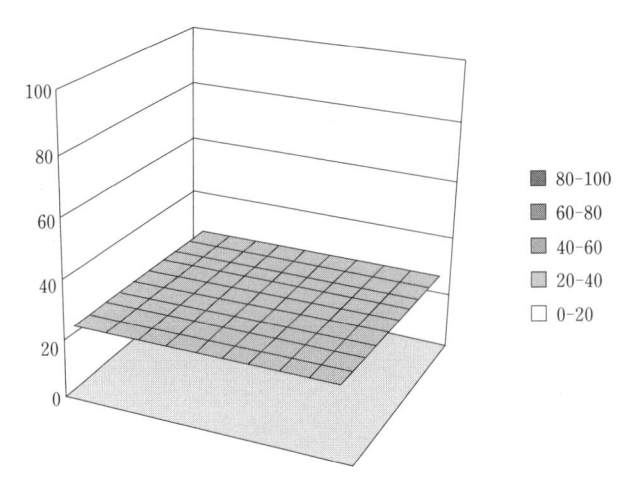

図5.9 均一な照度の被照明面

度からの誤差は，各区分に飛来する光線本数の平均値 μ との差と考えることができる．これは平均 μ のポアソン分布の標準偏差

$$\sigma = \sqrt{\mu} \tag{5.20}$$

により推定される．もし，10%の誤差を考えると，

$$\frac{\sqrt{\mu}}{\mu} = 0.1$$

より，

$$\mu = 100$$

となり，各画素に100本以上の光線が到達することが必要になる．

ちなみに，被照明面の照度分布が均一に近い領域において，この領域を $50 \times 50 = 2500$ 個の区域に分割すれば，$2500 \times 100 = 250000$（本）の有効な光線が必要となる．被照明面全体の照度が均一であり，その大きさを 100×100 (mm^2) と仮定するならば，2×2 (mm^2) の小区分上の照度が推定誤差10%程度で得られることになる．

当然のことではあるが，標準偏差から導かれたこの結果は，すべての画素において μ からの誤差10%以内の数値が検知され得るということを表している訳ではない．誤差の絶対値の平均が10%程度であることを，そして上述した通り，ガウス分布への近似から，±10%以内の誤差の光線到着回数を約69%

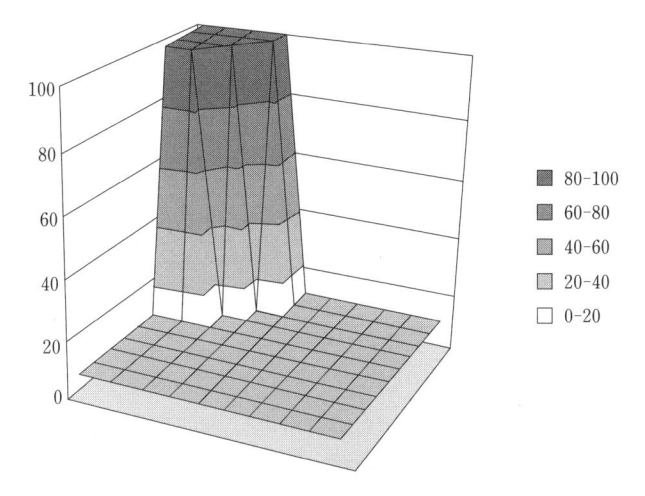

図 5.10 被照明面中央付近に光線が集中し，均一照度区域が2層に分離した場合（1/4 エリア）

の画素が持っているということが推定されているのである．さらに，$\mu \pm 2\sigma$ の範囲で考えれば，±20%以内の誤差の光線到着数を約 96% の画素が持っていると表現することもできる．

さて，話を先に進めると，もし上述と同様の被照明面の中心付近 40×40 (mm^2) の領域全体に均一に 150000（本）の光線が到達したとすると，この領域内に 400 の小区分・画素が存在し，平均値 $\mu = 375$ となり約 5.2% 程度の誤差が得られる．その他の領域には画素が 2100 存在し，100000（本）の光線がやはり均一に到達すると仮定する．この場合 $\mu = 47.62$，約 14.5% の誤差が推定され，光線の集中する密度が高い被照明領域における照度計算精度が，密度の低い領域における精度よりも高くなることが理解できる（図 5.10）．

この様に，被照明面上の光の集中の高い部分だけでなく，広域に渡る照度の広がりを定量的に扱わなければならない照明計算においては，その精度を向上させるためには膨大な計算量が必要となる．

5.3 照度計算における分布画像の再構成

前章ではサンプリング，そしてナイキスト周波数などの画像の離散的な取り扱いについて述べた．そこで本節では，フーリエ変換，画像の再構成などの事

柄を繋がりとして，やはり離散的なデータによらざるを得ない，照明系評価，あるいは結像の評価・再現などの場面で必要とされる，光学的な照度分布シミュレーションの技術について触れたい．

5.3.1 光線追跡による照度分布計算の特質

これまで述べた様に，光学設計プログラムあるいは一部のグラフィックプログラムにより，コンピュータ内に架空に設定された被写体の任意の光学系による結像および照明の様子を再現しようと試みる場合がある．

多くの場合これらの計算は，被写体から発生する多数の光線の光学系透過後の行き先をスネルの法則に基づいて調べる，幾何光学的な光線追跡という作業により成り立っている．このとき，どの様に照度あるいは輝度が計算されるかは2.2節以降にある程度詳しく述べてきたが，最終的には，像面上の多数に区切られたセル，画素1つ1つに到着する光線本数がカウントされ，画素区域の照度が代表されることになる．そして多数の画素ごとの照度が計算され照度分布が得られる．

コンピュータ内で処理される訳であるから当然ではあるが，この場合も本来連続的であるべき情報が，CCD撮像素子上におけるサンプリングされた画像と同様に，離散的に表現されることになる．通常，照度計算の場合は像面上の画素の細かさがそのまま出力結果として用いられるので，むしろ，この離散化は，電子画像の場合のCRTやプリンタにおけるリサンプリングに近いものと考えることもできる．

照度計算の場合には，最初のサンプリングは光源の発光状態をコンピュータに取り込むための表現において行われる．この作業は，一般的には光源の発光特性を表す3次元情報の離散化であり，射出の座標，方向，エネルギーを表現できる幾何光学的な光線を非常に多数用いることにより実行される．より簡単に述べれば，本来，広がりを持って進行する光波を，架空の"光線"という体積を持たないものに代表させることにより一種の離散化を行う．シミュレーション上では，この様に離散化された情報が光学系を通過して像面に達する訳である．この情報は，最終的には光線によるサンプリングの悪影響は像面上，本来連続であるべき照度分布が不連続になったりノイズを持ったりすることに現れる．当然，最終的には照度分布が表現される画素の細かさに対して十分な連

5.3 照度計算における分布画像の再構成 ——— 205

(a) 100本

(b) 500本

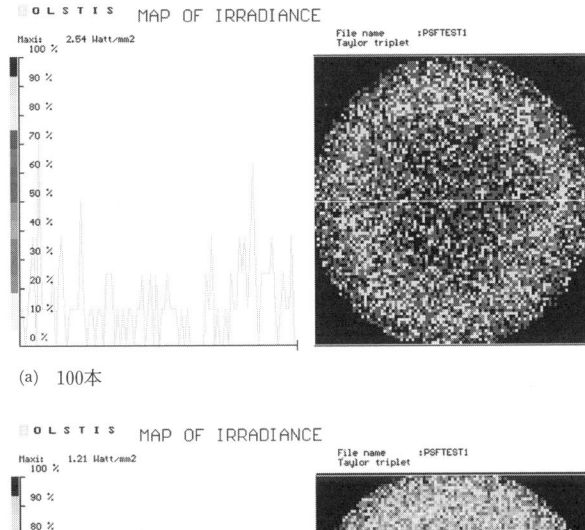

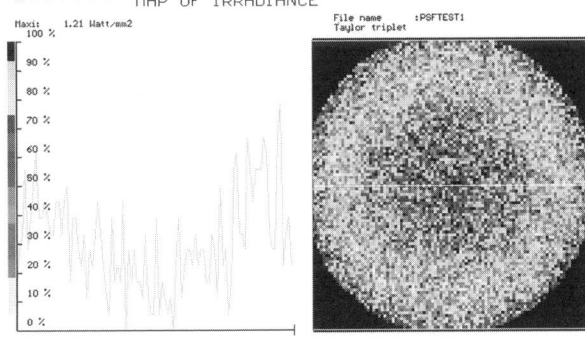

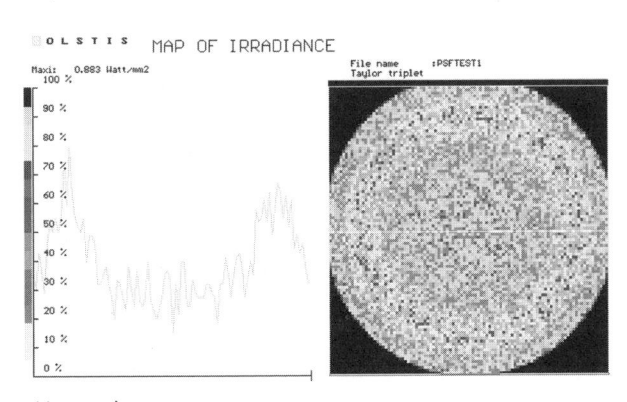

(c) 2500本

図 5.11 有効光線本数の増加に伴う統計誤差の変化．それぞれ右図中央断面上に存在する画素に含まれる光線本数は，(a)：100本，(b)：500本，(c)：2500本
(Optis, Solstis による)

続性を持っていれば良い訳であるが，5.2.4項で検討したとおり，妥当な分布を得るためには非常に多くの光線本数が必要となる．

$$n = \frac{1}{\sqrt{\mu}} \tag{5.21}$$

ちなみに，式(5.21)は均一な照度分布において，ある画素においての想定される誤差 n（0から1）と1画素あたりに含まれる光線本数 μ の関係を表している．

図5.11に，光線本数の増加に伴い照度計算結果が安定していく様子を示す．

5.3.2 画像の再構成との共通性

比較的シンプルな光学系・照明系の設計あるいは評価においても，その作業効率を上げ，照度分布の再現精度を高め，またリアリスティックに表現するためには，光線追跡本数のカウントによる生のデータの平滑化（スムージング）が有効になる．特に，光線追跡に際しての光学的要素間の順序が存在せず要素間の相互の関係が複雑になるノンシークエンシャルな評価においては，膨大な数に上る観察面に達しない無効光線が発生するため，平滑化は必須のものとなる．

この平滑化・連続化処理は，CCD画像システムにおいて考えた画像の再構成（reconstruction）にあたると考えることもできる．図5.11の出力過程には画像の再構成処理が欠けている．通常の結像光学系の評価において計算されるスポット・ダイヤグラムは，収差がある程度補正された光学系による非常に小さな像を扱うために，リサンプリングの間隔が十分細かくとも，式(5.21)で表される必要有効光線本数は，リサンプリング画素が広範囲にわたる光線到達範囲をカバーする照明系の場合に比べ非常に少なくて済む．

さて，そこでより一般的な場合にも適合するために，どのような再構成，連続化の手法が用いられるべきかと考えれば，取りあえずは以下の様な条件が課せられよう．照度計算においては，各部分の結像に寄与するエネルギー量あるいは利用効率の評価が重要になるので，この連続化によって各部分近隣との収支においてエネルギーが保存されることが望ましい．これは，光線が本来はある立体角内に放射される光束のエネルギーの流れを代表していることを考えれば当然のことであり，さらに再現精度の観点からも，数学的な方法論からだけ

ではなく，光学的な合理性がその手法中に求められる．

様々な内挿や効率化のための手法が存在するが，このような意味で，光学的な表現に適した，また応用性の高い1つの手法・考え方について以下に述べる．式の導出等は参考文献［57］に基づくものである．

5.3.3 窓関数を用いる再構成，連続化

幾何光学的な光線追跡による点像の強度分布PSFを$I(x, y)$と表せば，2.2節あるいは式(4.19)における様に，その分布はスポット・ダイヤグラム分布の密度により表現することができる．$I(x, y)$はデルタ関数を用いて，

$$I(x, y) = \sum_{j=1}^{N} \delta(x - x_j) \delta(y - y_j) \tag{5.22}$$

と表せる．ここで，Nは有効光線の総数を表し，(x_j, y_j)は像面上のそれぞれの光線の交点座標を表す．さて，OTFは点像強度分布PSFのフーリエ変換として表されるので，簡潔のため，全光束（エネルギー）を1として考えれば，

$$\text{OTF}(s, t) = \iint_{-\infty}^{\infty} I(x, y) \exp[2\pi i(sx + ty)] dx dy$$

$$= \iint_{-\infty}^{\infty} \sum_{j=1}^{N} \delta(x - x_j) \delta(y - y_j) \exp[2\pi i(sx + ty)] dx dy \tag{5.23}$$

である．ところで，点(x_0, y_0)において関数$f(x, y)$がデルタ関数との積の形でサンプリングされる場合，以下の関係がデルタ関数の定義から成立する．

$$\iint_{-\infty}^{\infty} f(x, y) \delta(x - x_0) \delta(y - y_0) dx dy = f(x_0, y_0) \tag{5.24}$$

よって式(5.23)は，

$$\text{OTF}(s, t) = \sum_{j=1}^{N} \exp[2\pi i(sx_j + ty_j)] \tag{5.25}$$

となる．ここで，sおよびtは，それぞれサジタル方向，メリディオナル方向の空間周波数である．

式(5.25)をそのまま逆フーリエ変換すれば，当然，式(5.22)に戻るはずである．しかしここで，$\text{OTF}(s, t)$における不必要な高周波成分を，任意の関数$H(s, t)$との積をとることによって，圧縮あるいは遮断することができる．この加工されたOTFをOTF_cとすれば，

$$\text{OTF}_c(s, t) = \text{OTF}(s, t) \cdot H(s, t) \tag{5.26}$$

である．

離散データであるところのPSF分布の不連続性およびノイズは，周波数領域のOTFにおいては本来あるべき分布よりも高周波数領域において現れていると考えれば，あるいは本来持っている周波数成分より十分に高い領域でノイズが現れるように有効光線本数を設定すれば，式(5.21)による条件を満たす多数の光線を用いなくても，式(5.26)により理論的にはノイズ成分を除去できるはずである．

式(5.26)を逆フーリエ変換すれば積は畳み込みになって，$H(s, t)$ を $h(x, y)$ のフーリエ変換とすればノイズを抑制されたPSFは，

$$I_c(x, y) = \iint_{-\infty}^{\infty} \sum_{j=1}^{N} \delta(x-x_j-x')\delta(y-y_j-y') \cdot h(x', y') dx' dy'$$

と表せる．ここで，$X = x - x_j$，$Y = y - y_j$ と置くと，

$$= \iint_{-\infty}^{\infty} \sum_{j=1}^{N} \delta(x'-X)\delta(y'-Y) \cdot h(x', y') dx' dy'$$

とすることができるので，式(5.24)より，

$$= \sum_{j=1}^{N} h(x-x_j, y-y_j) \tag{5.27}$$

と表現できる．式(5.26)における $H(s, t)$ は周波数領域での窓関数（window function）と呼ばれる．$h(x, y)$ はその空間領域におけるフーリエ変換対である．式(5.27)から，等しいエネルギーを表すスポット・ダイヤグラムのそれぞれの像面との交点に $h(x, y)$ を掛け合わせ，重なり合う部分がそれぞれ加算され，分布が連続化されることが理解できる．

5.3.4 窓関数の用い方

式(5.27)により，ノイズの高周波成分をカットし滑らかな連続分布を得られることはわかったが，そこで問題になるのは畳み込みされる窓関数 $h(x, y)$ の選び方である．この関数が非常に幅がせまければ，あまり平滑化の効果はあげられないであろうし，また逆に広過ぎれば必要以上に分布の構造を平板にしてしまう．またその形状も，ある程度滑らかなものでなければならない．実領域で急峻であればスペクトル領域では高周波成分を持つことになり適さない．スペクトル領域で急峻であれば，OTFを急激に遮断することになり，この場合も実領域においてノイズが発生してしまう．そして，なだらかであるということは，ある程度低周波領域のスペクトル強度を圧縮してしまうことも意味し，

遮断周波数についてのみではなく，その形状についても検討が必要になる．さらに，全画面に対して同一の窓関数を用いて良いのか？ など検討すべき点は多々存在する．

考え方を変えれば，様々な評価対象に対して最適な窓関数を選択できるということになるが，結像光学系による収差の小さな場合には，窓関数として，無収差の場合の波動光学的回折像の強度分布 $I_d(x, y)$ のフーリエ変換，OTF をとり，より精密な波動光学的強度分布の第 2 次近似として，式(5.27)とまったく同じ形式で，

$$I_c(x, y) = \iint_{-\infty}^{\infty} \sum_{j=1}^{N} \delta(x - x_j - x') \delta(y - y_j - y') \cdot I_d(x', y') dx' dy'$$
$$= \sum_{j=1}^{N} I_d(x - x_j, y - y_j) \tag{5.28}$$

とすることができる[39]．ここではその導出過程については省くが，円形あるいは楕円形の開口絞りを持つ場合は，第 1 種第 1 次のベッセル関数

$$J_1(x) = \frac{i^{-1}}{2\pi} \int_0^{2\pi} \exp\{ix \cos\theta + i\theta\} d\theta \tag{5.29}$$

を用いて無収差回折像強度分布 $I_d(x, y)$ は，以下の様に表現できる（図 5.12）．

$$I_d(x, y) = \frac{A'}{\lambda^2 R'^2} \left\{ \frac{2 J_1\left(\frac{2\pi}{\lambda R'} \rho'\right)}{\frac{2\pi}{\lambda R'} \rho'} \right\}^2 \tag{5.30}$$

ここで，R' は射出瞳中心から像面上の主光線の到達点，つまり局所座標系の

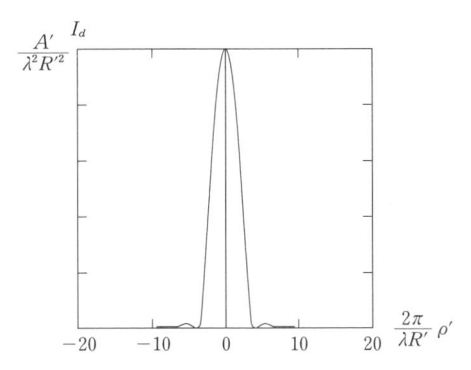

図 5.12　無収差回折像強度分布

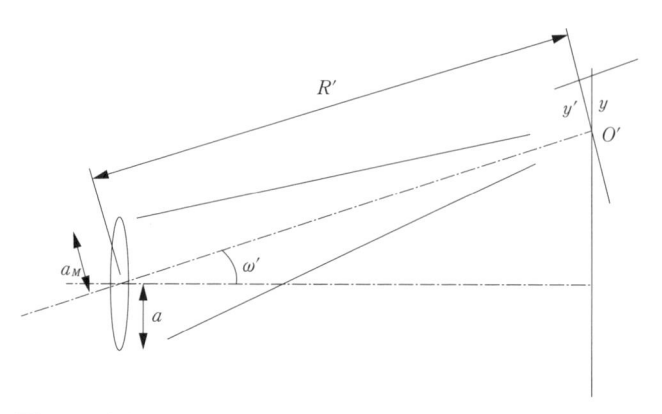

図 5.13 無収差回折像計算のための諸元

原点 O' までの距離であり (図 5.13), A' はこの方向からの見かけの開口面積である. そして, λ は波長であり, x と y 座標は像面上の上記局所座標系における値である. また,

$$\rho'^2 = (a_S x')^2 + (a_M y')^2 \tag{5.31}$$

の関係があり, ここに a_S は O' からの見かけの開口のサジタル方向の半径, 同じく a_M はメリディオナル方向の半径である. 一般的な光学系において R' が十分大きいときには, 射出瞳半径を a, 半画角を ω' として,

$$a_M = a \cos \omega'$$

とすることができる. また, x' および y' は, それぞれ像面上の座標 x と y を主光線に直交する平面に主光線方向から射影した値であり, 上述と同様,

$$y' = y \cos \omega'$$

となる.

ここで式 (5.26) と同様に, $I_c(x, y)$ のフーリエ・スペクトル OTF_c を考えれば, $I_d(x, y)$ のスペクトルを窓関数 $\mathrm{OTF}_d(s, t)$ と表して,

$$\mathrm{OTF}_c(s, t) = \mathrm{OTF}(s, t) \cdot \mathrm{OTF}_d(s, t) \tag{5.32}$$

となり, 幾何光学的な OTF に無収差回折像の OTF_d を乗ずれば, 本来存在するはずのない解像限界以上の高周波成分が抑制されて, より精度の高い第 2 次近似の波動光学的 OTF が得られることが理解できる. この例は, この手法が単なる連続化・効率化のためだけのものではなく, 計算の量的な改善のみによっては達することのできない, つまりこの場合では, 単純に有効光線数を増や

しただけでは達せられない結果を実現させ得る手段であることを表している．

　より一般的な照明系評価においては，収差が非常に大きく，光学系が結像系として考えられていないような場合が多く，事情はかなり異なる．しかし上記のような理論的に妥当な窓関数を適用することができれば，点像強度分布のみに対してではなく，より広い用途で非常に効率的で精密な画像の再構成が可能となる．詳しくは後述することになるが，窓関数としてガウス関数を用い，少数の光線による非常にノイジーな分布が連続化される様子を図 5.14 に示す．

　この手法は見方を変えれば，それ自体は空間的な広がりを持たない光線の周囲に，結果として像面上に畳み込まれ，窓関数の逆フーリエ変換関数の分布として痕跡が記される，近似的な微小光束を設定する復元手法であると考えることもできよう．

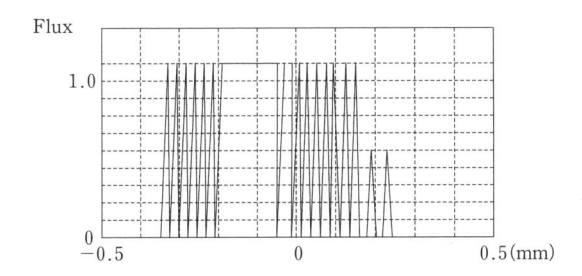

(a) ノイジーな光線カウントデータ

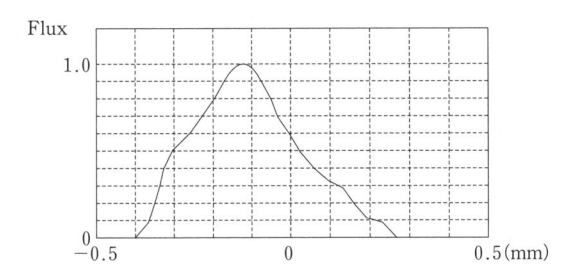

(b) (a)のデータにガウス関数を畳み込んだ結果

図 5.14 ノイジーな分布が復元される様子

5.4 窓関数を用いた照度分布シミュレーション

本節では,照度分布計算を効率的に行うために,前節の窓関数による分布画像再構成の方法が理論的な補完手法あるいは平滑化手法の一例として実際に適用され,妥当な照度分布が得られる様子を示す.

結像光学系において,無収差の状態における波動光学的点像強度分布のフーリエ変換であるOTFを窓関数と設定すれば,幾何光学的強度分布よりもさらに精度の高い第2次近似の照度分布が得られることは,前節において述べた通りである.しかしながら,一般的な照度計算においては必ずしも光学系は結像状態で使用されるとは限らず,また,照度分布の計算精度と,そのカバーすべき像面上での評価範囲を考慮すると,結像を評価する場合と比べ大量の情報が必要となる.結像系評価の場合に近いような,照明面上の非常に細かく密度の高い集光部を検知できる能力を,数十ミリ,数十センチあるいはそれ以上の広範囲な部分において保持していなければならない.

このような計算を効率的に実現させるためには,微小なスケールで行われていた計算方法をそのまま繰り返して用いるのではなく,新しい状況により適した計算アルゴリズムを利用することが望ましい.ここで紹介している窓関数による方法も,その様な目的のための1つの手法である.そして,この方法の適用のためには,理論的に適切な窓関数を見つけ出すことがまず重要になる.

5.4.1 窓関数としてのガウス関数

そこで,この様な場合,標準的な関数として有力な候補となるのが正規分布,誤差関数として知られるガウス関数である.窓関数をガウス関数と置き,ガウス関数の幅を表す定数を ω_c として,

$$H(s,\ t)=\exp\left(-\frac{s^2+t^2}{\omega_c^2}\right) \tag{5.33}$$

と表現しよう.そして,$H(s,\ t)$ は逆フーリエ変換され,ガウス関数を窓関数として用いた場合の照度分布を表す,式(5.27)に対応する式は以下の様になる.

$$I_c(x,\ y)=\pi\omega_c^2\sum_{j=1}^{N}\exp[-\pi^2\omega_c^2((x-x_j)^2+(y-y_j)^2)] \tag{5.34}$$

ガウス関数は中心から離れるにつれ急激にその値を減衰させるが,その値は

常に連続的に変化し、またフーリエ変換されてもその形はガウス関数であるため取り扱いやすい。周波数領域において考えれば、図5.15(a)にある様な、低周波領域に影響を与えない急峻な矩形波バンドパス・フィルターが理想的であるが、空間領域における逆フーリエ変換を考えればsinc関数となる。この様子はサンプリング定理を考える場合の0次のスペクトルを取り出す場合と似ているが、光線追跡によるスポット・ダイヤグラムにおいては照度分布そのもののサンプリングが行われているわけではないので、正負の値で振動するsinc関数を不規則に並ぶそれぞれのスポットに畳み込みしていくと、負の値を含む不都合な新たなノイズが生まれる可能性が大きくなる（図5.15(b)）。この様に窓関数には、周波数領域では急峻に不要な高周波成分のみをカットでき、かつ空間領域では振動を持たない単調な減少を示すという相い矛盾する性質が求められる。

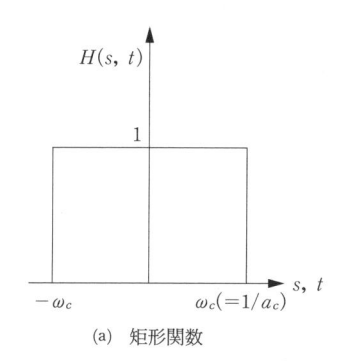

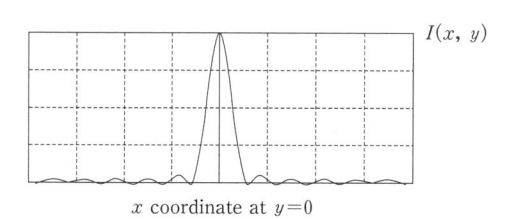

(a) 矩形関数

(b) 負の値を持つ照度分布（矩形波によるwindowing）

図 5.15 矩形波フィルターと負の値を持つ照度分布

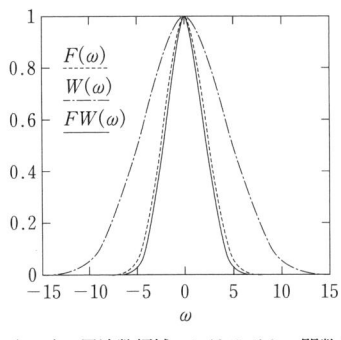

(a.1) 周波数領域におけるガウス関数をwindowing した場合

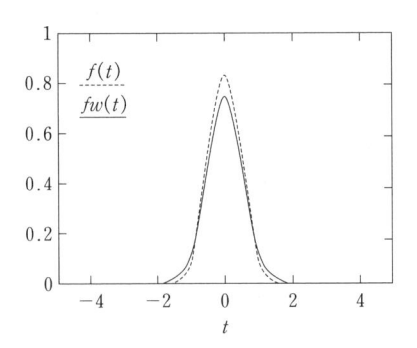

(a.2) 空間領域における(a.1)の結果

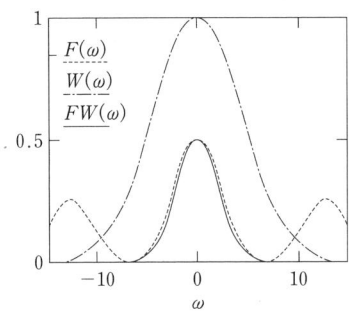

(b.1) 周波数領域において，高周波成分を持つ関数を windowing した場合

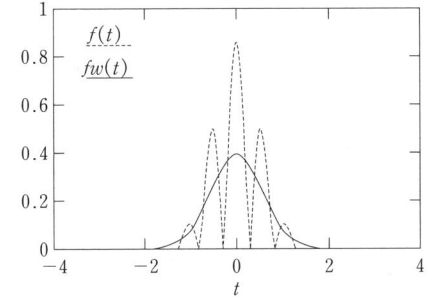

(b.2) 空間領域における(b.1)の結果．細かい振動が除去されている（実線）

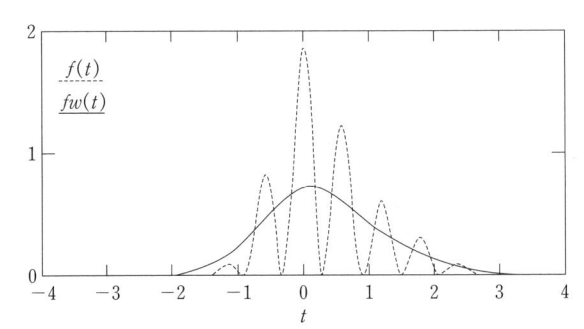

(c) 横にずれた 2 つの分布を合成し，それに振動を与えた非対称分布（点線）の空間領域におけるwindowing の結果（実線）

図 5.16 ガウス窓関数による windowing．図中の関数 F, W, FW は，それぞれ周波数領域における元関数，窓関数，これら 2 つの積の関数を表す．小文字の関数は空間領域において，これらの関数に対応するものである．

ガウス関数は，$1/e^2$ 近辺においての変化は比較的急峻であり，その後は連続的に減少していくフォームを持ち，フーリエ変換によってもそのフォームを変えず，その連続性が空間領域でも有効になる．またシンプルに1つのパラメータ，式(5.33)における ω_c によりその形状が定まるなどの性質の良さも，このような用途には有利である．なお，図5.16にガウス関数によるフィルタリング（windowing）の基本的なパターンを示す．

上記の理由は言わば数学的な要請，あるいは利便性からのものであるが，ガウス関数の利用を示唆する光学的な妥当性も存在する．以下の項で触れる．

5.4.2 照度分布のガウス関数の合成としての近似

窓関数によりスペクトルを圧縮する場合に，もし圧縮され改善されるべきスペクトルが本来は，やはりガウス関数の形をとるものであるとすれば，式(5.33)からもわかる通り，ガウス関数とガウス関数の積はやはりガウス関数となる．よって，その本来のスペクトル分布形状を再現するためには，窓関数としてはガウス関数の選択が一般的であると考えることができる．このスペクトルがガウス関数であるという仮定は，ガウス関数はフーリエ変換によってもガウス関数のままなので，空間領域，つまりこの場合は照度分布を表す関数もガウス関数の形をしていると仮定することに等しい．これらの事柄は，照度分布が複数のガウス分布の合成で成り立っているとしても，それぞれの分布成分単独に対して成り立ち，ここで得ようとしている本来の照度分布がガウス分布の合成として表せると仮定すれば，窓関数にガウス関数を用いることの正当性を見出せる．また，解析的には表現しにくい照度分布を，この様な数学的に有利なモデルに置き換えて考えることは，実際の計算のためには有用である．

5.4.3 中心極限定理と照度分布

数理統計の分野で非常に重要な中心極限定理とは，平均 μ で標準偏差 σ を持つ母集団から n 個の無作為に選ばれた標本（例えば何らかの測定値）の平均値の抽出が何回も行われた場合，平均値の分布が，n が増加するのに伴い，平均 μ，標準偏差 $\sigma/\sqrt{n}$ のガウス分布に漸近していく，というものである．これらの抽出を受ける集団は，平均値やその散らばり具合を表す標準偏差が同程度であれば，異なる集団であっても構わない．より一般的には，複数の異なる

分布において，母平均および標準偏差が異なっても標準偏差あるいは分散にあまり大きな差がなければ，この様な異なる分布間から抽出された標本による平均値の分布もガウス分布に漸近していくことが知られている．

また，さらに異なる中心極限定理の表現によれば，上記の表現における同程度の分散を持つ異なる分布同志が畳み込みされるとき，分布の数が増え畳み込みの回数が増加するのに伴い，その結果の分布はガウス分布に漸近していくとされる．畳み込みのフーリエ変換は積になり，スペクトル領域ではガウス関数はその性質を変えないので，これはスペクトル分布の積がやはりガウス関数に漸近していくという興味深い内容を意味する．

ここで一例として，異なる関数との間でではなく，関数 $f(x)$ が自身との畳み込みによりガウス分布に漸近していく様子を図 5.17 に示す．空間領域での関数 $f(x)$，そして周波数領域でのそのフーリエ変換対 $F(s)$ を，

$$f(x) = \text{rect}(x) \qquad F(s) = \text{sinc}(s) \tag{5.35}$$

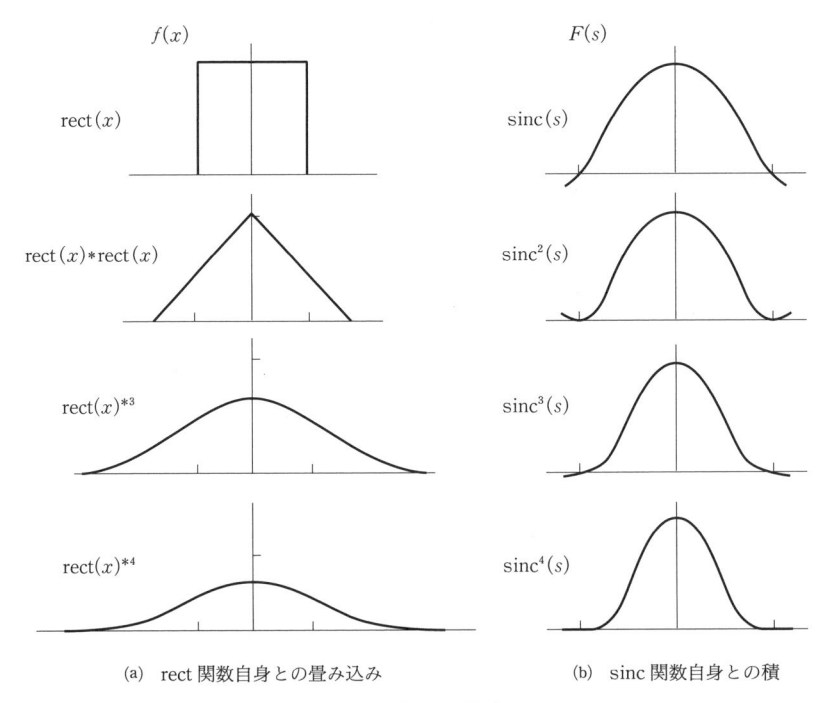

(a) rect 関数自身との畳み込み　　(b) sinc 関数自身との積

図 5.17 中心極限定理の示す，ガウス分布への漸近

とする．$f(x)$ の畳み込みも，$F(s)$ の自身との積も意外なほど急速にガウス関数に接近していることがわかる．

さて，$F(s)$ を $s=0$ 近傍で放物線近似し，係数 a を用いて，

$$F(s)=1-as^2 \tag{5.36}$$

と見なせば，$F(s)$ の n 回の積は級数展開されて，

$$F(s)^n=(1-as^2)^n=1-nas^2+\frac{n(n-1)}{2}a^2s^4-\cdots \tag{5.37}$$

また，同様の近似から，

$$\exp(-nas^2)=1-nas^2+\frac{n^2a^2s^4}{2}-\cdots \tag{5.38}$$

よって，n が大きな数になるに従い，$F(s)^n$ はガウス関数に漸近していくことが理解できる．ちなみに，分散（あるいは 2 次のモーメント）が有限の値に収束しないので，上記の例とは逆に，

$$f(x)=\mathrm{sinc}(x) \tag{5.39}$$

とした場合には，$f(x)$ の畳み込みや $F(s)$ の積によるガウス関数への漸近は起こらない．

この様に，成立に対して例外的な場合も存在するが，多くの一般的な関数に対して成立する中心極限定理は非常に強力なものであり，統計的・工学的な様々な計算においてもガウス関数が非常に多く用いられるのはこのためである．

実際に光学系の場合には，3つ以上同じオーダーの分散の分布を持つ線形フィルターが繋がった結果の分布は，ガウス関数に漸近することが実験的にも確かめられている[40],[68]．一般的な光学系においては，アイソプラナティックな面積のある完全拡散被写体の結像，すりガラス，スクリーン上における結像の光学系による中継像，フィルム上の感光強度分布，そして，均一な光源の，光学系による投影像などを考える場合には線形性を仮定でき，畳み込みを想定できる．したがって，こうした線形結合を仮定できる実空間あるいは空間周波数領域が存在する場合においては，この中心極限定理により，上述の照度分布の合成ガウス分布の仮定にも妥当性がもたらされることになる．照度分布の急峻さよりも，そのなだらかさの評価に用いられることの多い照明系照度分布計算においては，ガウス関数の合成としての照度分布の仮定は，実践的なものであり有用である．

5.4.4 windowingによる放射束の保存

ここで,窓関数 $H(s, t)$ による windowing における光のエネルギー,放射束の変化について検討しよう。既述のように,照度分布を補完するためには重要な検討である。Windowingを施される,有限の範囲で値を持った空間領域の点像強度分布を $f(x, y)$ として,windowingによる結果の関数を $g(x, y)$ とすれば,$H(s, t)$ のフーリエ変換対を $h(x, y)$ として,

$$g(x, y) = f(x, y) * h(x, y) \tag{5.40}$$

となる。よって,

$$\iint_{-\infty}^{\infty} g(x, y) dx dy = \iint_{-\infty}^{\infty} \left[\iint_{-\infty}^{\infty} h(\alpha, \beta) f(x-\alpha, y-\beta) d\alpha d\beta \right] dx dy$$

$$= \iint_{-\infty}^{\infty} h(\alpha, \beta) \left[\iint_{-\infty}^{\infty} f(x-\alpha, y-\beta) dx dy \right] d\alpha d\beta$$

α および β は $f(x, y)$ の単なる移動量と考えられるので,積分に影響はなく,

$$= \iint_{-\infty}^{\infty} h(\alpha, \beta) \left[\iint_{-\infty}^{\infty} f(x, y) dx dy \right] d\alpha d\beta$$

$$= \left[\iint_{-\infty}^{\infty} h(\alpha, \beta) d\alpha d\beta \right] \left[\iint_{-\infty}^{\infty} f(x, y) dx dy \right] \tag{5.41}$$

となる。さて,ここで $h(x, y)$ のフーリエ変換を考えると,

$$H(s, t) = \iint_{-\infty}^{\infty} h(x, y) \exp\{2\pi i (sx + ty)\} dx dy \tag{5.42}$$

であり,式(5.42)において $s=0,\ t=0$ とすれば,

$$H(0, 0) = \iint_{-\infty}^{\infty} h(x, y) dx dy \tag{5.43}$$

よって,$H(0, 0)=1$ となるように窓関数を設定すれば,式(5.41)と式(5.43)より,

$$\iint_{-\infty}^{\infty} g(x, y) dx dy = \iint_{-\infty}^{\infty} f(x, y) dx dy \tag{5.44}$$

よって,$f(x, y)$ の体積つまり放射束は,$g(x, y)$ に保存される.

5.4.5 照度シミュレーションへの応用

窓関数を用いた照度計算方法の概念についてここまで述べてきたが,ここで実際の利用方法について少し触れておこう。

実際の応用において,ポイントとなるのはガウス窓関数の幅を如何に決定するかということである。この幅はガウス分布の分散により決まる。ここで例え

ば，すべての光源の部分から計算された，照度分布計算のための最終的な光線到着位置分布に対し一律の分散を決定したのでは，比較的均一な照度分布の場合以外の一般的な状況に対応するのが困難になる．それは，光源の特定の部分あるいは特定の角度に放射する光線の結像が，照明面上に細かい構造を持つ集光部をもたらす可能性が存在するからである．その様な場合に一様なスムージングを行えば，精密な情報が失われるか，低照度部分のノイズが除去できないか，あるいはこれらの中間の状況に陥ってしまう．

そこで考えられる1つの方法は，点光源あるいは微小光源面積ごとに光線追跡を行い，その状況に応じて分散を変化させていくものである．この追跡によるスポット密度分布は，点光源に対応するPSFに近いものであり，それぞれのPSFのスケールに見合った精度と画素幅を用いることができ，様々なスケールで再現された照度分布の集合として，全体が表現されることになる．一般的には，画面全体の大きさと比べ非常に小さな広がりを持つPSFが存在する場合には，このPSF内の細かな不連続構造は照明計算ではあまり重要にはならない．また，PSFが収束せず大きな広がりを持つ場合には波面の連続性などの性質から分布パターンをある程度分類でき，スケールに応じた画素幅を用いることによって，画面全体の大きさに比べ妥当な精度で，比較的容易に分散を自動的に決定することも可能である．

図5.18に実際のシミュレーション結果を示す．ここでシミュレーションの対象としたのは，2重の構造を持った光源による照明系である．均一で平坦な部分と，複数のピークが照度分布上に共存している．(a)は光線到着位置をプロットしそれを画素ごとにカウントした生のデータである．有効光線本数は15000本．(b)はそのまま計算を続行したかなり精度の高い生のデータであるが，有効光線本数は880000本にも達する．そして，(a)と同様，15000本の光線数で窓関数による平滑化を各PSFに対して別々に行った結果を(d)に示す．中心部の再現のためには光線本数が十分ではないが，その形状は認識できる．(c)は(a)のデータを一括して平滑化処理したもので，中心部のディテールが完全に消えて，なおかつ周辺部の滑らかさが不十分である．なお，これらシミュレーションにおいては，計算が始まってから終了するまでの間，窓関数の幅はプログラムにより自動的に決定・変更されることも重要な点である．

(a) 平滑化無し．有効光線本数15000本
(b) 平滑化無し．有効光線本数880000本

(c) 全体一括平滑化．有効光線本数15000本
(d) PSF ごとに windowing．有効光線本数15000本

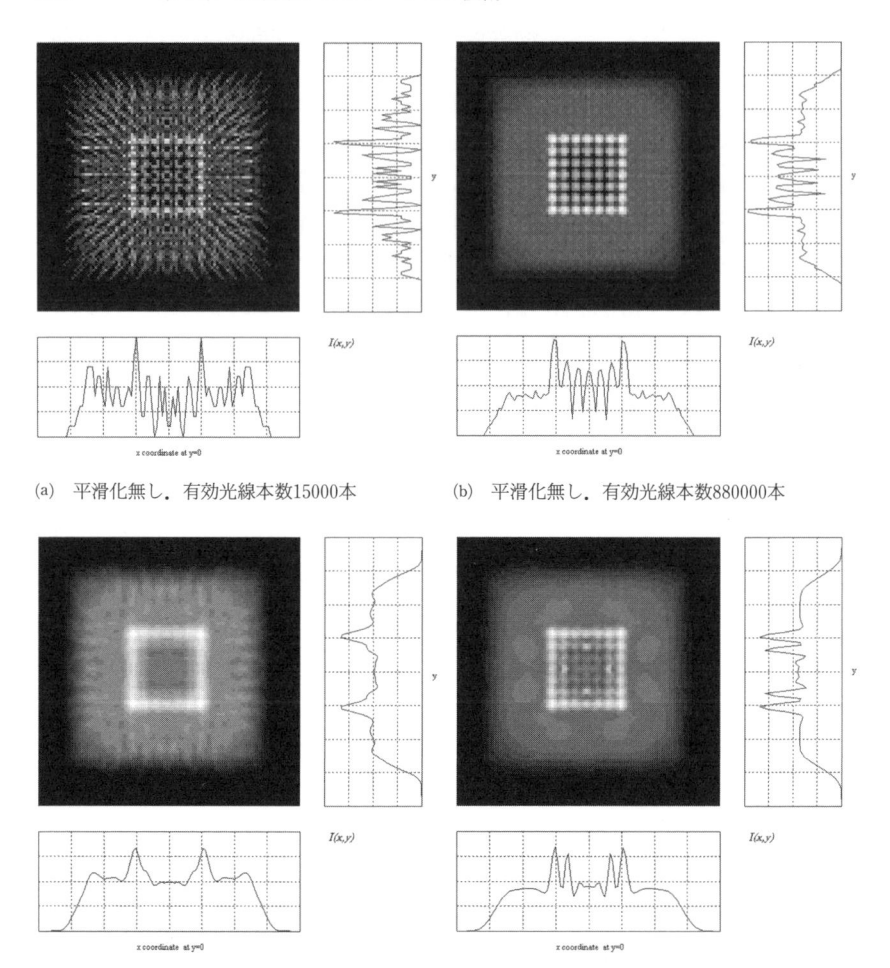

図 5.18　照度分布図

5.5　照度分布計算におけるスムージングの影響

　照度分布計算のスムージング（平滑化）・内挿の重要性については，ここまでに述べてきた．そして，その1つの手段として窓関数を用いる手法を取り上げた．この他にもスムージングの手法は多数存在しているが，いずれかの手法により妥当な平滑化が施された場合，平滑化が施されない場合と比べて有効光

5.5 照度分布計算におけるスムージングの影響 — 221

線追跡本数をどのくらいにまで低減できるのか,という効率化の可能性について,また平滑化による本来の分布に対する誤差・精度への影響について本節では考えたい.

5.5.1 窓関数にガウス関数を用いることによる精度について

前節では,窓関数による照度分布の内挿にガウス関数を用いることについて触れた.周波数領域での窓関数,

$$H(s,\ t) = \exp\left(-\frac{s^2+t^2}{\omega_c^2}\right) \tag{5.45}$$

における,係数 ω_c によりガウス窓関数の幅が定まり,高周波数成分の遮断位置,すなわち平滑化の度合いが決まる.係数 ω_c は,前節のシミュレーション結果を示した手法においては光線追跡により得られた PSF の形状を測定することにより定めている.さて,ここでは PSF を仮にガウス関数の基本形の上に高周波成分によるノイズが乗ったものと見なし,これを平滑化する窓関数の係数 ω_c の設定の仕方により照度分布がノイズ以外の部分でどの様な影響を受けるのかを検討してみよう.式(5.45)においては $s^2+t^2=\omega_c^2$ のときに $H=1/e$ となるが,このとき $\omega_c' = \alpha\omega_c$ なる別のガウス分布 $H'(s,\ t)$ を考え,式(5.45)の関数に掛け合わせ windowing を行うとすれば,

$$G(s,\ t) = H(s,\ t)\cdot H'(s,\ t) = \exp\left\{-\frac{\alpha^2+1}{\alpha^2\omega_c^2}(s^2+t^2)\right\} \tag{5.46}$$

となる.ここで式(5.45),式(5.46)をそれぞれ逆フーリエ変換して,

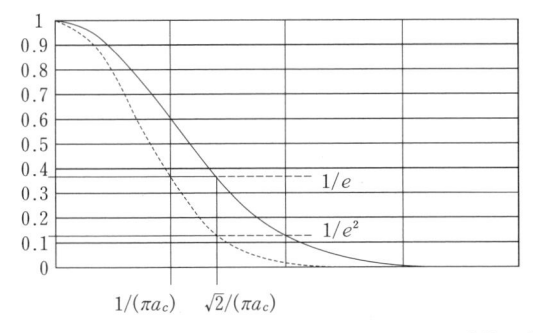

図 5.19 点線は $\alpha=1$ の場合の元関数のフーリエ変換,実線は $\beta=2$ の場合の周波数領域のガウス窓関数

$$h(x, y) = \pi\omega_c^2 \exp\{-\pi^2\omega_c^2(x^2+y^2)\} \tag{5.47}$$

$$g(x, y) = \frac{\pi a^2 \omega_c^2}{a^2+1} \exp\left\{-\frac{\pi a^2 \omega_c^2}{a^2+1}(x^2+y^2)\right\} \tag{5.48}$$

よって，$x=y=0$ のときのピーク値を比べてみると，平滑化後のピーク値は式(5.47)および(5.48)より，

$$g(0, 0) = \frac{a^2}{a^2+1} h(0, 0) \tag{5.49}$$

と表せる．この式(5.49)を検討することにより，ガウス関数基本分布への平滑化の影響が良くわかる．$a=\sqrt{2}$ の場合には高周波成分の除去はしやすいが，平滑化後にはピーク値が 2/3 (66%) になってしまう．このときの周波数領域での関数を図 5.19 に示す．また，$a=3$ の場合には（この場合，周波数領域では $1/e$ の高さにおいて，元のモデル照度分布のスペクトル関数の 3 倍の幅を持つ窓関数により周波数帯域制限されることになるが），ピークは 90% に達する．この様な中間周波数領域に至るランダム信号の周波数成分の存在をまったく考慮していない特出した高周波ノイズのみを想定した厳しい検討においても，ピーク値に関して 10% 以内の精度が期待できる．被平滑化関数 $F(s, t)$ が低周波数領域のノイズを多く含みガウス分布形状に近づくとき，平滑化による復元精度はより高まることになる．

ここで，図 5.20(a)点線にて示されるガウス分布を真の照度分布とみなし，この分布に，コンピュータで発生させたポアソン分布をなすランダム・ノイズが乗った，統計誤差を含む照度分布を実線で示す．ポアソン分布における平均（=分散）は，ガウス分布の照度により 50 を中心値として変化させている．この分布を windowing により平滑化した結果が(b)であり，この図に(a)と同様の真のガウス分布をやはり点線で重ねて示す．この場合には非常に効率良く，また高精度で点線のガウス分布が復元できていることがわかる．式(5.45)の窓関数における係数は $\omega_c=12$ である．参考までに，このときの周波数領域におけるガウス分布と，これにランダム・ノイズが乗った分布のスペクトルの絶対値を同図(c)に示す．

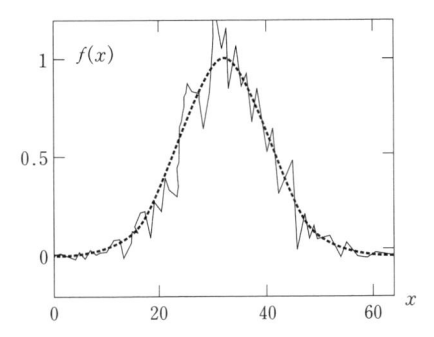

5.5 照度分布計算におけるスムージングの影響　　　223

(a) ガウス分布（点線）にポアソン分布のランダム・ノイズが乗った関数（実線）．

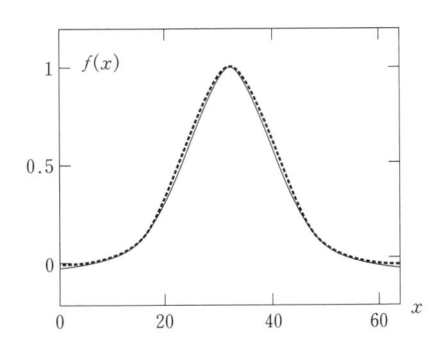

(b) windowing による平滑化の結果（実線）．点線は(a)の元関数．

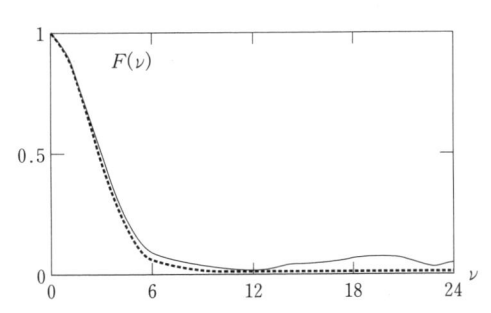

(c) (a)の関数の周波数領域でのスペクトル．実線と点線は(a)における実線と点線の関数に対応．

図 5.20　windowing によるガウス分布上のランダム・ノイズの除去

5.5.2 平滑化による必要光線追跡本数低減の可能性

さて、ここで窓関数による手法から離れ、内挿型の平滑化一般について、その効率化性能について検討してみよう。

平滑化を用いない場合の任意の誤差 n を得るために必要とされる、1画素あたりに必要な光線到達本数 μ は5.2節において述べてきた通り、統計的に、

$$n = \frac{1}{\sqrt{\mu}} \tag{5.50}$$

として表される。5％の誤差を狙えば $\mu=400$ 本であり、この分布が均一に100×100画素に渡り広がるとすれば、全体で約400万本の光線が必要になる。平滑化により、この必要本数をどのくらいまで低減することが可能かということは非常に興味のあるテーマであるが、また、定量的に検討するのに難しい内容でもある。そこで本節では、かなり状況を単純化し、理想的な内挿が行われたと仮定した場合の必要光線本数について検討してみよう。

例えば、式(5.50)から得られる $\mu=400$ 本の光線が、上述の場合と同じ面積を3×3の区分に分割した場合の、大きな画素において平均に有効であれば、たかだか3600本の光線でこれらの画素において5％程度の精度を得ることができる。図5.21にある様に、被照明面座標上の位置情報的には非常にラフなものとなるが、逆に3600本程度しか有効となる光線追跡を実行しないで上記の精度を得たい場合には、この程度の画面の分割数が適切であると考えることもできる。精度および光線本数により分割数を決めるのは、ある意味で非常に

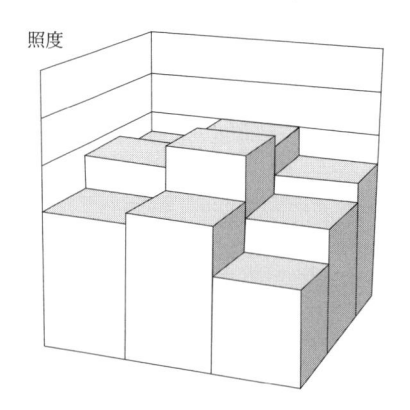

図 5.21 3×3画素による表示

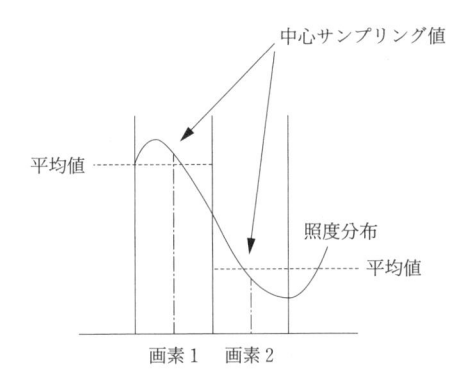

5.5 照度分布計算におけるスムージングの影響 —— 225

図 5.22 サンプリング値と平均値のズレ

合理的な表示方法である．この様にして得られた各画素の照度をそれぞれの画素・区間の代表値として，これらの代表値のサンプリング間隔からどのくらいの細かい周波数の情報が再現可能かを検討することができる．

ここで理想的に再現された実際の照度分布データを表す関数を $g(x,y)$ とする．各画素の平均値の分布は必ずしも $g(x,y)$ のサンプリング分布 $g'(x,y)$ とは相似形とはならないが，簡便のため，その様な誤差を無視した場合の再現について考える（図 5.22）．4.4 節で触れた様に，シャノン（Shannon）のサンプリング定理によれば，ここで $g(x,y)$ における最高周波数成分 B の値が得られれば，$g'(x,y)$ における $g(x,y)$ 復元のための最低限必要な細かさのサンプリング・ピッチ，つまり画素サイズ P を式 (4.75) より定めることができる．式 (5.45) より得られる所望の精度達成のために，この P により決まる全体の画素数と 1 画素あたりに必要とされる光線本数を掛け合わせる．すると，B はこの誤差によりあまり変化していないと仮定できるので，この誤差を含んだ関数が新しく復元される．理想的な内挿により，この関数復元のために必要とされる光線到着総数が求められる．そして，再構成像のリサンプリングにより，どの様な画素数・ピッチに対しても表示可能となる．

$g'(x,y)$ はフーリエ・スペクトル領域で，矩形関数との積がとられ高次成分がカットされ，実領域では sinc 関数が一定の間隔で存在するサンプリング値（代表値）に畳み込みされることにより $g(x,y)$ として復元される．ガウス分布による内挿法においては，このサンプリング画像再構成の場合とは異なり，

放射束

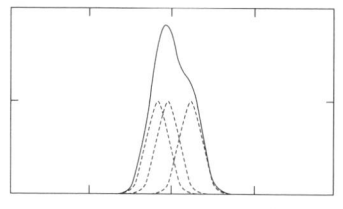

被照明面座標

図5.23 各光線スポットに掛けられたガウス関数の合成

画素ごとの離散的照度分布と内挿関数の畳み込みが行われている訳ではなく，被照明面に到達する画素ごとに放射束集計される以前の周期性のない光線スポット分布そのものとの畳み込みが行われ，光線スポットのひとつひとつにガウス分布が掛け合わされる．しかし，任意の限られたエリア内における光線分布との畳み込みは，総体としてこのエリアを代表する分布を生み出す．この分布が，その形こそ異なるが上記の sinc 関数と同じ画素ごとの内挿関数としての役目を果たすと考え（図5.23），ガウス窓関数による手法もここでのサンプリング理論に基づく内挿とは基本的には同じ操作であると見なすこともできる．

前節で取り上げた様な実際の平滑化においては，画素の代表値として画素ごとの平均値をとったとしても，幅が0の理想的な照度分布のサンプリング値とは大きく異なる値が得られる可能性もある．しかし，この誤差が顕著になるのは，1つの画素内で特に大きく照度が変化している場合であり，ここでの一般的で単純な状況の設定により，必要最低限の光線本数の目安が得られることには意味がある．

さて，この様なシンプルな状態においては，精度 n が被照明面積 $a \times a$ において必要ならば，最高周波数を B として，全体に必要とされる光線本数 m は

$$m > \left(\frac{2aB}{n}\right)^2 \tag{5.51}$$

とすることができる．当然，画素幅 P と B の間には式(4.75)の関係が成り立っている．

ここで簡単な照度分布モデルを用い，具体的な精度を持ったシミュレーションに必要とされる光線本数について実際に検討してみよう．以下の式

5.5 照度分布計算におけるスムージングの影響

$$f(x, y)$$
$$=\left\{1.5\cos\left(\frac{\pi x}{100}\right)+0.13\cos\left(\frac{3\pi x}{40}\right)\right\}\left\{1.5\cos\left(\frac{\pi y}{100}\right)+0.13\cos\left(\frac{3\pi y}{40}\right)\right\}$$
(5.52)

で表される照度分布を考えよう（図5.24）．被照明面の大きさは100×100 (mm^2) の大きさとする．式(5.52)の通り，$f(x, y)$の各方向成分は2つの基本的振動を表す項より成り立っている．x成分のそれぞれの項を$f_1(x)$および$f_2(x)$として図5.25に示す．明らかに，最高周波数Bとサンプリング・ピッチPは，xおよびy成分共通で，

$$B=\frac{1}{\lambda_{f_2(x)}}=0.0375 \qquad P=13.3 \qquad (5.53)$$

となる．すると画素は7.5×7.5の約57個設定すれば良いことになる．$f(x,$

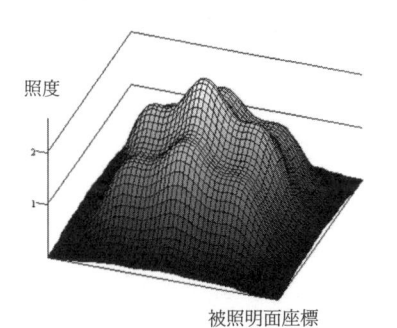

図 5.24　必要光線本数を検討するための照度分布モデル

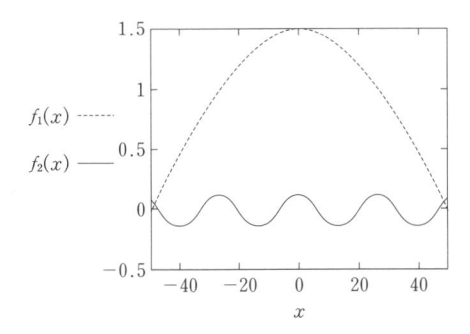

図 5.25　照度分布モデルのx成分を構成する2つの関数

y)は連続な関数であり,部分的な照度の差も大きいので,ピークから少し下がった比較的なだらかな部分(図5.26の領域A)の照度に注目して検討を行おう.この領域Aは光線の集中度のある程度高い部分であり,低照度の部分に比べ効率的に照度計算が行える.

Pにより決められる画素サイズ,そして照度分布モデルの等高線エリア毎の底面積計算により,領域Aには上述の57画素のうち約11画素ほど存在することがわかる.もし推定誤差を5％と設定すれば,式(5.50)より最低でも1画素あたり400本の光線が必要となる.よってこの領域には,4400本の光線が到達せねばならない.ここで領域Aの照度分布モデル全体に対する体積比を計算すると約35％になる.すなわち被照明面全体に達する光線のうち,35％しかこの領域に到達しない.よって,

$$4400 \div 0.35 \fallingdotseq 12500 \text{(本)}$$

の光線が被照明領域全体に到達する必要がある.さらに,分布の傾斜の裾野に近い部分,図5.26における領域Bについて同様の統計誤差を設定すれば,この領域には57画素中9画素存在し,光線は3600本必要になる.体積比は約13％であるから,全体で約28000本の光線が必要になる.分布のスロープ全体の統計誤差を5％程度に抑えるためにはこの程度の数が必要になる.

もし,サンプリング理論を用いずに(つまり平滑化を行わずに),50×50＝2500画素を用いて同様の精度を得るためのシミュレーションを行うとすれば,領域Aには約480画素が存在するので,その他の条件は上述の検討と同様に

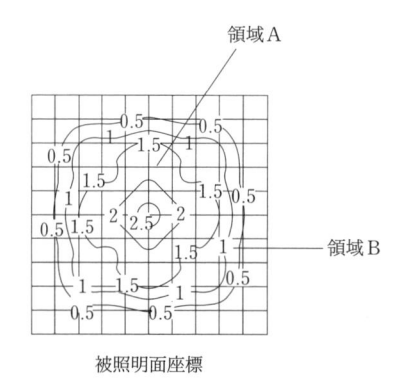

図5.26 照度分布モデル等高線図

して，5％の精度を領域Aにおいて達成するためには約55万本もの有効総光線本数が必要となる．ちなみに領域Bに対しては120万本あまりとなる．

5.5.3 平均化フィルターによる平滑化の影響

ここまで述べてきた内挿型の平滑化フィルターとは異なり，近隣9画素における平均値をとる平均化（mean）フィルターも実際の照度計算プログラムにおいて良く用いられるものである．非常に単純な手法であるため，理論的な妥当性，発展性，エネルギー保存の整合性の点等において欠点はあるが，計算時間の負荷もかからないので照度平滑化計算においては一般的な手法である．

注目する画素の番地を(i, j)として，その画素における，光線追跡により得られる照度（あるいはエネルギー）を$f(i, j)$と表す．また，平均化フィルターにより計算される画素(i, j)の新しい照度を$g(i, j)$とすれば，この量は，

$$g(i, j) = \frac{1}{9} \sum_{k=-1}^{1} \sum_{l=-1}^{1} f(i+k, j+l) \tag{5.54}$$

として表される．画素(i, j)を中心にした9画素の平均値が，新たに画素(i, j)の表す値となる．さらに平滑化を重ねて実行することにより，よりなだらかな分布を得ることが可能である．それは，図5.27にある様に，1回の平滑化においては，注目する画素に及ぼす影響は周辺8画素のみからのものであったが，2回目の試行においては，周辺8画素が1回目の計算により値を変えるので，平滑化前の中心画素を取り囲む5×5の画素が影響を持つことになる．

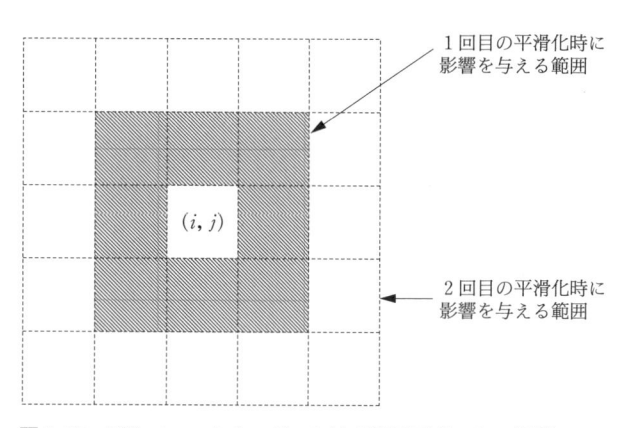

図 5.27 平均フィルタリングにおける隣接画素からの影響

もし N 回の平滑化が行われるとすれば,平滑化以前の段階での中心画素を含む $(2N+1)^2$ 個の画素が影響を与えることになり,平滑化は進んでいく．

さて,ここで式(5.50)から導かれる必要光線本数に,この平均化スムージングがどの様な影響を与えるか検討してみよう．ここでも非常にシンプルで平均化された照度分布を仮定すれば,1 回の平滑化により,注目する画素の照度には通常の（平滑化前の）9 倍の光線が影響を及ぼす．つまり式(5.45)より,単純にノイズ抑制の観点からのみ考えると,統計誤差による振動は 1/3 程度に抑えられることになる．2 回行えば,影響画素数の倍率の平方根の逆数,1/5 程度になる．N 回の平滑化により得られる誤差は,式(5.45)におけるのと同様の量を用いて,

$$n = \frac{1}{(2N+1)\sqrt{\mu}} \tag{5.55}$$

と表現できる．確かに,本来とは遠く離れた位置における情報を何回も取り込み,ノイズを安定させるこの方法においては,その試行回数を増やせば,前述の光線本数に応じて画素を大きくとっていった表示方法と同様に,照度と位置の関係が曖昧になり,分布形状そのものの再現には支障をきたす可能性が大きくなる．

上述の 100×100 画素における 5 ％レベルへのノイズ,統計誤差の抑制は,生のデータで 400 万本の光線が必要になるが,平均化フィルターを用いると式(5.55)より $N=3$ の場合には $\mu \fallingdotseq 8.16$ 本となり,全体では 8 万本余りの光線で事足りることになる．

照明計算においては,どの様な平滑化手法を用いるのかによらず,あるいは用いない場合においてでさえも,必要光線本数に対する統計的なイメージを摑んでおくことは重要であろう．

5.6 媒質の境界面における光波の分岐(1)

ここまでに,主に幾何光学的な光の挙動について考えてきた．波動光学的な評価により,精密な表面形状に対する光の挙動,集光状態,あるいは回折・干渉などに対する精度の高い情報を得ることができるのに対して,一般的な自然光における,波長の数千倍にも及ぶ大きさを持つ光源・被写体を想定しての,

照度分布計算結果を左右するようなダイナミックな光線進行経路の変化は，特別な精度を必要としない多くの場合，幾何光学的な手法により必要十分な精度で再現することができる．

しかしながら，この様な大域的な照明計算においても，顕著な計算誤差を防ぐために，波動光学的な考慮が必要となる場合も存在する．本書においては，大きく幾何光学的内容から踏み出す予定はないが，それらの内容を補助するために，ここでは偏光について多少ではあるが触れ，媒質の境界面における光線進行方向あるいは強度のダイナミックな変化について考えたい．

5.6.1 偏光の概念

第1章で触れた様に，光は電場と磁場の振動からなる電磁波の一種であり，その性質は電場・磁場に対するマクスウェルの方程式から理解することができる．ここで，波動方程式の解の1つである，平面波における電場の正弦振動を

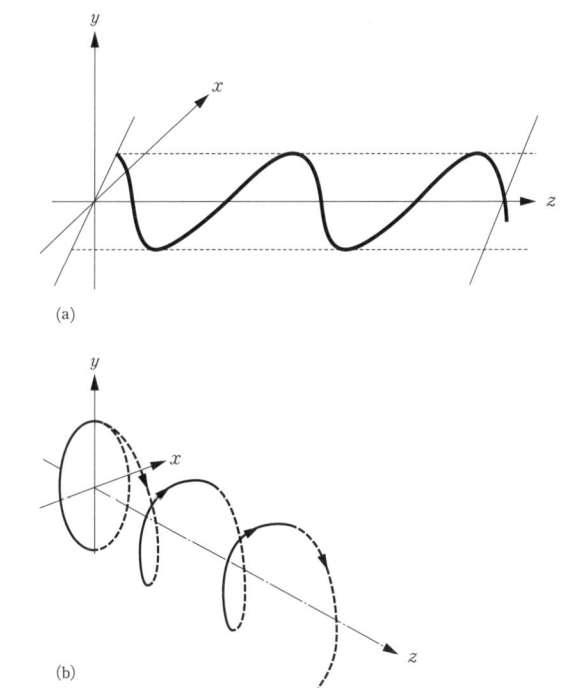

図5.28 直線偏光と楕円偏光

考えれば，図5.28にある様に電場の振動は，特定の1平面内に留まる場合ばかりか進行方向を示す座標軸を中心に様々な方向に連続的に変化（回転）する可能性がある．後述する式(5.56)で表されるように，正弦波の振動が進行方向軸を含むある平面（振動面）内に留まるものであるとして，進行方向と波長がこの波動に等しく，しかし振動面が共通の進行軸を中心として傾き，そして位相も異なる正弦波の存在を考える．これらの光波がベクトル的に合成されると

(a) 直線偏光とその成分　　　　(b) 円偏光とその成分

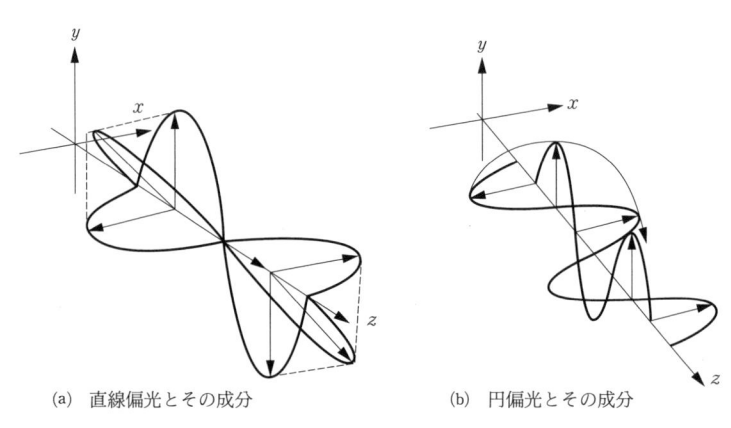

図5.29　偏光とその成分

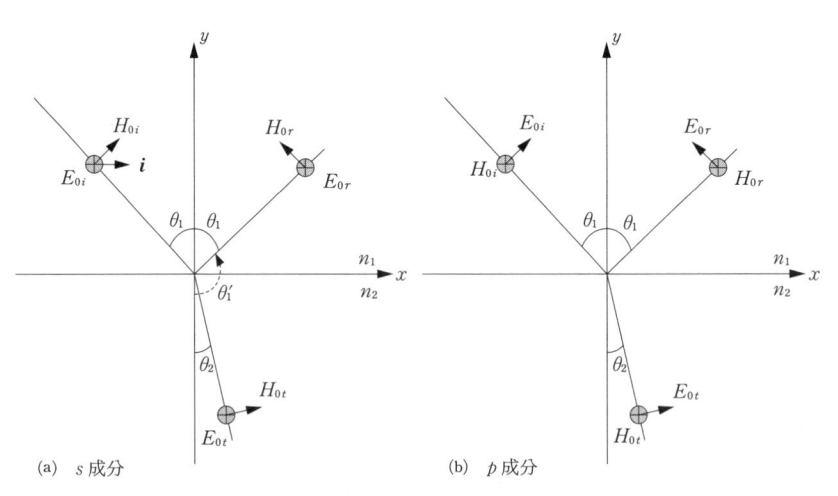

(a) s 成分　　　　(b) p 成分

図5.30　振幅反射率の検討

き，合成された振動は，進行方向から見ると一般的には楕円の軌跡を描くことは簡単な計算より理解できる．この様にして考えられる光波の振動方向の偏りを偏光と呼ぶ．

ここでは詳しくは触れないが，光波の振動が進行方向から見て描く軌跡が直線の場合を直線偏光，円の場合を円偏光，その他の一般的な場合を楕円偏光と呼ぶ．そして上述の様に，これらの波動は進行方向軸を含み直交する2平面上の別々の波動の合成として表現することが可能である（図5.29）．また，図5.30に示す様に入射角 θ_1 で光波がある境界面に入射し，そのときの反射光の角度を θ_1，屈折角を θ_2 としたとき，電場ベクトル E の振動方向が入射面（紙面）に垂直な成分を偏光の s 成分，入射面と平行な（含まれる）成分を p 成分と呼ぶ．

5.6.2 s 成分の反射・屈折

ここで，上述のような光波が，硝子，気体，あるいは液体のような電場を加えても電流を生じない透明誘電体の境界面において，屈折や反射等の影響を受ける場合を考えよう．光波が平面波として進行しているとすれば，式(1.36)および式(1.37)におけるのと同様，電気ベクトル E と磁気ベクトル H はそれぞれ振幅ベクトル E_0 および H_0 と位相 φ を用いて（図5.31），

$$E = E_0 \exp(i\varphi) \qquad H = H_0 \exp(i\varphi) \tag{5.56}$$

と表現できる．付録Gの式(G.5)，式(G.7)，式(G.9)にある様に，電磁場において2つの媒質の接する境界面を挟んで E と H の接線成分は連続であって，境界面における電気ベクトル E_1 と E_2，あるいは磁気ベクトル H_1 と H_2

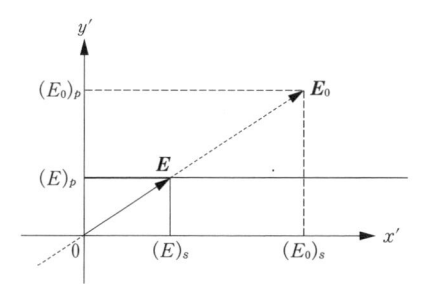

図5.31 電気ベクトルとその成分

の境界面に平行な成分は，常に相等しい．この場合，入射場，透過場，反射場により電磁場は成り立っているので，入射成分を添字の i，反射成分を r，透過成分を t とすれば，この場合の s 成分についてそれぞれの電気ベクトルの振幅は，

$$(E_{0i})_s + (E_{0r})_s = (E_{0t})_s \tag{5.57}$$

なる関係を持つ．また，波面の進行方向を表す単位ベクトルを s とすれば，磁場の振幅ベクトル H_0 の方向は入射面と平行であり，式(1.50)に上記の式(5.56)の関係を代入すると，

$$H_0 = \frac{1}{v\mu}(s \times E_0) \tag{5.58}$$

となる．この式(5.58)に，外積の性質から，波面進行方向と電場の振動方向とが形成する平面に磁気ベクトルが直交しているという表現が含まれている．すべての媒質中において，電気ベクトル E と電気変位 D の方向は必ずしも一致している訳ではないが（複屈折媒質中における様に），付録Aの式(A.1)の示す通り誘電率 ε がスカラー量である様な，光学系におけるごく一般的な媒質中では，E と D の方向は一致する．波面進行方向を表す単位ベクトル s と D は式(1.56)から直交していることがわかるので，s は E_0 とも直交している．したがって，外積の定義から，

$$|s \times E_0| = |s| \cdot |E_0| \sin\frac{\pi}{2} = E_0 \tag{5.59}$$

となるので，式(5.58)から入射，反射，透過の成分ごとに，境界面の上下の媒質における透磁率と光速をそれぞれ μ_1，μ_2，v_1，v_2 として，

$$H_{0i} = \frac{E_{0i}}{\mu_1 v_1} \qquad H_{0r} = \frac{E_{0r}}{\mu_1 v_1} \qquad H_{0t} = \frac{E_{0t}}{\mu_2 v_2} \tag{5.60}$$

のようにスカラー量で表示することができる．やはり，付録Gの式(G.7)に示す境界面における電磁波の連続性の条件から，今度は磁場の振動ベクトルは境界面とは平行ではなくなるので，境界面上における振幅を考えるために境界面を表す x 軸正方向への単位ベクトル i を考えれば，

$$H_{0i} \cdot i + H_{0r} \cdot i = H_{0t} \cdot i$$

である．よって，図5.30(a)および式(5.60)より，

$$\frac{(E_{0i})_s}{\mu_1 v_1}\cos\theta_1 - \frac{(E_{0r})_s}{\mu_1 v_1}\cos\theta_1 = \frac{(E_{0t})_s}{\mu_2 v_2}\cos\theta_2 \tag{5.61}$$

となる．ここで，2つの媒質の屈折率を考えれば，

$$\frac{v_1}{v_2} = \frac{n_2}{n_1} \tag{5.62}$$

であり，式(5.61)に式(5.62)の関係を代入してv_1とv_2を消去する．ここでさらに式(5.58)の関係からE_{0t}を消去して整理していくとr_s（振幅反射係数）についてのフレネルの公式が，またE_{0r}を消去するとt_s（振幅透過係数）についてのフレネルの公式が，以下のように得られる．

$$r_s = \left(\frac{E_{0r}}{E_{0i}}\right)_s = \frac{\frac{n_1}{\mu_1}\cos\theta_1 - \frac{n_2}{\mu_2}\cos\theta_2}{\frac{n_1}{\mu_1}\cos\theta_1 + \frac{n_2}{\mu_2}\cos\theta_2} \tag{5.63}$$

$$t_s = \left(\frac{E_{0t}}{E_{0i}}\right)_s = \frac{2\frac{n_1}{\mu_1}\cos\theta_1}{\frac{n_1}{\mu_1}\cos\theta_1 + \frac{n_2}{\mu_2}\cos\theta_2} \tag{5.64}$$

この場合，媒質は共に誘電体なので，透磁率は$\mu_1 = \mu_2$と考えて良く，また，屈折則より，

$$n_1 \sin\theta_1 = n_2 \sin\theta_2 \tag{5.65}$$

なので，これらの関係を式(5.63)と式(5.64)に代入し，三角関数の加法定理を利用すれば，それぞれ，

$$r_s = \frac{-\sin(\theta_1 - \theta_2)}{\sin(\theta_1 + \theta_2)} \tag{5.66}$$

$$t_s = \frac{2\sin\theta_2 \cos\theta_1}{\sin(\theta_1 + \theta_2)} \tag{5.67}$$

となる．

5.6.3 p成分の反射・屈折

p成分について考えると，前節とは逆に電気ベクトル$\boldsymbol{E}$は入射面に含まれ，境界面とは平行ではなくなる．よって，やはり境界面における電磁波の連続性の条件から，

$$(E_{0i})_p \cos\theta_1 - (E_{0r})_p \cos\theta_1 = (E_{0t})_p \cos\theta_2 \tag{5.68}$$

また，式(5.60)から，今度は磁気ベクトルが入射面と垂直になり境界面とは平行になるので，

$$\frac{(E_{0i})_p}{\mu_1 v_1} + \frac{(E_{0r})_p}{\mu_1 v_1} = \frac{(E_{0t})_p}{\mu_2 v_2} \tag{5.69}$$

前節と同様にして，p 成分についてのフレネルの公式は，

$$r_p = \left(\frac{E_{0r}}{E_{0i}}\right)_p = \frac{\dfrac{n_2}{\mu_2}\cos\theta_1 - \dfrac{n_1}{\mu_1}\cos\theta_2}{\dfrac{n_2}{\mu_2}\cos\theta_1 + \dfrac{n_1}{\mu_1}\cos\theta_2} \tag{5.70}$$

$$t_p = \left(\frac{E_{0t}}{E_{0i}}\right)_p = \frac{2\dfrac{n_1}{\mu_1}\cos\theta_1}{\dfrac{n_2}{\mu_2}\cos\theta_1 + \dfrac{n_1}{\mu_1}\cos\theta_2} \tag{5.71}$$

さらに，前節と同様に，透磁率，屈折則を考慮して，

$$r_p = \frac{\tan(\theta_1 - \theta_2)}{\tan(\theta_1 + \theta_2)} \tag{5.72}$$

$$t_p = \frac{2\sin\theta_2 \cos\theta_1}{\sin(\theta_1 + \theta_2)\cos(\theta_1 - \theta_2)} \tag{5.73}$$

となる．

5.6.4 強度で表す反射率と透過率

ここまで，反射や透過の際の振幅の変化について考えてきた．ここでは，振幅係数を用いて，光の強度の反射や透過の際の変化について検討しよう．

光の強度 I は，ポインティング・ベクトルが直交する単位面積を単位時間に通過するエネルギーの量であり，

$$v = \frac{1}{\sqrt{\varepsilon\mu}}$$

であることを考慮すれば，1.2 節の式(1.64)より，

$$I = \frac{|\bm{E}_0|^2}{2\mu v} \tag{5.74}$$

と表される．よって，境界面上に単位面積をとって，入射，反射，透過のエネルギーを考えれば，

$$I_i = \frac{E_{0i}^2 \cos\theta_1}{2\mu_1 v_1} \qquad I_r = \frac{E_{0r}^2 \cos\theta_1}{2\mu_1 v_1} \qquad I_t = \frac{E_{0t}^2 \cos\theta_2}{2\mu_2 v_2} \tag{5.75}$$

よって，p 成分における反射率 R_p，透過率 T_p はそれぞれ，

$$R_p = \left(\frac{I_r}{I_i}\right)_p = \left(\frac{E_{0r}}{E_{0i}}\right)_p^2 = r_p^2 \tag{5.76}$$

$$T_p = \left(\frac{I_t}{I_i}\right)_p = \left(\frac{E_{0t}}{E_{0i}}\right)_p^2 \frac{n_2\mu_1\cos\theta_2}{n_1\mu_2\cos\theta_1} = \frac{n_2\mu_1\cos\theta_2}{n_1\mu_2\cos\theta_1} t_p^2 \tag{5.77}$$

となる．さらに s 成分について同様にして，

$$R_s = r_s^2 \tag{5.78}$$

$$T_s = \frac{n_2\mu_1\cos\theta_2}{n_1\mu_2\cos\theta_1} t_s^2 \tag{5.79}$$

式(5.70)と式(5.71)を，式(5.76)と式(5.77)に代入し計算していくと，

$$R_p + T_p = 1 \tag{5.80}$$

同様にして s 成分に対しても，

$$R_s + T_s = 1 \tag{5.81}$$

なるエネルギー保存則が導ける．

　図5.32の横軸に入射角，縦軸に強度反射率を示し，式(5.76)と式(5.78)の計算結果を図示する．$n_1=1$，$n_2=1.5$（$n_1<n_2$）の場合である．2つの成分の平均値よりなる $(R_s+R_p)/2$ の曲線は，直線偏光から円偏光までの偏光状態がランダムに存在するであろう自然光に対する強度反射率を表すものである．また，このとき，図からも明らかな様に，式(5.72)において s 偏光は角度の増加に伴って単調に増加していくのに対して，$\tan(\theta_1+\theta_2)=\infty$ つまり $\theta_1+\theta_2=\pi/2$ なるとき，$R_p=0$ となり，p 偏光の強度反射率は0になる．このとき，屈折則から，

$$\frac{n_2}{n_1} = \frac{\sin\theta_1}{\sin\theta_2} = \frac{\sin\theta_1}{\sin\left(\frac{\pi}{2}-\theta_1\right)} = \frac{\sin\theta_1}{\cos\theta_1} = \tan\theta_1 \tag{5.82}$$

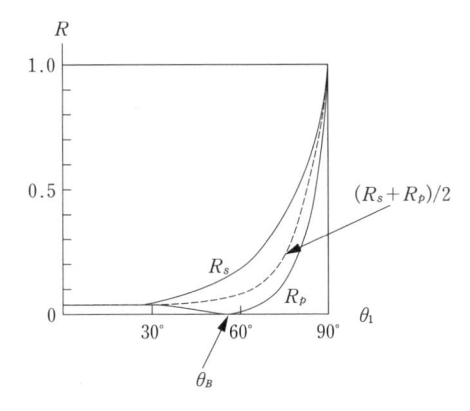

図5.32 強度反射率（$n_1<n_2$）

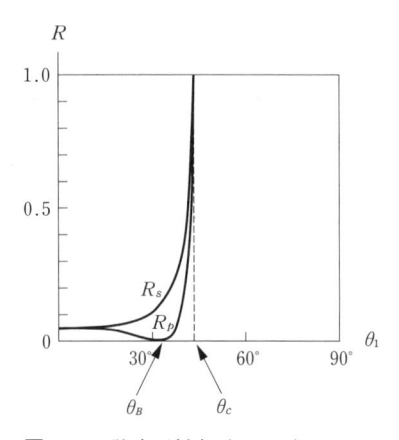

図 5.33 強度反射率（$n_1 > n_2$）

となる．このときの入射角 θ_1 を偏光角あるいはブルースター（Brewster）角と呼ぶ．

さらに $n_1=1.5$，$n_2=1$（$n_1>n_2$）の場合の反射率の計算結果を図 5.33 にあげる．$n_1<n_2$ の場合と異なり，$n_1>n_2$ の場合にはさらに全反射と呼ばれる現象が起きる．スネルの屈折則（式(5.65)）において入射角 θ_1 が大きくなると，θ_2 が 90 度になる場合が存在し，それ以上の大きさの θ_1 に対し屈折光が存在しなくなる．この境界の角度 θ_c を臨界角，反射光の強度反射率が 1 になるこの現象を全反射と呼ぶ．スネルの法則より臨界角は以下の関係で表される．

$$\sin \theta_c = \frac{n_2}{n_1} \sin \theta_2 = \frac{n_2}{n_1} < 1 \tag{5.83}$$

5.6.5 照明計算におけるフレネルの公式の考慮

光学系におけるレンズ面などの多層膜あるいはミラー表面などの金属蒸着面における反射率や透過率も，正確には波長，入射角度，偏光状態に依存する量であり，精密な評価のためにはそれらの影響を考慮することが必要になる．しかし，一般的にはこうした面の影響が劇的に変化するほど光波の入射条件は変化しないので，また，多層膜，金属面，そして入射光の偏光の状態などの初期条件設定や計算も煩雑になるので，こうした反射・透過率への影響は直接的に固定されたパラメータとして入力されたり，シミュレーションとは別途に検討

されたりする場合も多い．しかし，現代的な評価の対象となる光学系においては，既述の非逐次（ノンシーケンシャル）光線追跡が必要なものも多く，光線の進行方向が無秩序であったり，非常に多くの回数のくり返し透過・反射がその中で生起している状態も存在する．このような場合，強度反射率図からも理解できる通り，たとえ入射光の偏光状態がランダムであっても，光線追跡とフレネルの公式より導かれる誘電体境界面上における反射率・透過率は，幾何光学的照明計算結果に直接的に大きな影響をもたらすことになり，注意が必要となる．そして，ここでは詳しくは触れないが，ミラー面におけるような金属面反射の場合には，上述のフレネルの公式中の屈折率 n を金属の複素屈折率 $\tilde{n}$ に直接置き換えることによって，誘電体境界面の場合と同様に屈折則，フレネルの公式が形式的に成立し，そこから偏光成分変化について計算が可能となる[3][25][31][47]．また，後述するように，測定された BRDF データを用い計算に利用することもできる．

5.7 媒質の境界面における光波の分岐(2)

前節において述べたフレネル透過・反射，あるいは拡散・散乱なども包含して，こうした媒質の境界面（あるいは媒質中）における光路分岐を媒質表面に付随する特性分布関数を用いて表現する方法について，本節で解説する．

5.7.1 表面の拡散反射特性・BRDF の概念

ある媒質境界表面部分 dA に $\boldsymbol{\omega}_i$ 方向からの微小立体角内から光が到達する場合を考える．ここで，さらに $\boldsymbol{\omega}_i$ とは異なる方向 $\boldsymbol{\omega}_r$ に反射される光を考えると，反射される光の輝度 dB_r は $\boldsymbol{\omega}_i$ 方向から dA に達する光の照度 dE に比例するとして，この関係を，比例定数として BRDF を用いて，

$$dB_r(\boldsymbol{\omega}_r) = \mathrm{BRDF}(\boldsymbol{\omega}_i \to \boldsymbol{\omega}_r) \cdot dE(\boldsymbol{\omega}_i) \tag{5.84}$$

と表そう（図5.34）．照度と輝度の関係から，入射光束の立体角 Ω_i を用いると，式(5.84)は，

$$dB_r(\boldsymbol{\omega}_r) = \mathrm{BRDF}(\boldsymbol{\omega}_i \to \boldsymbol{\omega}_r) \cdot dB_i(\boldsymbol{\omega}_i) \cos\theta_i d\Omega_i \tag{5.85}$$

と表され，BRDF (bidirectional reflectance distribution function) は，

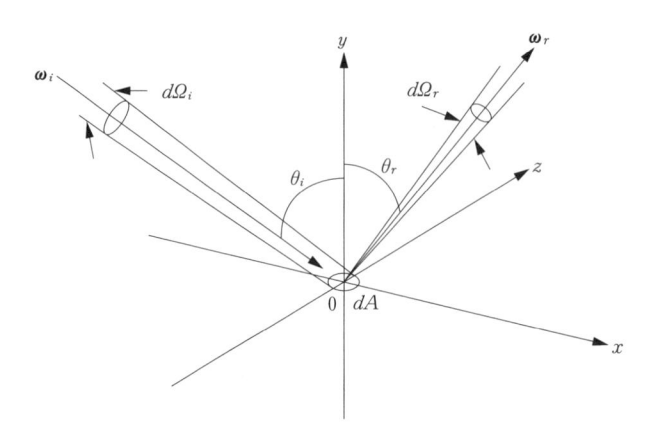

図 5.34　BRDF の概念

$$\mathrm{BRDF}(\boldsymbol{\omega}_i \to \boldsymbol{\omega}_r) = \frac{dB_r(\boldsymbol{\omega}_r)}{dB_i(\boldsymbol{\omega}_i)\cos\theta_i d\Omega_i} \tag{5.86}$$

と定義される．BRDF とはこの様に，物質表面において様々な要因により起こる光波の拡散・散乱現象を，その表面固有の特性として定量化するものであり，式(5.86)において規定される入射方向・反射方向における，それぞれ（微小）照度と輝度の比であって，steradian^{-1} なる次元を持つ．この BRDF が，解析的分布あるいは測定データとして得られれば，どの方向からの入射光に対しても，その反射光の拡散後の方位に対する輝度分布を得ることができる．この BRDF とは BSDF（bidirectional scatter distribution function）と呼ばれるものの1つであり，透過・回折光に対し反射の場合と同様に定義される，

　　　BTDF（bidirectional transmittance distribution function）
　　　BDDF（bidirectional diffraction distribution function）

などが存在する．そして波長領域ごと，微小エリアごと，あるいは偏光成分ごとに独立して設定が可能となる．

　また，領域 dA への入射光全体の特定の方向への反射輝度は，dA を囲む半球全体の立体角の積分として，以下の様に表される．

$$B_r(\boldsymbol{\omega}_r) = \int_{\Omega_i} \mathrm{BRDF}(\boldsymbol{\omega}_i \to \boldsymbol{\omega}_r) \cdot B_i(\boldsymbol{\omega}_i)\cos\theta_i d\Omega_i \tag{5.87}$$

前節において触れた，任意の偏光成分における強度反射率 R は，入射と反射のエネルギーの比

$$R = \frac{I_r}{I_i} \tag{5.88}$$

として表された．よって，式(5.87)をさらに，反射角度に対し，反射方向半球の全立体角について積分すると，単位面積から反射される全エネルギー・放射発散度が計算できるので，これを全体の入射光による照度で割れば，式(5.88)と同様の計算が成り立ち，以下の様に強度反射率 R が得られる．

$$R = \frac{\int_{\Omega_r} \int_{\Omega_i} \mathrm{BRDF}(\boldsymbol{\omega}_i \to \boldsymbol{\omega}_r) \cdot B_i(\boldsymbol{\omega}_i) \cos\theta_i \cos\theta_r d\Omega_i d\Omega_r}{\int_{\Omega_i} B_i(\boldsymbol{\omega}_i) \cos\theta_i d\Omega_i} \tag{5.89}$$

ここで，BRDF を考える上で重要になる式(5.84)における比例関係について検討してみよう．図 5.35 にある様に入射・射出方向を，法線との角度 θ，

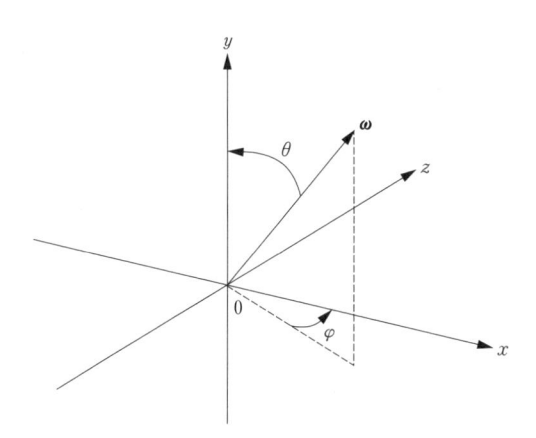

図 5.35　角度・方位座標

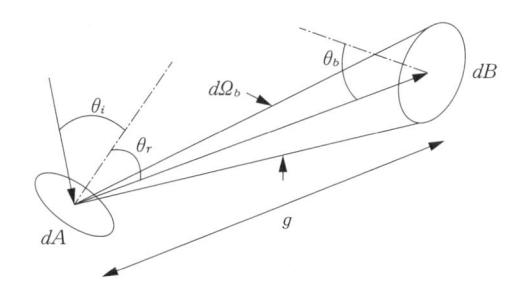

図 5.36　入射照度と反射輝度についての検討

方位を φ で表し,図 5.36 にあるように諸量を設定する.微小面積 dA における拡散を考えるとして,入射・反射方向についての表記はこれまで通りである.また,反射光束の立体角を考えるために,反射光により照らされる微小面積 dB を設定しよう.このとき,反射光と,この面の法線のなす角度を θ_B, dA 面と dB 面の距離を g とする.ここで, dB に達するエネルギー・放射束 dF_B は,

$$dF_B = B_r(\theta_r, \varphi_r) dA \cos \theta_r \frac{dB \cos \theta_B}{g^2} \tag{5.90}$$

である.この式の辺々を θ_i および φ_i 方向から dA 面に入射するエネルギー dF_A で割ると,

$$\frac{dF_B}{dF_A} = B_r(\theta_r, \varphi_r) \frac{dA}{dF_A} \cos \theta_r \frac{dB \cos \theta_B}{g^2} \tag{5.91}$$

となる. dB に張る立体角 $d\Omega_B$ と dA 上の照度 E_i を考えれば,式(5.91)は,

$$\frac{dF_B}{dF_A} = \frac{B_r(\theta_r, \varphi_r)}{E_i(\theta_i, \varphi_i)} \cos \theta_r d\Omega_B \tag{5.92}$$

なので,

$$\frac{B_r(\theta_r, \varphi_r)}{E_i(\theta_i, \varphi_i)} = \frac{dF_B}{dF_A} \cdot \frac{1}{\cos \theta_r d\Omega_B} \tag{5.93}$$

となる.

　光波の,ある経路に沿うエネルギーは,入射エネルギーに対して,通常,線形的に変化する.したがって,特定の入射方向において入射エネルギーの変化により光波の進行経路が変化することは一般的にはなく,式(5.93)右辺のエネルギー比,反射角や光波の広がりは,入射光の反射後の光波の進行経路により定められる量あるいは設定値であり,これらの値および式(5.93)左辺の BRDF は特定の入射・射出方向,特定の表面の拡散性に対する定数となる.

5.7.2　整反射における BRDF

　媒質境界面においての最も単純な場合として,完全に滑らかで平らな理想的な表面における,拡散を含まない整反射を取り上げ,BRDF でこの現象を表現する方法について考えてみよう.整反射の場合,スネルの反射則より,

$$\theta_r = \theta_i \qquad \varphi_r = \varphi_i \pm \pi \tag{5.94}$$

整反射であれば,入射光と反射光の輝度の関係は,前節におけるフレネル強度

5.7 媒質の境界面における光波の分岐(2)

反射率 R を導入して, ある偏光成分について考えれば,

$$B_r(\theta_r, \varphi_r) = R \cdot B_i(\theta_r, \varphi_r \pm \pi) \tag{5.95}$$

となる. ここで, 以前に取り扱ったデルタ関数を考えれば,

$$x \neq 0 \quad \text{であれば} \quad \delta(x) = 0$$

そして,

$$\int_{-\infty}^{\infty} \delta(x) dx = 1$$

となる. また, 立体角について考えれば, 半径 r の円の, 角度 a ラジアンの扇形の円弧の長さは ar なので, 式(5.87)の立体角の積分を角度・方位の積分に書き換えて,

$$B_r(\theta_r, \varphi_r) = \int_0^{2\pi} \int_0^{\frac{\pi}{2}} \mathrm{BRDF}_{ir} \cdot B_i(\theta_i, \varphi_i) \cos \theta_i \sin \theta_i d\theta_i d\varphi_i \tag{5.96}$$

とする. ここで, デルタ関数の別の性質

$$\int_{-\infty}^{\infty} \delta(x-y) f(x) dx = f(y) \tag{5.97}$$

を考慮すると, 式(5.94)と式(5.95)の条件を成立させるためには, 以下の値がBRDF値として推測される.

$$\mathrm{BRDF}_{ir} = R \cdot \frac{\delta(\theta_i - \theta_r) \cdot \delta\{\varphi_i - (\varphi_r \pm \pi)\}}{\cos \theta_i \sin \theta_i} \tag{5.98}$$

式(5.98)を式(5.96)に代入すると,

$$\begin{aligned} B_r(\theta_r, \varphi_r) &= R \int_0^{2\pi} \int_0^{\frac{\pi}{2}} \delta(\theta_i - \theta_r) \cdot \delta\{\varphi_i - (\varphi_r \pm \pi)\} B_i(\theta_i, \varphi_i) d\theta_i d\varphi_i \\ &= R \int_0^{\frac{\pi}{2}} \delta(\theta_i - \theta_r) B_i(\theta_i, \varphi_r \pm \pi) d\theta_i \\ &= R \cdot B_i(\theta_r, \varphi_r \pm \pi) \end{aligned} \tag{5.99}$$

となり, 式(5.98)が式(5.96)を成立させる BRDF の値を表すことが確かめられる. 前節における透明誘電体境界面において, この様な反射を考えれば, 対を成す透過光に対する BTDF による計算が必要になる場合も多い. ここで, このスネルの法則で表される, 完全平面における拡散成分を伴わない透過光についての BTDF について簡単に触れておく. この場合にも式(5.96)と同様の式が入射光と透過光, BTDF について成り立つが, フレネル強度透過率を T で表せば, エネルギーの吸収が起きないとして, 2.5節のクラウジウスの関係式(2.93)と, 放射束の保存性から,

$$B_t(\theta_t, \varphi_t) = T\left(\frac{n_t}{n_i}\right)^2 B_i(\theta_i, \varphi_t \pm \pi) \tag{5.100}$$

という輝度同志の関係が導かれる．さらに，2.2.4項における球表面上での帯面積と球の直径に投影した帯の幅との関係から，微小立体角を

$$d\Omega_i = 2\pi d(\cos\theta_i) \cdot \frac{d\varphi_i}{2\pi} = \tan\theta_i d(\sin\theta_i) d\varphi_i \tag{5.101}$$

と表して式(5.97)と同様の形式の積分を行うとすれば，

$$\mathrm{BTDF}_{it} = T\left(\frac{n_t}{n_i}\right)^2 \cdot \frac{\delta\left(\sin\theta_i - \frac{n_t}{n_i}\sin\theta_t\right) \cdot \delta\{\varphi_i - (\varphi_t \pm \pi)\}}{\sin\theta_i} \tag{5.102}$$

の様にBTDFを設定することができる．先に述べたBRDFの場合と同様の検証が可能である．

5.7.3 完全拡散面

今度は完全拡散（Lambertian）面反射におけるBRDFについて検討してみよう．定義の通り完全拡散面においては如何なる角度で光線が入射しようとも，反射輝度はどの方向に対しても一様になる．つまりBRDFも一定の値になるので，この場合，式(5.87)は，

$$B_r(\boldsymbol{\omega}_r) = \mathrm{BRDF} \int_{\Omega_i} B_i(\boldsymbol{\omega}_i)\cos\theta_i d\Omega_i = \mathrm{BRDF} \cdot E_i \tag{5.103}$$

となる．ここで，完全拡散における反射率を上記の通り入射全放射束と反射全放射束との比で表せば，式中から面積が消えて，式(5.89)から，

$$R = \frac{I_r}{I_i} = \frac{\int_{\Omega_r} B_r(\boldsymbol{\omega}_r)\cos\theta_r d\Omega_r}{\int_{\Omega_i} B_i(\boldsymbol{\omega}_i)\cos\theta_i d\Omega_i}$$

となり，式(5.103)より，

$$= \frac{\mathrm{BRDF} \cdot E_i \int_{\Omega_r} \cos\theta_r d\Omega_r}{E_i} = \pi \cdot \mathrm{BRDF} \tag{5.104}$$

となる．したがって，

$$\mathrm{BRDF} = \frac{R}{\pi} \tag{5.105}$$

なる角度に依存しない関係で，強度反射率とBRDFは結ばれる．仮に透過・吸収がなければBRDFは$1/\pi$となる．

5.7.4 拡散面の表現について

一般的に，波長よりも遙かに大きな起伏，突起構造を持つ，いわゆる荒い面において，微弱な拡散光の影響を無視できる場合には，図 5.37 にある通り，前節で取り上げた完全拡散，そしてスネルの法則に従う透過・整反射，さらにこれら両極端の状態の中間にある直接反射光・透過光の方向に依存した拡散指向性を持つ，3 種類の光沢反射の合成により成り立つ BSDF のモデルを考えることも可能である．要素状態を表す BSDF を適切にウエイト付けして加え合わせることにより，これらの特性を総合して表現できる新たな BSDF を設定し用いることや個別に計算することもできる．

そして，微小で精細な物理的な領域においては，研磨面における様なスムーズな波長オーダー以下の表面構造がもたらす微弱な散乱光も測定される．この様な影響を計算するために，測定データのみならず，表面精度に応じてキルヒホッフ（Kirchhoff），レーリー‐ライス（Rayleigh-Rice），あるいはベックマン（Beckmann）などによる物理光学的な表面散乱・回折理論に基づく，解析

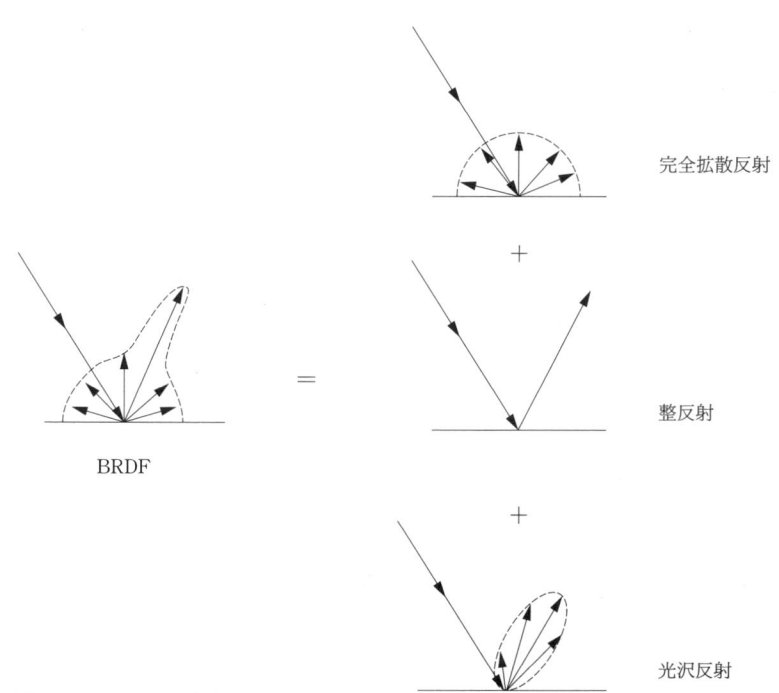

図 5.37 BRDF の合成による表現

的なBSDFのモデルも様々に検討されている[66].

そこで例えば，任意の光学系を用いて月などの発光体の傍らに存在する微弱な光を放つ星などの被写体の撮影が可能かどうかを検討する場合に，BSDFの測定データあるいは物理的モデルから，式(5.93)における様なBSDFとエネルギーの関係により，比較的簡単に月光のレンズ研磨面における微小な散乱・フレアによる星像付近のノイズ照度計算ができる．この値と星像の照度を比較することにより，撮影が可能であるための条件を合理的に検討できるようになる．また，光線追跡を行うことによって，内面反射等により様々に複雑な経路を辿る光線の光学系各部位からの拡散・散乱光の結像への影響も同様にして考慮できる．

5.7.5 照度計算プログラムにおける利用の仕方

ここで具体的に，BRDF（一般的にはBSDF）を，光線追跡を伴う照度計算にどの様に用いるべきか検討してみよう．光線1本1本が特定のエネルギー量・放射束を表現するとして，光線追跡を行い被照明面の任意のエリアに到着するエネルギーを積算していく，いわゆる"粒子法"に沿って考えよう．

単一の方向 θ_i と φ_i（つまり1本の光線の方向）から，拡散を設定する面における微小面積 dA に入射する光線のエネルギーを dF_i として，ここから反射・透過するエネルギー dF_r を運ぶ任意の1本の光線が代表する，あまり大きくない立体角を $\Delta\Omega$ とする．そして式(5.92)の関係をこの立体角の範囲で微小立体角 $d\Omega_r$ によって積分する形で表して，

$$\frac{dF_r}{dF_i} = \int_{\Delta\Omega} \mathrm{BRDF}(\theta_i, \varphi_i, \boldsymbol{\omega}_r)\cos\theta_r d\Omega_r \tag{5.106}$$

とする．この式(5.106)より，$\Delta\Omega$ の方向を適切に変化させていき，拡散面における光線入射点から発生されるそれぞれの方向への光線の表すエネルギーを決定することが可能となる．また，本書において既述のモンテカルロ法を用いる場合には，式(5.106)中の被積分関数 BRDF $\cos\theta_r$ の分布より光線発生の確率を決定することができる．

実際には，拡散面を含む照明計算の場合には，図5.38に示す様な照明計算においてディテクターに光線が達する確率が非常に低い場合が往々にして存在する．この様なシミュレーションにおいては計算効率向上のために，拡散面な

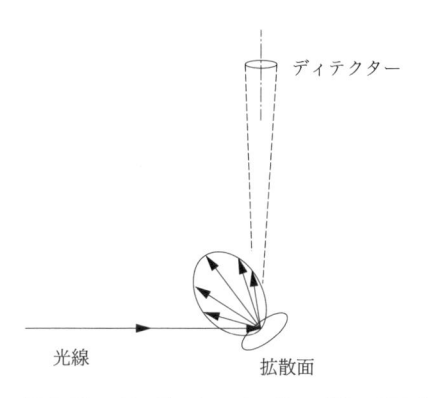

5.7 媒質の境界面における光波の分岐(2)

図 5.38 インポータンス・サンプリングの必要性

　どの2次光源などから放射する光線の発生密度を，注目に値する特定のターゲットの方向に対してのみ急激に増加させ，式(5.106)等から得られる光線の表すエネルギーのウエイトにより計算結果を補正するインポータンス・サンプリング（Importance Sampling）の手法も重要になる．

　その適用の一例を示せば，光線がインポータンス・サンプリングを行う拡散面に到達した場合，光線を(A)サンプリング・ターゲットの方向へ，(B)すべての放射可能な方向へ，それぞれのエリア内での分布に則った発生確率で2つの光路に分岐させる．モンテカルロ法を用いれば光線1本の表すエネルギーは最終的に全光線共通の比例定数として変更可能であるが，ここでは通常のモンテカルロ法により発生される(B)光線にはそれぞれ K の放射束係数が託されるとしよう．

　また，(A)光線に対しては入射点とサンプリング・ターゲットとで形成される立体角 $\Delta\Omega$ の範囲で式(5.106)右辺の積分を実行し，K は比例定数であり $dF_i = K$ と置けるので積分結果に K を乗ずることにより，入射エネルギーを K とした場合の(A)領域に拡散するエネルギーが計算できる．この値を(A)光線の放射束係数とする．ただし，(B)光線において，(A)領域に発生してしまうものについては，この重複分の合計はちょうど(A)領域に達する全放射束と一致するので，エネルギーカウントの重複を避けるため，その試行においては(B)光線のカウントのみを見送る必要がある．

付録 A

マクスウェルの方程式と波動方程式

A.1 波動方程式

　光は電磁場の変化により生じる電磁波である．そして電磁場とは電荷が空間に及ぼす励起状態により成る場であり，以下に挙げる 5 つのベクトル E, B そして，j, D, H によって記述される．そしてこれらの 5 つのベクトルの時間・空間座標による微分は，マクスウェル（Maxwell）の方程式により関係付けられている．

　さて，誘電体とは，そこに電荷が存在せず，電場を加えても電流の生じない媒質のことをいう．ここで，誘電体媒質中における電束密度 D および磁束密度 B は，電場の強さ E および磁場の強さ H より，

$$D = \varepsilon_r \varepsilon_0 E = \varepsilon E \tag{A.1}$$

$$B = \mu_r \mu_0 H = \mu H \tag{A.2}$$

と表される．ε_r は比誘電率，ε は誘電率，μ_r は比透磁率，μ は透磁率であり，真空中の誘電率と透磁率を，それぞれ ε_0 および μ_0 とするとき，

$$\varepsilon_r = \frac{\varepsilon}{\varepsilon_0} \qquad \mu_r = \frac{\mu}{\mu_0} \tag{A.3}$$

なる関係がある．

　一般の媒質中におけるマクスウェルの方程式は，媒質中の電荷を ρ，媒質中に生じる電流を j とすれば，

$$\text{rot } E = -\frac{\partial B}{\partial t} \tag{A.4}$$

$$\text{rot } H = j + \frac{\partial D}{\partial t} \tag{A.5}$$

$$\operatorname{div} \boldsymbol{D} = \rho \tag{A.6}$$

$$\operatorname{div} \boldsymbol{B} = 0 \tag{A.7}$$

である．よって，誘電体中のマクスウェルの方程式は，$j=0$，$\rho=0$ として，

$$\operatorname{rot} \boldsymbol{E} = -\frac{\partial \boldsymbol{B}}{\partial t} = -\frac{\partial}{\partial t}(\mu \boldsymbol{H}) \tag{A.8}$$

$$\operatorname{rot} \boldsymbol{H} = \frac{\partial \boldsymbol{D}}{\partial t} = \frac{\partial}{\partial t}(\varepsilon \boldsymbol{E}) \tag{A.9}$$

$$\operatorname{div} \boldsymbol{D} = \operatorname{div}(\varepsilon \boldsymbol{E}) = 0 \tag{A.10}$$

$$\operatorname{div} \boldsymbol{B} = \operatorname{div}(\mu \boldsymbol{H}) = 0 \tag{A.11}$$

となる．ここでは媒質に対しての等方性は仮定していないので，ε と μ（実際には μ はスカラー量 μ_0 と置いて差し支えない）は一般的にはテンソルであることに注意を要する．

等方性のある一様な媒質中においては，μ および ε がその位置や時間によらないスカラー量なので，

$$\operatorname{rot} \boldsymbol{H} = \varepsilon \frac{\partial \boldsymbol{E}}{\partial t} \tag{A.12}$$

$$\operatorname{rot} \boldsymbol{E} = -\mu \frac{\partial \boldsymbol{H}}{\partial t} \tag{A.13}$$

$$\operatorname{div} \boldsymbol{H} = 0 \tag{A.14}$$

$$\operatorname{div} \boldsymbol{E} = 0 \tag{A.15}$$

である．この式(A.12)～式(A.15)が光学で多く用いられる等方性誘電体媒質におけるマクスウェルの方程式である．

さて，ここで式(A.12)を t で微分して，

$$\operatorname{rot} \frac{\partial \boldsymbol{H}}{\partial t} = \varepsilon \frac{\partial^2 \boldsymbol{E}}{\partial t^2} \tag{A.16}$$

式(A.13)の rot をとり，式(A.16)の関係を用いると

$$\operatorname{rot}(\operatorname{rot} \boldsymbol{E}) = -\mu \operatorname{rot} \frac{\partial \boldsymbol{H}}{\partial t} = -\varepsilon \mu \frac{\partial^2 \boldsymbol{E}}{\partial t^2} \tag{A.17}$$

ベクトルの公式と式(A.15)より

$$\operatorname{rot}(\operatorname{rot} \boldsymbol{E}) = \operatorname{grad}(\operatorname{div} \boldsymbol{E}) - \Delta \boldsymbol{E} = -\Delta \boldsymbol{E} \tag{A.18}$$

よって，式(A.17)と式(A.18)より，

$$\frac{\partial^2 \boldsymbol{E}}{\partial x^2} + \frac{\partial^2 \boldsymbol{E}}{\partial y^2} + \frac{\partial^2 \boldsymbol{E}}{\partial z^2} = \varepsilon \mu \frac{\partial^2 \boldsymbol{E}}{\partial t^2} \tag{A.19}$$

さらに定数をまとめて，後述の式(A.22)から媒質中の速度 v を導入して，

$$\frac{\partial^2 \boldsymbol{E}}{\partial x^2} + \frac{\partial^2 \boldsymbol{E}}{\partial y^2} + \frac{\partial^2 \boldsymbol{E}}{\partial z^2} = \frac{1}{v^2} \cdot \frac{\partial^2 \boldsymbol{E}}{\partial t^2} \tag{A.20}$$

磁場についても同様にして，

$$\frac{\partial^2 \boldsymbol{H}}{\partial x^2} + \frac{\partial^2 \boldsymbol{H}}{\partial y^2} + \frac{\partial^2 \boldsymbol{H}}{\partial z^2} = \frac{1}{v^2} \cdot \frac{\partial^2 \boldsymbol{H}}{\partial t^2} \tag{A.21}$$

これら式(A.20)と式(A.21)を波動方程式と呼ぶ．

A.2 波動の速度と誘電率，透磁率の関係

z 方向に進む，H_x と E_y しか成分を持たない波動を考え，

$$v = \frac{1}{\sqrt{\varepsilon\mu}} \tag{A.22}$$

なる量 v を導入すると式(A.19)は，

$$\frac{\partial^2 E_y}{\partial z^2} = \frac{1}{v^2} \cdot \frac{\partial^2 E_y}{\partial t^2} \tag{A.23}$$

となる．この1次元波動方程式の一般解はダランベール（d'Alambert）の解として知られており，進行する波動の解として，

$$E_y = f(z - vt) \tag{A.24}$$

が得られる．時間が $\varDelta t$ 変化した場合，この波動は，

$$f(z - v(t + \varDelta t)) = f(z - v\varDelta t - vt) = f\{(z - \varDelta z) - vt\}$$

と表せ，その形を変えずに $\varDelta z = v\varDelta t$ だけ移動したことがわかる．ゆえに式(A.22)における v をこの波動の速度と考えることができる．

付録 B

正弦波動における進行方向と位相速度について

B.1 基本的な振動関数

マクスウェル方程式より得られる波動方程式は光波の解析を行うものであるので，その解として，周期性を持ち空間を伝播する振動として以下の正弦波動の一般形を考えることができる．（任意の波形はフーリエ光学で示される通り，様々な周波数で振動する正弦波の重ね合わせとして表現することができる．）

$$V(t) = A\exp(-i\omega t) \tag{B.1}$$

この波動は純粋な振動であり，まだ空間伝播の表現を持たない．そこで以下の項を付加する．

$$V(\boldsymbol{r}, t) = A(\boldsymbol{r})\exp[-i\{\omega t - \varphi(\boldsymbol{r})\}] \tag{B.2}$$

この式の中括弧内は位相を表す項であり，関数 $\varphi(\boldsymbol{r})$ は波動の空間的な広がりを表現する項であって，位置ベクトル $\boldsymbol{r}$ で示される空間座標による位相を表す．つまりある位置と，別の位置でのそれらの点を結ぶ経路に沿っての波動進行に際しての位相の変化を示す．式(B.2)の表す波動の進行方向とは，単純に波の進む方向である．電磁気学的に考えれば光速を越える運動はあり得ないので，$\boldsymbol{E}$ および $\boldsymbol{H}$ は波動の進行方向への成分を持たない．ゆえに，光波の進行方向とは，一般的には電場・磁場に直交するポインティング・ベクトルの示す方向となる．

さて，位相が一定の面

$$\{\omega t - \varphi(\boldsymbol{r})\} = \text{const.} \tag{B.3}$$

を満たす位置ベクトル $\boldsymbol{r}$ が作る面を波面と呼んだ．ここで，光が空間に広がりを持って存在し，総体として進行していくという観点から，波面上にある位置

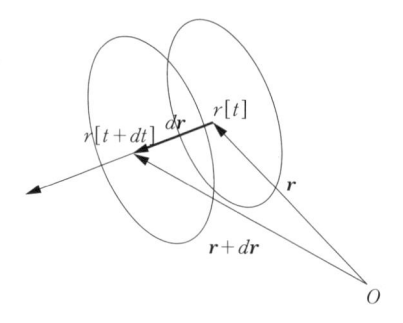

図 B.1 等位相面の変位

r が,波面と共に微小時間 dt 後に dr だけ変位する場合を考えよう(図 B.1).

時間 dt において,曲面上で dr の位置ベクトルの変化が生じたとして式(B.3)は,

$$\omega \cdot (t+dt) - \varphi(\boldsymbol{r}+d\boldsymbol{r}) = \text{const.}$$

$$\omega t + \omega dt - \left[\varphi(\boldsymbol{r}) + \frac{\partial \varphi}{\partial x}dx + \frac{\partial \varphi}{\partial y}dy + \frac{\partial \varphi}{\partial z}dz\right] = \text{const.}$$

$$\omega dt - \left(\frac{\partial \varphi}{\partial x}dx + \frac{\partial \varphi}{\partial y}dy + \frac{\partial \varphi}{\partial z}dz\right) = 0$$

$$\omega dt - \left(\frac{\partial \varphi}{\partial x}\boldsymbol{i} + \frac{\partial \varphi}{\partial y}\boldsymbol{j} + \frac{\partial \varphi}{\partial z}\boldsymbol{k}\right) \cdot (dx\boldsymbol{i} + dy\boldsymbol{j} + dz\boldsymbol{k}) = 0$$

$$\omega dt - \text{grad}\,\varphi(\boldsymbol{r}) \cdot d\boldsymbol{r} = 0 \tag{B.4}$$

となる.

式(B.4)において,等位相面の変位量 dr の方向を表す単位ベクトル $\boldsymbol{s}$ を考えると,$d\boldsymbol{r} = \boldsymbol{s}dr$ となり,

$$\frac{dr}{dt} = \frac{\omega}{\boldsymbol{s} \cdot \text{grad}\,\varphi(\boldsymbol{r})} \tag{B.5}$$

この式の値は r の変移後の座標のとり方に依存するが,式(B.5)から明らかなように変位方向 $\boldsymbol{s}$ が波面法線ベクトルと同じ方向であるとき,dr/dt は最小値をとる.この値を位相速度と呼び等位相面の伝播の速度を表す.このとき,

$$\boldsymbol{s} = \frac{\text{grad}\,\varphi(\boldsymbol{r})}{|\text{grad}\,\varphi(\boldsymbol{r})|} \tag{B.6}$$

であり,位相速度 v_p は

$$v_p = \frac{\omega}{|\text{grad}\,\varphi(\boldsymbol{r})|} \tag{B.7}$$

と表される．この波面法線単位ベクトル s の方向は，前述の波面構成要素の正弦波の進行方向とは必ずしも一致しない．

B.2　平面波と波数ベクトル

ここで，詳しく式(B.2)における関数 $\varphi(\ )$ について検討してみよう．

$\varphi(\ )$ は位相角度を表す関数であるから，光波の進行経路に沿った距離を媒質中の波長 λ で割り，1波長進むのに必要な角度 2π を乗ずることにより得られる．$l(x, y, z)$ を進行距離として，

$$\varphi(x, y, z) = \frac{2\pi}{\lambda} l(x, y, z) \tag{B.8}$$

この量は，式(1.2)における位相項中（中括弧内）に含まれている．また，

$$k = \frac{2\pi}{\lambda} \tag{B.9}$$

なる k を波数と呼ぶ．

さて，ここで光学では非常に重要な役割を果たす平面波を考えよう．平面波とは，図B.2にある様な等位相波面が平面を為し進行していく波である．する

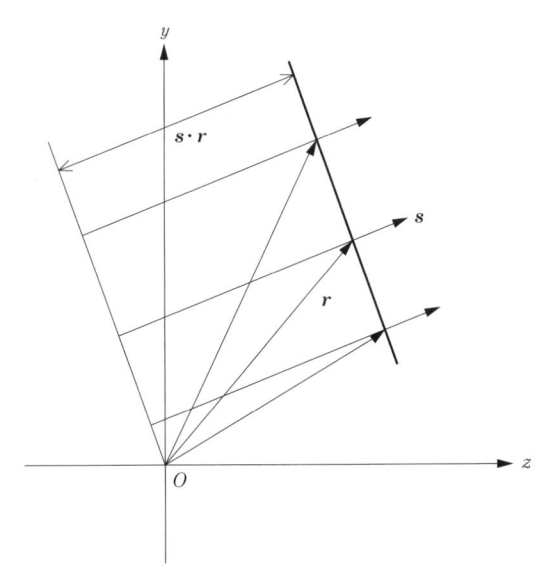

図B.2 平面波

と，原点を含む波面がある位置まで進行した場合，この新波面上の任意の点の位置ベクトルを r とするとき，波面の進行方向（単位ベクトル s により示される）に沿っての，内積 $s \cdot r$ で表せる距離は，図からも理解できるように一定になる．よって，

$$\varphi(x, y, z) = \frac{2\pi}{\lambda} s \cdot r$$

ここで，

$$\frac{2\pi}{\lambda} s = k = k_x i + k_y j + k_z k \tag{B.10}$$

なる波数ベクトル k（あるいは伝搬ベクトル）を導入すれば，式(B.2)は，

$$V(r, t) = A(r) \exp\{-i(\omega t - k \cdot r)\} \tag{B.11}$$

として平面波を表現することができる．

光波を局所的に平面波とみなすことは1.2.3項で述べた通り幾何光学的な考察を可能とし，エネルギーの伝播，光線進行経路，境界面における挙動の解析において非常に重要となる．またさらに，波動光学的に結像を考える際においても平面波は同様に重要である．

付録 C

ヘルムホルツの方程式から
アイコナール方程式の導出

$y=f(u)$, $u=g(x)$ のとき $\dfrac{dy}{dx}=\dfrac{dy}{du}\cdot\dfrac{du}{dx}=f'(u)g'(x)$

また,

$f(x)=g(x)h(x)$ のとき $f'(x)=g'(x)h(x)+g(x)h'(x)$

これらの関係を利用する．式(1.9)および式(1.10)より,

$$k^2 u = n^2 k_0^2 A \exp(ik_0 L) \tag{C.1}$$

また,

$$\begin{aligned}\dfrac{\partial^2 u}{\partial x^2} &= \dfrac{\partial}{\partial x}\left[\dfrac{\partial A}{\partial x}\exp(ik_0 L) + A\dfrac{\partial \exp(ik_0 L)}{\partial x}\right] \\ &= \dfrac{\partial^2 A}{\partial x^2}\exp(ik_0 L) + \dfrac{\partial \exp(ik_0 L)}{\partial x}\cdot\dfrac{\partial A}{\partial x} + ik_0\dfrac{\partial}{\partial x}\left[A\exp(ik_0 L)\dfrac{\partial L}{\partial x}\right] \\ &= \dfrac{\partial^2 A}{\partial x^2}\exp(ik_0 L) + \dfrac{\partial \exp(ik_0 L)}{\partial x}\cdot\dfrac{\partial A}{\partial x} \\ &\quad + ik_0\left[\dfrac{\partial A}{\partial x}\exp(ik_0 L)\dfrac{\partial L}{\partial x} + A\left\{\dfrac{\partial^2 L}{\partial x^2}\exp(ik_0 L)\right.\right. \\ &\quad \left.\left. + \dfrac{\partial L}{\partial x}\cdot\dfrac{\partial \exp(ik_0 L)}{\partial x}\right\}\right] \\ &= \left[\dfrac{\partial^2 A}{\partial x^2} - k_0^2 A\left(\dfrac{\partial L}{\partial x}\right)^2 + ik_0\left\{2\dfrac{\partial A}{\partial x}\cdot\dfrac{\partial L}{\partial x} + A\dfrac{\partial^2 L}{\partial x^2}\right\}\right]\exp(ik_0 L)\end{aligned} \tag{C.2}$$

同様にして,

$$\dfrac{\partial^2 u}{\partial y^2} = \left[\dfrac{\partial^2 A}{\partial y^2} - k_0^2 A\left(\dfrac{\partial L}{\partial y}\right)^2 + ik_0\left\{2\dfrac{\partial A}{\partial y}\cdot\dfrac{\partial L}{\partial y} + A\dfrac{\partial^2 L}{\partial y^2}\right\}\right]\exp(ik_0 L) \tag{C.3}$$

$$\frac{\partial^2 u}{\partial z^2} = \left[\frac{\partial^2 A}{\partial z^2} - k_0^2 A\left(\frac{\partial L}{\partial z}\right)^2 + ik_0\left\{2\frac{\partial A}{\partial z}\cdot\frac{\partial L}{\partial z} + A\frac{\partial^2 L}{\partial z^2}\right\}\right]\exp(ik_0 L)$$

(C.4)

よって，ヘルムホルツの方程式より，式(C.1)＋式(C.2)＋式(C.3)＋式(C.4)＝0 なので，

$$\Delta A - k_0^2 A\left\{\left(\frac{\partial L}{\partial x}\right)^2 + \left(\frac{\partial L}{\partial y}\right)^2 + \left(\frac{\partial L}{\partial z}\right)^2\right\} + n^2 k_0^2 A$$
$$+ ik_0\left\{2\left(\frac{\partial A}{\partial x}\cdot\frac{\partial L}{\partial x} + \frac{\partial A}{\partial y}\cdot\frac{\partial L}{\partial y} + \frac{\partial A}{\partial z}\cdot\frac{\partial L}{\partial z}\right)\right.$$
$$\left. + A\left(\frac{\partial^2 L}{\partial x^2} + \frac{\partial^2 L}{\partial y^2} + \frac{\partial^2 L}{\partial z^2}\right)\right\} = 0$$

$$\Delta A - k_0^2 A|\mathrm{grad}\, L|^2 + n^2 k_0^2 A + ik_0\{2\,\mathrm{grad}\, A \cdot \mathrm{grad}\, L + A\Delta L\} = 0 \quad \text{(C.5)}$$

整理して辺々を k_0^2 で割ると，

$$A(n^2 - |\mathrm{grad}\, L|^2) + \frac{\Delta A}{k_0^2} + \frac{i}{k_0}(A\Delta L + 2\,\mathrm{grad}\, A \cdot \mathrm{grad}\, L) = 0 \quad \text{(C.6)}$$

となる．

付録 D

光線に関わるベクトル解析的表現

D.1　grad により表現される面法線ベクトルについて

grad なるベクトル演算子は様々なエンジニアリング分野においても非常に重要な役割を果たす．任意の曲面を

$$\psi(x, y, z) = \text{const.} \tag{D.1}$$

と置こう．そして，成分それぞれの曲面上の微小変化（dx, dy, dz）に対する ψ の変化を考えると，各成分それぞれに対する変化の ψ の感度は，

$$\frac{\partial \psi}{\partial x} \quad \frac{\partial \psi}{\partial y} \quad \frac{\partial \psi}{\partial z}$$

なので，変化量は，

$$d\psi = \frac{\partial \psi}{\partial x} dx + \frac{\partial \psi}{\partial y} dy + \frac{\partial \psi}{\partial z} dz \tag{D.2}$$

ここで，この微小変化量を成分とするベクトル $d\boldsymbol{P} = (dx\boldsymbol{i}, dy\boldsymbol{j}, dz\boldsymbol{k})$ を考えれば，これは明らかに接線ベクトルであり，任意の $d\boldsymbol{P}$ の集合は曲面 ψ 上の点 $P(x, y, z)$ における接線群を表す．また，式(D.1)から $d\psi = 0$ になるので，式(D.2)は内積の性質から，

$$\left(\frac{\partial \psi}{\partial x} \boldsymbol{i} + \frac{\partial \psi}{\partial y} \boldsymbol{j} + \frac{\partial \psi}{\partial z} \boldsymbol{k} \right) \cdot (dx\boldsymbol{i} + dy\boldsymbol{j} + dz\boldsymbol{k}) = 0 \tag{D.3}$$

したがって，

$$\text{grad}\, \psi(x, y, z) \cdot d\boldsymbol{P} = 0 \tag{D.4}$$

よって，$\text{grad}\,\psi$ は P における任意のいかなる接線ベクトル $d\boldsymbol{P}$ にも直交することになり，曲面 ψ の法線ベクトルとなることが理解できる．

D.2 div とポインティング・ベクトルについて

エネルギーの流れを表す速度ベクトルを $\boldsymbol{v}$ とする．ここで，ある曲面上の微小面積 ds に対する $\boldsymbol{v}$ の垂直な成分を v_n とすれば，ω をエネルギーの密度として，面積 S について，

$$\frac{dQ}{dt} = \iint \omega v_n ds \tag{D.5}$$

なるエネルギーの，時間についての流入・流出率が得られる．これをある体積 $dx \cdot dy \cdot dz$ を囲む3次元空間において考え，この体積に流入し，流出するエネルギーの差を求めると，

$$\begin{aligned}\frac{dQ}{dt} &= \iint \{\omega v_x(x+dx) - \omega v_x(x)\} ds_{yz} \\ &+ \iint \{\omega v_y(y+dy) - \omega v_y(y)\} ds_{xz} \\ &+ \iint \{\omega v_z(z+dz) - \omega v_z(z)\} ds_{xy} \\ &= \iiint \left(\frac{\partial(\omega v_x)}{\partial x}\right) dx ds_{yz} + \iiint \left(\frac{\partial(\omega v_y)}{\partial y}\right) dy ds_{xz} \\ &+ \iiint \left(\frac{\partial(\omega v_z)}{\partial z}\right) dz ds_{xy}\end{aligned} \tag{D.6}$$

である．ここで，$dx ds_{yz}$, $dy ds_{xz}$, $dz ds_{xy}$ はそれぞれ微小な体積 dV を表すので，式(D.6)における全エネルギーの変化量は，

$$\frac{dQ}{dt} = \iiint \mathrm{div}(\omega \boldsymbol{v}) dV \tag{D.7}$$

$\mathrm{div}(\omega \boldsymbol{v})$ は単位時間，単位体積中に湧き出し，消失するエネルギーである．よって湧き出しによる密度の減少率を表す"連続の方程式"と呼ばれる以下の式が得られる．

$$-\frac{\partial \omega}{\partial t} = \mathrm{div}(\omega \boldsymbol{v}) \tag{D.8}$$

また，式(1.35)より，

$$-\frac{\partial \omega}{\partial t} = \mathrm{div}(\boldsymbol{S}) \tag{D.9}$$

となる．さらにここで体積 V および長さ L を考えて，

$$\omega = \frac{Q}{V} \qquad V = SL \qquad \boldsymbol{v} = \frac{L}{t} \boldsymbol{i}$$

とすれば式(D.8)および式(D.9)より，

$$\omega \boldsymbol{v} = \frac{Q}{V} \cdot \frac{L}{t} \boldsymbol{i} = \frac{Q}{S \cdot t} \boldsymbol{i} = \boldsymbol{S} \tag{D.10}$$

よって，ポインティング・ベクトル $\boldsymbol{S}$ はエネルギーの流れの方向と単位時間に単位面積を通過するエネルギーを表す．

付録 E

光線方程式の導出 (式(1.16)から式(1.17)の導出)

式(1.16)

$$n\frac{d\boldsymbol{r}}{ds} = \mathrm{grad}\, L$$

において，x, y, z は s の関数であるので，$d\boldsymbol{r}$ そして $\mathrm{grad}\, L$ を以下の様に成分に分け，

$$n\frac{dx}{ds} = \frac{\partial L}{\partial x} \tag{E.1}$$

$$n\frac{dy}{ds} = \frac{\partial L}{\partial y} \tag{E.2}$$

$$n\frac{dz}{ds} = \frac{\partial L}{\partial z} \tag{E.3}$$

とする．

式(E.1)を辺々 s で微分すると

$$\frac{d}{ds}n\frac{dx}{ds} = \frac{dx}{ds}\cdot\frac{\partial}{\partial x}\left(\frac{\partial L}{\partial x}\right) + \frac{dy}{ds}\cdot\frac{\partial}{\partial y}\left(\frac{\partial L}{\partial x}\right) + \frac{dz}{ds}\cdot\frac{\partial}{\partial z}\left(\frac{\partial L}{\partial x}\right) \tag{E.4}$$

式(E.4)に式(E.1)〜式(E.3)を代入して，

$$\begin{aligned}
\frac{d}{ds}n\frac{dx}{ds} &= \frac{1}{n}\cdot\frac{\partial L}{\partial x}\cdot\frac{\partial}{\partial x}\left(\frac{\partial L}{\partial x}\right) + \frac{1}{n}\cdot\frac{\partial L}{\partial y}\cdot\frac{\partial}{\partial y}\left(\frac{\partial L}{\partial x}\right) \\
&\quad + \frac{1}{n}\cdot\frac{\partial L}{\partial z}\cdot\frac{\partial}{\partial z}\left(\frac{\partial L}{\partial x}\right) \\
&= \frac{1}{n}\left\{\frac{1}{2}\cdot\frac{\partial}{\partial x}\left(\frac{\partial L}{\partial x}\right)^2 + \frac{1}{2}\cdot\frac{\partial}{\partial x}\left(\frac{\partial L}{\partial y}\right)^2 + \frac{1}{2}\cdot\frac{\partial}{\partial x}\left(\frac{\partial L}{\partial z}\right)^2\right\} \\
&= \frac{1}{2n}\cdot\frac{\partial}{\partial x}\left\{\left(\frac{\partial L}{\partial x}\right)^2 + \left(\frac{\partial L}{\partial y}\right)^2 + \left(\frac{\partial L}{\partial z}\right)^2\right\}
\end{aligned} \tag{E.5}$$

よって，式(1.14)（アイコナール方程式）より，

$$\frac{d}{ds} n \frac{dx}{ds} = \frac{1}{2n} \cdot \frac{\partial}{\partial x} n^2 \tag{E.6}$$

同様に計算し，各成分を合成すると，

$$\left(\frac{d}{ds} n \frac{dx}{ds}\right)\boldsymbol{i} + \left(\frac{d}{ds} n \frac{dy}{ds}\right)\boldsymbol{j} + \left(\frac{d}{ds} n \frac{dz}{ds}\right)\boldsymbol{k}$$
$$= \frac{1}{2n}\left(\frac{\partial n^2}{\partial x}\boldsymbol{i} + \frac{\partial n^2}{\partial y}\boldsymbol{j} + \frac{\partial n^2}{\partial z}\boldsymbol{k}\right) \tag{E.7}$$

右辺に $\mathrm{grad}\, f(\varphi) = f'(\varphi)\,\mathrm{grad}\,\varphi$ の関係を適用して，

$$\frac{d}{ds}\left(n \frac{d\boldsymbol{r}}{ds}\right) = \mathrm{grad}\, n \tag{E.8}$$

よって，光線方程式が導けた．

付録 F

フェルマーの原理と変分法

フェルマーの原理を変分の記号 δ を用いて表せば，

$$\delta L = \delta \int_A^B n ds = 0 \tag{F.1}$$

となる．式(F.1)は両端 A と B を固定して考えた場合，実際の光路はその光路長 L が停留値をとる様な経路となることを表す．ある光路を微小に変化させたとき，光路長 L の変化量が光路の微小変化量の 2 次以上のオーダーであれば，光路の変分は 0 ($\delta L = 0$) になり，光路長 L は停留値をとるとされる．

ここで，式(1.96)を 3 成分に分けて表記すると，

$$L(x, y, z) = \int_A^B n(x, y, z)\sqrt{(dx)^2+(dy)^2+(dz)^2} \tag{F.2}$$

さらに，ここで A 端と B 端を固定し光路を x 方向に δx 微小変化させていった場合の L の変化量 $(\varDelta L)_x$ を考えると，

$$n(x+\delta x, y, z) \approx n(x, y, z) + \frac{\partial n}{\partial x}\delta x \tag{F.3}$$

として，

$$\begin{aligned}\sqrt{\{d(x+\delta x)\}^2+(dy)^2+(dz)^2} &\approx ds + \frac{\partial ds}{\partial dx}d\delta x \\ &= ds + \frac{1}{2}\{(dx)^2+(dy)^2+(dz)^2\}^{-\frac{1}{2}}2dxd\delta x \\ &= ds\left(1+\frac{d\delta x}{ds}\cdot\frac{dx}{ds}\right)\end{aligned} \tag{F.4}$$

となる．よって，式(F.2)～式(F.4)より，また x が δx 変化した場合の ds と n の変化量をそれぞれ δds および δn とすれば，

$$(\varDelta L)_x = \int_A^B \left(n\frac{d\delta x}{ds}\cdot\frac{dx}{ds}+\frac{\partial n}{\partial x}\delta x\right)ds + \delta ds\delta n \tag{F.5}$$

となる．

　変分を考える場合，右辺積分外の項は2次以上の微小量なので無視できて，

$$(\delta L)_x = \int_A^B \left(n\frac{d\delta x}{ds} \cdot \frac{dx}{ds} + \frac{\partial n}{\partial x}\delta x \right) ds \tag{F.6}$$

となる．積分内第1項を I として部分積分すると，

$$I = \left[n\frac{dx}{ds}\delta x \right]_A^B - \int_A^B \left\{ \frac{d}{ds}\left(n\frac{dx}{ds} \right)\delta x \right\} ds \tag{F.7}$$

ところが，A と B において光路が固定されていることにより $\delta x = 0$ なので，右辺第1項は0となる．よって，式(F.6)は，

$$(\delta L)_x = \int_A^B \left\{ \frac{\partial n}{\partial x} - \frac{d}{ds}\left(n\frac{dx}{ds} \right) \right\} \delta x\, ds \tag{F.8}$$

式(F.8)において，任意の δx について $(\delta L)_x = 0$ となるための条件は，

$$\frac{\partial n}{\partial x} - \frac{d}{ds}\left(n\frac{dx}{ds} \right) = 0 \tag{F.9}$$

である．x 以外の他の成分についても同様の導出ができ，x, y, z についてのそれぞれの式の両辺に，それぞれの座標軸方向の単位ベクトル $\boldsymbol{i}, \boldsymbol{j}, \boldsymbol{k}$ を掛け，辺々加え合わせると，

$$\frac{\partial n}{\partial x}\boldsymbol{i} + \frac{\partial n}{\partial y}\boldsymbol{j} + \frac{\partial n}{\partial z}\boldsymbol{k} - \left\{ \frac{d}{ds}\left(n\frac{dx}{ds} \right)\boldsymbol{i} + \frac{d}{ds}\left(n\frac{dy}{ds} \right)\boldsymbol{j} + \frac{d}{ds}\left(n\frac{dz}{ds} \right)\boldsymbol{k} \right\} = 0$$

よって，

$$\frac{d}{ds}\left(n\frac{d\boldsymbol{r}}{ds} \right) = \operatorname{grad} n \tag{F.10}$$

となり，式(F.10)は，ヘルムホルツの方程式に対する幾何光学的近似（アイコナール方程式）より得られる光線方程式（式(1.1)）と一致する．この微分方程式は，解析学における汎関数 L の極値を与えるオイラー方程式そのものである．

付録 G

境界面における E と H の接線成分の連続性について

電磁場において図1.3と同様な状態を考える．ここで，閉曲線区間 $C(ABB'A')$ が形成する面積を ds とするとき，マクスウェルの方程式（付録Aの式(A.4)）の両辺に ds に対するに単位法線ベクトル b の内積をとって，辺々積分すると，

$$\iint_s \text{rot}\, E \cdot b\, ds = -\iint_s \frac{\partial B}{\partial t} \cdot b\, ds \tag{G.1}$$

ここで，式(1.18)におけるストークスの定理を利用すると，式(G.1)の左辺は，

$$\iint_s \text{rot}\, E \cdot b\, ds - \oint_C E \cdot dr \tag{G.2}$$

dr は C 上における接線方向の微小線素ベクトルである．よって，式(G.1)は，

$$\oint_C E \cdot dr = -\iint_s \frac{\partial B}{\partial t} \cdot b\, ds \tag{G.3}$$

となる．ここで AA' と BB' の距離 dh を限りなく 0 に近づけていくとき，1.1節にある様に誘電率等が連続的に変化すると仮定しているので，特異点は存在せず，式(G.3)右辺の被積分関数も有限な値をとると考えられ，ds と共に右辺は 0 になる．また，AB および $B'A'$ の長さも共に微小であると考えれば，$AB = A'B' = dm$ と置けて，これらの長さに沿っての E は変化が微小であり，境界面を挟んで，E_1 と E_2 という一定のベクトルで置き換えることができる．t_1 および t_2 を閉曲線に沿っての単位接線ベクトルとすれば，式(G.3)は，

$$(E_1 \cdot t_1 + E_2 \cdot t_2) dm = 0 \tag{G.4}$$

境界面 T に対する単位法線ベクトル n_{12} を導入して，t_1 および t_2 は b と n_{12} のベクトル外積として表現でき，

$$t_1 = -t = -b \times n_{12}$$

$$t_2 = t = b \times n_{12}$$

これらの式と，式(G.4)より，

$$E_2 \cdot t - E_1 \cdot t = 0 \tag{G.5}$$

あるいは，

$$b \cdot [n_{12} \times (E_2 - E_1)] = 0 \tag{G.6}$$

である．単位ベクトル b は C を形成する矩形面の法線方向を表し，その方向，つまり ds の向きは任意であるので，

$$n_{12} \times (E_2 - E_1) = 0 \tag{G.7}$$

磁気ベクトルについても，媒質中に電流が生じない場合には付録Aの式(A.9)を出発点として，上述とまったく同様にして，

$$H_2 \cdot t - H_1 \cdot t = 0 \tag{G.8}$$
$$n_{12} \times (H_2 - H_1) = 0 \tag{G.9}$$

となる．

参考文献

[1] 安達忠次：ベクトル解析（培風館，東京，1961）
[2] 飯塚啓吾：光工学（共立出版，東京，1983）
[3] 石黒浩三：光学（共立出版，東京，1953）
[4] 石黒浩三・高木佐和夫：光学・電子光学 I（朝倉書店，東京，1988）
[5] 一色真幸：写真レンズの像面照度分布，光学技術コンタクト '67, vol 5, No. 11 (1967)
[6] 牛山善太：照明光学系シミュレーションにおけるモンテカルロ法の応用，光学技術コンタクト '96, vol. 34 (JOEM, 東京, 1996)
[7] 大津元一：現代光科学 I（朝倉書店，東京，1994）
[8] 大頭仁・高木康博：基礎光学（コロナ社，東京，2000）
[9] 岡野幸夫：ディジタルカメラの MTF 解析と測定，OPTICS DESIGN, No. 11 (1997)
[10] 小倉磐夫：現代のカメラとレンズ技術（写真工業出版社，東京，1982）
[11] 小瀬輝次：フーリエ結像論（共立出版，東京，1979）
[12] 応用物理学会光学懇話会編：幾何光学（森北出版，東京，1984）
[13] 草川徹：レンズ光学（東海大学出版会，東京，1988）
[14] 草川徹：レンズ設計のための波面光学（東海大学出版会，東京，1976）
[15] 草川徹：TOLES Users Manual (Tokai Univ., 1997)
[16] 工藤恵栄・上原富美哉：基礎光学（現代工学社，東京，1995）
[17] 小穴純：軸外物点に対する不遊条件，応用物理，38, (1969) p. 850
[18] 佐柳和男：画像解析，基礎編（日本オプトメカトロニクス協会，1987）
[19] 佐柳和男：画像解析，応用編（日本オプトメカトロニクス協会，1987）
[20] 薩摩順吉：確率・統計（岩波書店，東京，1994）
[21] 渋谷真人：不遊条件と OTF の計算，光学，13 (1984)
[22] 田井正邦：光束分布集積法概論と応用，光学技術コンタクト '96, vol. 34 (JOEM, 東京, 1996)
[23] 高木貞治：解析概論，第 3 版（岩波書店，東京，1997）
[24] 龍岡静夫：光工学の基礎（昭晃堂，東京，1990）
[25] 辻内順平：光学概論 I（朝倉書店，東京，1979）
[26] 津田孝夫：モンテカルロ法とシミュレーション第 3 版（培風館，東京，1995）
[27] 鶴田匡夫：続光の鉛筆（新技術コミュニケーションズ，東京, 1988）
[28] 鶴田匡夫：第 3・光の鉛筆（新技術コミュニケーションズ，東京，1993）
[29] 鶴田匡夫：第 4・光の鉛筆（新技術コミュニケーションズ，東京，1997）
[30] 鶴田匡夫：第 5・光の鉛筆（新技術コミュニケーションズ，東京，2000）
[31] 鶴田匡夫：応用光学 I（培風館，東京，1990）

[32] 早水良定：光機器の光学（日本オプトメカトロニクス協会，1995）
[33] 日置隆一：測光・測色，光学技術，vol 4（光学工業技術研究組合，1974）
[34] 伏見正則：確率的方法とシミュレーション（岩波書店，東京，1994）
[35] 松居吉哉：レンズ設計法（共立出版，東京，1972）
[36] 松居吉哉：結像性能評価のためのOTFの取扱い，OPTICS DESIGN, No. 5（1994）
[37] L.Maisel，佐藤平八訳：確率・統計・ランダム過程（森北出版，東京，1990）
[38] 宮本健郎：波動光学と幾何光学の関係について，応用物理，vol 28, NO 3（1959）
[39] 宮本健朗：Fourier解析による波動光学と幾何光学との比較について1，応用物理，Vol. 26, No. 9（1957）
[40] 宮本健朗：受光系の特性を考慮した光学系のエラーバランスについて，応用物理，Vol. 26, No. 3（1957）
[41] 宮本健朗：Fourier解析による波動光学と幾何光学との比較について3，応用物理，Vol. 27, No. 10（1958）
[42] 三好旦六：光・電磁波論（培風館，東京，1995）
[43] 村田和美：光学（サイエンス社，東京，1979）
[44] 谷田貝豊彦：光とフーリエ変換（朝倉書店，東京，1992）
[45] 横山英嗣：偏光の基礎，OpticsDesign, No. 15，応用物理学会日本光学会（1998）
[46] I.Ashdown: Near-Field Photometry: A New Approach, J.IES, Winter（1993）
[47] M.Born & E.Wolf: Principles of Optics, 6th edition（Pergamon Press, Oxford, 1993）／草川徹・横田英嗣訳：光学の原理（東海大学出版会，1977）
[48] R. N. Bracewell: The Fourier Transform and Its Applications 2nd edi.（McGraw-Hill, NewYork, 1986）
[49] E. F. Church & P. Z. Takacs: SCATTERING THEORY, HAND BOOK OF OPTICS Ⅰ（McGraw-Hill,New York,1995）
[50] M. F. Cohen, J.R. Wallace: Radiosity and Realistic Image Synthesis（Morgan Kaufmann, San Francisco, 1993）
[51] A. E. Conrady: Applied Optics and Optical Design（Dover, Mineola, 1985）
[52] J. Gaskill: Linear Systems, Fourier Transforms, and Optics（JOHN WILEY & SONS, New York, 1978）
[53] J. W. Goodman: Introduction to Fourier Optics 2nd. edi.（McGraw-Hill, NewYork, 1996）
[54] E. Hecht: Optics, 2nd Edition（Addison-Wesley Publishing Company, Reading, Mass., 1987）
[55] G. C. Holst: SAMPLING, ALIASING, and DATA FIDELITY（SPIE, Bellingham, 1997）
[56] M. A. Kriss: Electronic Imaging,The Challenge, The Promise, J. Soc. Photogr. Sci. Technol. Japan, 50（1987）
[57] T. Kusakawa, Z. Ushiyama, and C. Y. Chai: Interpolating method with frequency window function for the illumination analysis. Proc. S.P.I.E., 3780, 1999

[58] V. N. Mahajan: Optical Imaging And Aberrations (SPIE Press, Bellingham, 1998)
[59] H. Marx: Umrechnung der Thomasschen Kantenbild-Breite in ein Bewertungsma β für die optische Übertragungsfunktion. Teil I, Optik, 66, No. 2 (1984)
[60] R. McCluney: Introduction to Radiometry and Photometry (Artech House, Norwood, 1994) p. 89
[61] F. E. Nicodemus, *et al.* : Geometrical Considerations and Nomenclature for Reflectance, NBS Monograph, 160 (1977)
[62] Optis: Solstis Users Manual (Optis, Toulon, 1994)
[63] A. Papoulis: Systems and Transforms with Applications in Optics (Krieger, Malabar, 1968)
[64] R. R. Shannon: The Art and Science of Optical Design (Cambridge University Press, Cambridge, 1997)
[65] W. J. Smith: Modern Optical Engineering 2nd. edi. (McGraw-Hill, NewYork, 1990)
[66] J. C. Stover: Optical Scattering (SPIE Press, Bellingham, 1995)
[67] L. J. Thomas (日本写真学会東京シンポジウム要旨, 1980) p. 291
[68] O. H. Shade: Journal of SMPTE 64, 597, (1955)
[69] W. T. Welford: Aberration Of Optical Systems (AdamHilger, Bristol, 1986)
[70] W. Wittenstein et al.: The definition of the OTF and the measurement of aliasing for sampled imaging systems, OPTICA ACTA, 29 (1982)

事項索引

ア

RCF　　177,179,184,186
アイコナール　　2,20
アイコナール方程式　　4,18,20,255
アイソプラナティズム　　72,134,181
アイソプラナティック領域　　181
明るさ　　52,55,56
アキュータンス　　152,153,157
アッベの不変量　　108

イ

ESF　　153
位相項　　18
位相ずれ　　146
位相速度　　252
1次元波動方程式　　250
位置ベクトル　　6,12
異方性媒質　　14
イメージサークル　　82
インコヒーレント　　30,191
インポータンス・サンプリング　　197,247

ウ

windowing　　218,221

エ

F ナンバー　　51,52,55,56,57,75
HVS　　181
LSF　　143,153,157
MTF　　131,134,137,139,140,141,145,148,
　　　153,155,170,174,186
SD　　158
sinc 関数　　164
s 成分　　233
エッジ関数　　149
エッジ像　　141,142,143,148,149,152

エッジ像強度分布　　153
エネルギー　　10
エネルギー保存則　　237
エネルギー密度　　11
エネルギー量　　31,32
エリアジング　　176
円形開口　　70
エンサークルド・エナジー・プロット　　158
円偏光　　233

オ

OLPF　　171,172,174
OSC'　　112
OTF　　131,133,134,137,138,145,147,151,
　　　153,155,159,162,164,167,170,182,183,
　　　184,186,207,210
オイラー方程式　　263

カ

開口　　174
開口効率　　98
開口絞り　　82
開口数　　73
開口率　　159
回折理論　　245
階段関数　　156
ガウス関数　　131,212,215,221
ガウス分布　　201
ガウスの定理　　19
拡散　　197,240
拡散面　　196
角周波数　　2
重ね合わせの原理　　30
画像の再構成　　177,178,206
画像のスペクトル　　181
画素ずらし　　173,174
完全拡散　　244

270 — 事項索引

完全拡散反射　245
完全拡散面光源　38,39,40

キ

幾何光学的強度の法則　15,16,20,46,125,137
幾何光学的近似　3,4,17,19,138
幾何光学的照度分布　37,123,125,130
幾何光学的波面　5,20
幾何光学の法則　18
幾何光学理論の限界　123
基準面　32
疑似乱数　196
期待値　191
輝度　57,58,59,64,67,96
輝度の不変性　67
輝度の不変則　66
輝度分布　57
吸着フィルター　196
球面収差　72,107,111,122,126,127
境界層　7
境界面　7,264
狭義のフェルマーの原理　24
強度　30,31,32
強度反射率　237,240,241
強度分布　134,137,139,146
共役結像関係　59,67
均一的　18
銀塩フィルム　56,169
近軸領域　76,99
金属面反射　239

ク

空間周波数伝達関数　133
空間の輝度　58
矩形関数　162
櫛関数　163
屈折　7,9,20,26
屈折光線　9
屈折率　3,6,7
クラウジウスの関係　66,70,77,78,79,243

ケ

系統誤差　198

コ

結像倍率　72
結像横倍率　72
限界解像本数　176

コ

comb 関数　163,182
光学系の明るさ　52
口径　55
口径蝕　84,85
光源のモデリング　193
光軸　52
ゴースト　197
光線　5,23,24,27,39
光線逆追跡　49,51
光線収差　115,116,119,123
光線追跡　40,41,64,192
光線の経路　21
光線の方向　6
光線発生のアルゴリズム　39
光線方程式　6,26,260,261
光束　31,33,52
光速　2
光束法　42,43,46
光沢反射　245
光波　37
勾配　152
光路　24,25,60,61,64
光路長　20,21,23,24,26,27
光路長差　24
コサイン4乗則　86
5次収差　129
固体撮像素子　159
コマ収差　72,109,122,147
コントラスト　136

サ

最小感光単位面積　56
最大振幅　2
ザイデルの5収差　122
サジタル　77
サジタル面における正弦条件　81
3次の瞳のコマ収差　106
参照球面　109,117
サンプリング画像　159

| サンプリング定理 | 164, 167, 225 |
| 散乱 | 240 |

シ

CCD	159, 160, 168, 170, 174, 175
CMOS	159
磁気エネルギー密度	19
磁気ベクトル	4
軸外正弦条件	91
軸上正弦条件	92
シグナム関数	143
磁束密度	248
実波面	118
磁場	4
磁場最大振幅ベクトル	12
磁場のエネルギー密度	11
磁場の強さ	248
射影関係	91, 100
視野絞り	82
射出瞳	82, 83
遮断周波数	176
収差計数	105
周波数	2, 3
周波数帯域制限	167
周辺光量	94
周辺光量比	82, 84, 86, 89, 94, 96, 97, 98, 102
主光線	31
主射出面	76
主点	99
主入射面	76
シュワルツシルトの9収差	123
焦点	52
焦点距離	52, 56, 74
焦点ずれの収差	121, 126, 127
照度	35, 50, 54, 56, 57, 73, 127, 128
照度計算	35, 37, 40, 47, 204, 228
照度基準面法線	32
照度分布	37
照明計算	29
初期位相	2
真空中透磁率	13
真空中の光速	20
真空中の波長	20
振幅	1, 2

| 振幅透過係数 | 235 |
| 振幅反射係数 | 235 |

ス

スカラー3重積の公式	19
スカラー波	4
スカラー量	31
ストークスの定理	7, 8, 10, 23, 26, 264
ストレール・ディフィニション	158
ストローベルの定理	64
スネルの屈折式	28
スネルの屈折則	26
スネルの法則	9, 204
スポット	47
スポット・ダイヤグラム	48, 137
スポット密度	48
スムージング	206, 220

セ

正弦条件	66, 70, 72, 73, 74, 75, 76, 80, 81, 92, 112
正弦条件不満足量	112
正弦振動	231
正弦波	2, 17, 232, 251
正弦波格子	135
正弦波格子像	133
正弦法則	107, 108, 111
正射影	99
正射影レンズ	103
整反射	242, 245
鮮鋭度	152
全エネルギー量	34
線形のコマ収差	109
線形フィルター	217
潜像核	57
線像強度分布	134, 153
全反射	238
全放射束	39, 40, 44

ソ

像界	60
像側主平面	74
像側主表面	81
像高	52

相互相関関数　162
像面照度　56
像面照度比　102
像面上照度　94
像面湾曲収差　122
測光　29
測光学的ニア・フィールド　37
測光学的ファー・フィールド　36
測光量　35

タ

大数の法則　201
楕円偏光　233
畳み込み積分　143
畳み込み定理　144,181
ダランベールの解　250

チ

中心極限定理　215,216
中心射影　98,99
調和的　18
直線経路　26
直線偏光　233

テ

停留値　24,27,262
デルタ関数　131,132,146
テレセントリック光学系　105
点アイコナール　2
電荷　248
電気エネルギー密度　19
電気ベクトル　4
電気変位　14
点光源　36
電子画像　169
電磁波　248
電磁場の全エネルギー密度　11
点像強度分布　133,137,153,162,207
電束密度　248
電場　4
電場最大振幅ベクトル　12
電場のエネルギー密度　11
電場の強さ　248
伝播速度　1

電流密度　13

ト

等位相面　5
投影立体角　50
透過　245
透過率　236
等距離射影　99
統計誤差　198
透磁率　7,248,250
同心光線束　21
等方性媒質　14,17,18
等方性誘電体　1,249
等立体角分割　46
度数　195

ナ

ナイキスト周波数　167,172,173,174,175
内面反射　196

ニ

2項分布　198
ニトカ法　152
入射光線　9
入射瞳　82,83
入射面　9

ノ

ノンシークエンシャル　206

ハ

媒質中速度　2
倍率の色収差　147
波数　2,253
波数ベクトル　12,253
波長　2
波動　1
波動光学的強度分布　209
波動光学的波面　5
波動の速度　250
波動方程式　1
波面　20,251
波面収差　115,116,117,119,120,123
波面法線ベクトル　18

パワー定理	145	フーリエ・スペクトル	133
反射	26	フーリエ変換	132, 133, 144, 162
反射輝度	240	ブルースター角	238
反射の法則	28	フレア	130, 147
反射率	236	フレネルの公式	235, 236, 238
反応確率	57	分散	200

ヒ

BDDF	240		
BRDF	239, 240, 242, 243, 244, 246		
BSDF	240		
BTDF	240		
PSF	133, 153, 184, 207		
PTF	134, 143, 145, 148, 155, 186		
p 成分	233, 235		
光	231		
光のエネルギー	47		
光の強度	15		
ピーク値	222		
微小光源素	30		
非逐次光線追跡	239		
非等方性	4		
非点収差	122		
非透磁率	248		
瞳位置	83		
瞳径	83		
瞳結像	106		
瞳収差	104, 105, 106		
非誘電率	248		
標準偏差	200		
表面散乱	245		

ヘ

平滑化	206, 220, 224
平滑化フィルター	229
平均値	200
平行光線	52
平面波	12, 18, 52, 62, 231, 253
ベクトル合成	32
ヘルムホルツの方程式	3, 255
偏光	4, 231, 233
偏光角	238
変分	262

ホ

ポアソン分布	199, 200, 201, 202
ポインティング・ベクトル	10, 11, 12, 14, 15, 30, 31, 33, 34, 52, 251, 258
放射エネルギー	32
放射輝度	33, 35, 38, 58, 64, 65, 66
放射輝度の不変性	64
放射強度	33, 35, 36, 38, 39, 40, 49, 194
放射照度	32, 35, 36, 37, 41, 42, 52, 64, 192
放射照度の逆2乗則	37
放射照度の余弦則	37
放射束	33, 34, 35, 36, 37, 39, 40, 41, 42, 44, 49, 57, 64, 94, 242
放射束の比	86
放射発散度	39, 40
放射量	35
法線照度	36
法線ベクトル	5

フ

フィルム感度	57
フィルム・スキャナー	175
不鋭面積	152, 153, 157
フェルマーの原理	24, 26, 262
複素屈折率	239
複素振幅	18
複素振幅表示	3, 18
複素数	3, 18
物界	60
物側主平面	74
物体側主表面	81

マ

マクスウェルの方程式	231, 248
窓関数	208, 212, 218, 221
マリューの定理	21, 22, 23, 25, 60

ム

無限倍率結像　96
無収差回折像強度分布　209

メ

メリディオナル　77
メリディオナル面における正弦条件　81
面光源　30, 31

モ

モデュレーション　137
モンテカルロ法　189

ユ

誘電体　248
誘電率　4, 248, 250

ラ

ライン・センサー　173
ラグランジュの積分不変量　8, 10, 23, 60
ランバートのコサイン則　38

リ

リコンストラクション・フィルター　177
立体角　29
立体角の分割　43
粒子法　41, 129, 246
臨界角　238

ル

累積分布関数　196

レ

連続の方程式　258

ロ

ローテーション　12
ローパス・フィルター　167, 170

ワ

歪曲収差　98, 100, 103, 122

著者紹介

牛山善太（うしやま　ぜんた）
　1957年生まれ
　1981年　東京理科大学理学部第一部物理学科卒業
　2006-2010年　東海大学工学部光・画像工学科非常勤講師
　現　在　株式会社タイコ代表取締役
　著　書　『波動光学エンジニアリングの基礎』オプトロニクス社

草川　徹（くさかわ　とおる）
　1943年生まれ
　1966年　早稲田大学理工学部応用物理学科卒業
　1971年　早稲田大学大学院博士課程修了
　1972年　早稲田大学より「光学系の最適化に関する研究」により博士号を取得（理学博士）
　　　　　東海大学工学部応用理学科光工学専攻教授を経て（2005年3月退官）、現在は光学関連の技術アドバイザーとして活動中
　著　書　『光学の原理　第7版　Ⅰ・Ⅱ・Ⅲ』（訳）東海大学出版会
　　　　　『レンズ設計のための波面光学』東海大学出版会
　　　　　『レンズ光学―理論と実用プログラム』東海大学出版会
　　　　　『基礎光学』東海大学出版会

シミュレーション光学（こうがく）――多様（たよう）な光学系設計（こうがくけいせっけい）のために

2003年6月5日　第1版第1刷発行
2015年11月5日　第1版第5刷発行

　　　　　　　　　　　著　者　牛山善太・草川　徹
　　　　　　　　　　　発行者　橋本敏明
　　　　　　　　　　　発行所　東海大学出版部
　　　　　　　　　　　　　　　〒257-0003　神奈川県秦野市南矢名3-10-35
　　　　　　　　　　　　　　　TEL：0463-79-3921　FAX：0463-69-5087
　　　　　　　　　　　　　　　振替：00100-5-46614
　　　　　　　　　　　　　　　URL：http://www.press.tokai.ac.jp/
　　　　　　　　　　　印刷所　港北出版印刷株式会社
　　　　　　　　　　　製本所　株式会社積信堂

Ⓒ Z. USHIYAMA and T. KUSAKAWA,　2003.　　ISBN978-4-486-01608-3
Ⓡ〈日本複製権センター委託出版物〉
本書の全部または一部を無断で複写複製（コピー）することは、著作権法上野例外を除き、禁じられています。本書から複製複写する場合は、日本複製権センターへご連絡の上、許諾を得てください。　　　　　　　　　　日本複製権センター（電話　03-3401-2382）

光学の原理 第7版 ―Principles of Optics― (全3巻)

Max Born and Emil Wolf 著／草川徹 訳　　　　　　　　定価各（本体5500円＋税）

第Ⅰ巻　電磁光学・幾何光学を中心に解説．第7版では断層撮影法の新知見も増補．
第Ⅱ巻　干渉と回折理論を中心に解説．第7版では Rayleigh-Sommerfeld の回折積分が拡張．
第Ⅲ巻　可干渉理論，厳密な回折理論，電磁的散乱，金属光学，結晶光学を解説．

レンズ光学 ―理論と実用プログラム―

草川徹 著　　　　　　　　　　　　　　　　　　　　　　定価（本体4800円＋税）

レンズ設計に有用なアルゴリズムを，82本のフォートラン副プログラムとして掲載．

レンズ設計のための波面光学

草川徹 著　　　　　　　　　　　　　　　　　　　　　　定価（本体2500円＋税）

レンズ設計に必要な波面の概念を，技術的・実用的側面から論じる．

基礎光学

草川徹 著　　　　　　　　　　　　　　　　　　　　　　定価（本体3200円＋税）

幾何光学と回折を中心に，光学技術に欠かせない基礎知識を解説．テキストとしても最適．

シミュレーション光学 ―多様な光学系設計のために―

牛山善太・草川徹 著　　　　　　　　　　　　　　　　　定価（本体4500円＋税）

照明計算，レスポンス関数，ディジタル光学系に重点を置き，光学系の評価技術を詳説．

レンズ設計工学

中川治平 著　　　　　　　　　　　　　　　　　　　　　定価（本体3500円＋税）

基礎から解きおこし個別の光学系まで，各種レンズシステムの具体的な設計法を紹介．

レンズ設計の論理

中川治平 著　　　　　　　　　　　　　　　　　　　　　定価（本体2300円＋税）

タイプ別にレンズシステムの本質を把握し，その特徴・設計上の指針・留意点を伝える．

レンズ設計 ―収差係数から自動設計まで―

高橋友刀 著　　　　　　　　　　　　　　　　　　　　　定価（本体3200円＋税）

コンピュータ利用を意識した実践的な解説書．自動設計アルゴリズムの解説が中心．